高等学校食品系统工程专业教材

食品技术经济学

李冬梅
郑循刚　主　编

中国轻工业出版社

图书在版编目（CIP）数据

食品技术经济学/李冬梅，郑循刚主编. —北京：中
国轻工业出版社，2020.12
高等学校食品系统工程专业教材
ISBN 978-7-5184-1248-8

Ⅰ.①食…　Ⅱ.①李…②郑…　Ⅲ.①食品加工–技术
经济分析–高等学校–教材　Ⅳ.①TS205

中国版本图书馆 CIP 数据核字（2020）第 174097 号

责任编辑：钟　雨
策划编辑：钟　雨　　责任终审：白　洁　　封面设计：锋尚设计
版式设计：霸　州　　责任校对：吴大鹏　　责任监印：张　可

出版发行：中国轻工业出版社（北京东长安街 6 号，邮编：100740）
印　　刷：三河市国英印务有限公司
经　　销：各地新华书店
版　　次：2020 年 12 月第 1 版第 1 次印刷
开　　本：787×1092　1/16　印张：19.25
字　　数：430 千字
书　　号：ISBN 978-7-5184-1248-8　定价：59.00 元
邮购电话：010-65241695
发行电话：010-85119835　传真：85113293
网　　址：http://www.chlip.com.cn
Email：club@ chlip.com.cn
如发现图书残缺请与我社邮购联系调换
141471J1X101ZBW

本书编写人员

主　编　李冬梅　郑循刚

副主编　明　辉　魏　来　王　燕

参　编　郑　绸　刘胜林　郑　可

前　言

　　《食品技术经济学》是为食品专业工程化教学改革编写的食品系统工程的专业教材之一。在轻工业出版社和江南大学于秋生教授的积极组织和推动下，经过三次编委会讨论，最后形成本书编写提纲。本书以"食品系统工程"为主线展开，借鉴国内外工业或经济学课程体系的教材，紧紧把握住"食品"的特点与特色，增加了理论应用于食品工业的案例。本书内容符合食品工程教育认证工作及教育部提出的新工科建设，培养未来多元化、创新型卓越工程人才的要求。

　　本书共分为十五章，各章的编写人员是：李冬梅、郑可、刘胜林（第一章、第三章、第十一章），郑循刚（第六章、第七章、第十五章），王燕（第四章、第五章），魏来（第十二章、第十三章、第十四），明辉（第八章、第九章、第十章和郑绸（第二章）。本教材是国内最新的有关食品技术经济学的教材，是编委会多年从事技术经济学科的本科生和研究生科研及教学活动，并大量参与地方政府项目规划实践经验总结基础上的综合。在教材编写过程中，我们广泛吸收国内外相关食品经济研究论文、同类教材和教学参考资料，面向从事食品技术经济评价的理论及实际工作者、食品专业相关本科生和研究生，从技术经济学的基本理论、方法入手，紧密结合食品经济特点，从理论、方法、应用三个层面构建本书的编写逻辑框架体系，给予读者一个清晰的脉络，使读者在阅读过程中构建一个比较完整的有关食品技术经济评价理论与方法体系，便于读者掌握并应用相关理论与方法。

　　本书在编写过程中参考了国内外专家相关研究论文、同类著作，在此谨向这些成果的作者表示诚挚的感谢。同时，本书的编写得到了江南大学于秋生教授、张国农教授等的大力支持和帮助，对本书的内容提出了中肯的建议和意见，在此表示衷心的感谢。由于编者水平有限，疏漏和不足之处在所难免，恳请读者批评指正。

编者

2020 年 9 月

目　录

第六章　食品技术经济的动态分析方法

第十四章　食品设备选择分析

第十五章　食品项目价值工程分析

第一篇　原理篇

第一章

食品技术经济学概述

第一节　技术经济学的产生

技术和经济是技术经济学中两个最基本和重要的概念，它贯穿了整个技术经济学的全部内容之中。

一、技术

技术发展的历史，就是人类社会发展的历史。对技术概念的理解最早始于《大不列颠百科全书》，由希腊语"techne"（艺术、手工艺）和"logos"（词、言语）组成，意思是好且可以使用的。在古希腊，亚里士多德曾把技术看作制作的技术。17世纪英文中的"technology"则被用来讨论艺术应用的问题。我国古代汉语中，"技"是指技艺、本领，"术"是指方法、手段。最早给"技术"下定义的是18世纪法国启蒙思想家、科学家与唯物主义者狄德罗，他认为"技术是为某一目的共同协作组成的各种工具和规则体系"。从他的概念中可以看出：①技术是"有目的的"；②技术是通过广泛的"社会协作"完成的；③技术表现出两种形式，即"工具"或硬件，"规则"或软件；④技术是成套的"知识体系"。国际工业产权组织（AIPO）认为，技术是指制造一种产品或提供一项服务的系统的知识，这种知识可能是一项产品或工艺发明、一项外形设计、一种实用形式，也可能是一种设计管理等的专门技能。美国国家科学基金会（NSF）认为，技术是指扩展人类能力的任何工具或技能，包括有形的装备或无形的工作方法。

随着经济不断发展及社会不断进步，人类对技术含义的理解也在不断深化。总结各时期不同学者对技术的看法，技术可以分成狭义技术和广义技术。

1. 狭义技术

狭义的技术是指用于改造自然的各种生产工具、装备、工艺等物质手段的总和，即"物化形态"的硬技术，具体表现为：①技术是技巧、技能和操作方法的总称，这种认识强调技术是人的一种能力，是社会早期对技术的理解；②技术是劳动手段的总和，这种认识强调大机器时代机器和工具对社会生产的作用，注重技术的物化作用；③技术是一种知识，这种认识强调实践技巧，忽略了劳动手段、劳动对象等物质因素作用；④技术是劳动工具、劳动对象、劳动者的劳动技能等生产要素的特定组合。这种认识强调技术是人的知识、技能、劳动手段、劳动对象等要素有机结合而形成的系统。

2. 广义技术

广义的技术是指人类在认识自然和改造自然的实践过程中，按照科学原理、经济和社会发展需要，为达到预期目的而对自然、社会进行协调、控制、改造的知识、技能、手段、方法和规则的复杂系统，包括"硬技术"和"软技术"。具体表现在：①技术是完成某种特定目标而协同运作的方法、手段和规则的完整体系；②技术是按照某种价值实践的目的，用来控制改造和创造社会与自然过程，并受科学方法制约的总和。

本书所指技术是指广义技术，是指人类在认识自然和改造自然实践中，按照科学原理、经验需要和社会目的而发展起来的、用以改造自然的劳动手段、知识、经验和技巧，包括生产技术、实验技术、服务技术、管理技术，具体表现为硬技术和软技术相统一的多要素、多层次复杂体系。

从技术的概念可以看出，技术具有三种形态：①物化形态技术，如新设备、新品种；②设计形态或知识形态技术，如新配方、样机、新样品；③智能形态或经验形态技术，如领导者技能或技巧。

二、经济

经济在不同领域具有不同含义。古代汉语中经济是指"经邦济世""经国济民"，意思是治理国家、拯救庶民。古希腊哲学家亚里士多德将"经济"定义为谋生的手段。现代社会的经济是19世纪后半期由日本学者从英文"economy"翻译过来的，目前对经济的理解主要有以下四个方面：①经济是指社会生产关系的总和，是人类历史发展到一定阶段的社会经济制度，是政治和思想等上层建筑存在的基础；②经济是指社会生产和再生产，即是指物质资料的生产、交换、分配和消费等活动的总称；③经济是指一个社会或者国家的国民经济的总称及其组成部分，如农业经济、工业经济、服务业经济等；④经济是指节约或节省，如经济效果、经济效用、经济效益，强调经济是对资源的合理分配、利用及节约。

本书所指的经济是指生产过程中的节约和节省，也指技术应用的经济效益。可表述为：在同等劳动消耗下，由于技术的应用能取得尽可能多的物质产品、有用效果、使用价值或取得同等物质产品、有用效果、使用价值的条件下技术的应用能节约劳动消耗，减少生产费用。

随着社会科技不断发展，越来越多学者提出"大经济"观点，把经济作为一个动态的、开放的系统，系统内各生产要素协调组合，形成经济与技术、社会协调发展的运行机制与体制。现代"大经济"的观点突出了经济的科技化、信息化、系统化和效益化的特点。

三、技术与经济的关系

技术和经济是人类社会发展中不可分割的两个方面。技术和经济之间是一种辩证统一关系，一方面技术与经济之间相互依存、相互促进，表现为一致性；另一方面，技术与经济之间又相互影响、相互制约，表现为矛盾性。

1. 技术与经济一致性

（1）先进的技术往往都有良好的经济效益　例如先进食品技术的应用可以提高农产品精深加工水平，提高农产品附加价值，提高资源利用率，以较少的投入带来良好的经济效益。又例如，饮料的消费经过了碳酸饮料、茶饮料、果汁饮料等阶段，目前更多消费者越来越偏好选择果汁饮料，也充分说明食品饮料技术的创新带来新的市场需求，促进企业产品结构调整和经济效益提升。

（2）技术进步是经济发展的基础和主要手段　经济的发展必须依靠一定的技术手段。纵观人类历史上的四次技术革命（第一次蒸汽机技术、第二次电力技术、第三次计算机技术、第四次信息技术），都是由于有新的科学发现和技术发明所产生的。技术革命带来产业革命，引起产业结构变化和调整，促进产业结构升级和经济发展。例如，当今物联网时代带来消费需求的快速变化，食品生产加工企业传统的营销模式已经不能适应现代社会需要，必须利用线下与线上相结合商业模式来更好地满足消费者需要。

（3）经济发展为技术进步提供方向和动力　技术进步不仅是经济发展基础，同时，经济发展对先进技术需求又成为技术进步动力和方向。任何先进技术的产生和应用都需要经济支持，受到经济发展制约。为了增强本国的经济竞争力，西方发达国家纷纷加大对研究与开发费用（R&D）的投入。美国、日本、德国、英国等国家在20世纪80年代的研究与开发费用就已经占到国民生产总值的2.3%~2.8%，而大部分发展中国家不到1%。2017年我国R&D经费投入总量超1.76万亿元，同比增长12.3%，R&D经费投入强度（R&D经费与国民生产总值的比值）达到2.13%。当前我国经济发展已经进入高质量发展时代，深化供给侧改革迫切需要创新驱动，加大技术研发创新力度，开发出适应我国现代产业发展的新技术，促进经济稳定增长。

2. 技术与经济矛盾性

（1）技术研究、开发、应用与经济可行之间的矛盾　经济发展为技术研究、开发和应用提供方向及动力。落后的经济不能提供足够资金支持新技术研发和引进消化吸收新技术。例如，我国经济发达地区正在大力发展的数字农业，需要较大投资和相应管理技术配套，欠发达地区由于经济水平低，缺乏资金支持来发展数字农业。

（2）技术先进性与经济适用性之间的矛盾　技术先进性反映技术水平和创新程度，而技术适用性反映技术适应生产者需要和市场需要。技术使用者在采用先进技术时要考虑使用成本、自身具备的资源条件等因素，所以往往选择成本低技术适中的技术。因此先进技术不一定适用，适用技术不一定先进。例如，北方土地经营规模较大，南方土地经营规模小，适合北方机械化生产的农业设备不一定适合南方农业生产。

（3）技术的效益性与经济需要之间的矛盾　先进技术转化成果的应用虽然会带来超额利润，但是由于技术的应用有一个消化、吸收、创新过程，有些技术短期经济效益不一定好，而投资者比较看重短期利益的话就会放弃或转向其余投资，使先进技术得不到使用，不能发挥技术本身价值。例如，微生物制剂、微生物肥料的使用由于成本较高，部分农业生产者为追逐短期利益一般不会采用环保安全的农药和肥料。

（4）技术研究开发使用效益与承担风险之间的矛盾　随着社会市场需求的快速变化，产品研发周期缩短，研发费用的增加，技术研究承担的市场风险等逐渐增加。例如，为了保障绿色食品安全，乌骨鸡生产者完全按照严格的环境标准和技术标准来进行林下养殖，但是由于这些农产品市场价格高于一般农产品，在市场上销售情况反而没有一般农产品的好，导致生产者利益受损，承担市场风险大，从而放弃安全健康的生产方式。

第二节　食品技术经济学的产生和发展

一、技术经济学产生和发展历程

1. 技术经济学国外相关学科发展概述

技术经济学是在管理科学发展基础上产生的。科学管理之父泰罗的管理思想为技术与经济的协调发展奠定了坚实的基础。国外与技术经济学科最接近的是工程经济学（Engineering Economics）。1887 年亚瑟姆．惠灵顿（Arthar M. Wellington）的著作《铁路布局的经济理论》出版，他首次把成本分析方法应用于铁路的最佳长度或线路的曲线选择中，开创了工程领域中的经济评价研究，标志工程经济学的诞生。1930 年美国斯坦福大学土木工程系副教授格兰特（Eugene L. Grant）出版《工程经济原理》一书，他在书中指出了古典工程经济的局限性，提出以复利计算为基础，讨论了判别因子和短期投资评价的重要性以及资本长期投资的一般比较，被称为"工程经济之父"。20 世纪 30 年代，美国在开发西部田纳西河流域中，就开始推行"可行性研究"的方法，从而把工程技术和工程项目的经济问题研究推向一个新的阶段，通过不断总结和完善，逐步形成了一套比较完整的理论、工作程序和评价方法，使工程经济学得到了新的发展。在 20 世纪 40 年代后期，美国通用公司组织如何开展物资替代，有效利用资源，降低成本的研究。1947 年美国通用工程师迈尔斯以《价值分析》（Value Analysis）为题发表其研究成果，提出了价值分析的一整套方法，在 20 世纪 50 年代，这一新兴管理技术得到了极大的发展，称为"价值工程"，这对完善技术经济分析方法起了很大的作用。这一时期，在前苏联，技术经济分析、论证开始出现，并逐渐推广到规划、设计和工程建设项目中，后被广泛用于企业生产经营各项活动中，逐渐形成了一套比较完整的技术经济论证程序与分析评价方法。70 年代以后，西方经济学界没有严格意义上的技术经济学，虽然也有人研究技术经济问题，但是其研究的理论比国内技术经济学要窄，在经济学分类中尚未见到过独立的技术经济学学科。国外比较成熟的、与国内技术经济学研究内容相关的学科或研究领域主要有西方的"工程经济学（Engineering Eeonomies）""费用-效益分析（Cost-Benefit Analysis）""可行性研究（Feasibility Study）""技术进步经济学（Economies of Technology Changes）"，前苏联的"技术经济论证"，日本的"经济性工程学"等。

2. 我国技术经济学发展概述

我国学者在关于技术经济学在我国产生与发展经历了哪几个阶段的问题上看法不尽相同。最早对技术经济学产生历史分期进行研究的是我国技术经济学主要创始人之一的徐寿波教授，他提出技术经济学产生经历第一次发展时期（1962—1965 年）、全面破坏时期（1966—1977 年）和第二次发展时期（1978 年以后）。许质武（1992 年）提出技术经济学的发展经历了创建阶段（20 世纪 50 年代末至 60 年代初）、停滞阶段、发展成熟阶段。1995 年陈学圣发表题为"对我国技术经济学形成发展阶段划分的再认识"的文章，该文认为我国技术经济学发展经历了创建阶段（1960—1978 年）、成型阶段（1979—1987 年）和完善阶段（1987 年以后）三个时期。徐斌（2007 年）把技术经济学产生分成创建期（1963—1980 年）、快速发展期（1981—1987 年）和缓慢发展期（1988 年至今）三个时期。本书综合各学者的研究，把技术经济学产生分成三个主要阶段。

（1）技术经济学的开创阶段 20 世纪 50 年代初期，我国在引进前苏联 156 个项目的同时，引进并运用了技术经济分析和论证方法，在计划工作、基本建设和企业管理中得到比较广泛的应用，这对当时实现投资效果和"一五"计划的顺利完成起到非常重要作用。1962 年 5 月，国务院先后颁布了关于加强基本建设计划设计管理等内容的三项规定，同时颁布《1963—1972 年科学技术发展规划纲要》，首次提出了"技术经济"的概念，并对未来十年应当要研究的主要技术经济问题做出了规划。这个规划纲要的颁布标志着技术经济学创建期的开始。在这个规划纲要的指导下，从 1963 年开始，我国学者开始着手有目的地开展技术经济研究，致力于创建有中国特色的技术经济学。一批 20 世纪 50 年代留学苏联的工程经济专家与留学英美的工程经济专家，在著名经济学家于光远的倡议下，在中国创立了技术经济学的学科，并阐明了它的研究对象和内容。由于留学苏联的工程经济专家学习的主要是项目的技术经济评价与设备管理，留学英美的工程经济专家学习的主要是项目的财务分析，因此，这一时期的主要研究内容是"项目和技术活动中的经济分析"，侧重研究技术的经济效果，故称之为经济效果学。

（2）技术经济学发展的停滞阶段　20 世纪 60 年代后期到 70 年代后期，技术经济学的研究工作遭到了严重的打击，技术经济学的创建工作在此期间完全停顿，技术经济学科基本没有得到发展。

（3）技术经济学的全面发展阶段　1978 年，党的十一届三中全会的召开拉开了中国经济体制改革的序幕。一批国内成长起来的科技哲学及经济管理学者加入到了技术经济学科之列，成为技术经济学科重要的主力军。1978 年 11 月成立了中国技术经济研究会，重建研究机构和队伍。1980 年中国社会科学院成立了全国第一个技术经济研究所，很多部门成立了技术经济研究机构。技术经济学从 1981 年开始进入一个快速发展期。在技术经济学的创建期，中国正处在计划经济时期，指导经济实践的基本经济理论是基于"前苏联范式"的马克思主义政治经济学。在这样的背景下所诞生的技术经济学要服务于计划经济体制下经济实践，因而带有浓厚的政治经济学色彩。20 世纪 80 年代以后，随着以市场导向的改革推进，技术经济学在研究学派、研究内容和研究方法等方面都发生重大变化。

在研究对象方面，随着国家经济建设和科技进步，技术经济学研究对象也在不断演变，产生不同研究学派，如效果学派、关系论学派、资源最优配置学派等。这个时期，技术经济理论方法体系得到了不断的改进和完善，学科分支逐渐增加，其中包括工业技术经济学、农业技术经济学、能源技术经济学、基本建设技术经济学、冶金技术经济学、地质技术经济学等。

在研究内容方面，引进了大量西方工程经济理论与方法以及西方经济理论中有关技术的研究成果。例如，影子价格、时间价值、现值等概念，内部收益率、全要素生产率等指标，项目的可行性研究、后评价、社会评价、技术评价、概率分析等方法，技术创新、技术进步、技术转移、技术扩散等理论。

进入 20 世纪 90 年代以后，技术经济学界的注意力转移到应用研究领域，而且所涉猎的领域越来越广泛，技术转让与技术转移理论、技术创新理论、技术外溢、实物期权理论、可持续发展理论、协同创新、合作创新、循环经济、信息化以及高新技术产业化发展等理论逐步充实技术经济学的理论内涵。

随着改革开放以及市场经济体系的不断完善，技术和经济发展的实践推动着技术经济学的研究范畴也在不断拓展。主要特点和动向如下[1]。

（1）专项研究领域不断增加　技术经济工作者的研究几乎对各行各业均有涉猎并建

---

[1]　以下几点内容主要参考王宏伟，技术经济学的理论基础述评，《数量经济技术经济研究》2009 年第 11 期。

立了专门的研究领域。如已经形成规模的不同行业的项目评价、资产评估等咨询工作，另外，资源类（土地、能源、人力资源等）技术经济研究、环境经济研究、技术经营（管理）、软技术、技术进步、技术创新、生产力研究、循环经济、知识经济等。这些领域的研究往往与该领域的其他经济学科或管理学科高度融合，虽然可以看到技术经济学的影子，但已经很难用技术经济学传统理论来概括。

（2）从微观领域向宏观领域不断渗透　传统技术经济学本质上属于微观经济学的应用学科，主要涉及厂商、市场、价格、成本、所得等微观经济学概念。目前相当多的研究涉及投资与消费、就业、社会福利、产业结构等宏观经济领域，如技术进步与产业结构演进，经济全球化下的技术转移与技术扩散，国家技术创新战略和技术创新体系等。项目评价中的区域经济与宏观经济影响分析，也主要以宏观经济学的理论为指导。

（3）从简单定量分析向应用复杂系统模型深化　当前技术经济学研究的一个显著特点是：一方面，这些技术经济学常规方法已经从大学、研究院所进入企业和市场咨询机构，发挥着重要作用；另一方面，一些国家重大技术经济课题，往往借助模型化的数学方法系统分析，将最优化理论、运筹学、计量经济学与技术经济学融为一体，构造更加复杂系统的数学模型进行分析和模拟，如投入产出模型、系统动力学模型、动态系统计量模型、CGE 模型等，大大提高了分析的科学性和可靠性。

（4）从传统产业研究向新兴产业拓展和延伸　技术经济学在传统的农业、工业、交通、电力等行业发展已经比较成熟。随着互联网时代信息技术的普及，大数据、云计算、区块链、物联网、移动互联网和 5G 爆发式增长，技术经济学发展也积极向信息技术、生物技术、网络技术、智能技术渗透，技术经济成熟的理论和方法在不断应用到新兴产业，同时适应新产业的新的技术经济理论和评价方法也需要加快研究和应用。

二、食品技术经济学的产生

食品技术经济学的产生是随着食品经济发展与食品技术创新而产生的。20 世纪 80 年代以后，随着国家经济建设和科技进步，技术经济学理论方法体系得到了不断的改进和完善，逐渐在各行业中得到应用。食品经济与农业生产发展紧密相关。我国农业发展经历了饥饿农业、温饱农业到现在安全农业三个阶段，在前两个阶段食品经济研究的重点是解决人们的吃饭问题，提供给市场的农产品比较单一。进入 20 世纪 90 年代中期以后，国内学者开始关注食品经济、食品技术、食品技术经济问题。在食品经济研究方面，从超星发现系统检索文献看，1997 年，有关食品经济研究相关文献有 1 篇，到 2014 年，累计文献研究达到 475 篇，特别是 2008 年三鹿乳粉出现三聚氰胺事件以后，关注食品安全方面的研究发展迅速。在食品技术研究方面，从 1995 年开始，有关食品技术研究文献达到 2443 篇，到 2014 年，相关研究达到 25313 篇，可以看出，有关食品技术方面的研究成果更多。在食品技术经济交叉研究方面，1995 年有关食品技术经济文献达到 371 篇，2014 年食品技术经济研究文献总数 2880 篇，20 多年来，累计研究文献综述达到 46613 篇。研究的内容涉及宏观领域关于食品安全监管问题、中观层面食品产业技术创新、产业竞争力发展问题和微观层面食品生产者行为监管问题。但是，至今为止没有一篇专门研究食品技术经济的教材和专著出现，所以可以说本书的出版进一步完善了食品技术与经济相结合的研究理论、方法体系。①

食品的技术创新与经济分析在整个国民经济发展中的重要性越来越显著，它不仅是一个技术与经济的博弈关系，也不仅是食品及其加工在整个国民经济中的比重较大（食品工业的产值约占整个国民经济总值的12%左右），而是应该上升到国民健康和国家安全的角度上来考虑。没有食品的加工和发展就会直接影响到农产品的出路，没有食品的安全加工就会直接威胁到国民的健康和国家的安全。所以说无论是从狭义的角度还是从广义的角度来研究食品的技术经济的作用对当今现代化建设都是十分必要的。

综上可以说明，我国食品技术经济的快速发展始于20世纪90年代中期，随着1992年市场经济改革的发展，消费者对食品的消费已经由注重数量温饱转变为质量营养转变，消费需求和结构变化，对食品生产者提出更高要求，需要加快食品技术创新，不断提高食品精深加工水平。所以选择先进适用的技术，对生产加工工艺进行创新，同时，考虑食品原料的质量问题，要求农产品生产具备规模化经营，才能保证食品原料的质量，确保食品安全。

第三节　食品技术经济学的研究内容及特点

一、食品技术经济学的研究对象及内容

食品技术经济学是一门应用性科学，学习和研究食品技术经济学，首先要弄清楚这门学科的研究对象。一门学科的研究对象是由本学科领域所具有的特殊矛盾决定的。因此，食品技术经济学的研究对象是由食品技术经济领域中存在的特殊矛盾决定的。食品技术经济领域的特殊矛盾主要是食品技术先进性与经济合理性之间的矛盾，食品技术措施与生产要素之间相互制约、相互协调的矛盾，食品生产技术措施与资源利用之间的矛盾以及食品技术措施与使用条件之间的矛盾。清华大学傅家骥教授在《技术经济学前沿》一文中认为，技术经济学的研究对象应该界定为三个领域、四个层面、四个方向。三个领域是指，技术领域中的经济活动规律、经济领域中的技术发展规律和技术发展的内在规律；四个层面是指：工程项目层面的技术经济问题、企业层面的技术经济问题、产业层面的技术经济问题和国家层面的技术经济问题；四个方向是指技术经济学科的基础理论、技术经济问题研究的学科方法、技术经济学科基础理论、学科方法在现实技术经济活动中的应用问题。

食品技术经济学是技术经济学的一个分支，结合食品行业特点，食品技术经济学的研究对象也包括四个层面的研究，即食品项目层面的技术经济问题、食品企业层面的技术经济问题、食品产业层面的技术经济问题以及国家层面的食品技术经济问题（如食品安全问题）。

具体而言，在食品项目层面，主要是食品项目的可行性研究，包括项目的技术选择、项目的财务评价和国民经济评价、项目社会评价、项目的环境影响评价以及食品技术型项

---

① 本部分内容是查阅超星发现数据库经过整理得出。

目管理和食品项目的技术管理。

在食品企业层面，主要研究食品项目价值工程、食品新产品开发管理、食品设备更新与改造、食品品质管理、食品物流管理、食品企业技术创新与技术扩散、食品企业知识产权管理、食品企业技术创新管理等内容。

在产业层面，主要研究食品产业技术创新与扩散、食品高新技术发展规律、食品行业共性技术与关键技术的选择、食品产业技术标准与技术政策、区域食品技术创新系统、区域食品科技政策以及食品科技园区、食品物流体系标准和规范等内容。

在国家层面，主要研究食品技术经济对国民经济增长的贡献、国家食品技术创新系统、食品知识产权战略、国家食品物流体系规划、国家食品技术战略与技术创新战略、国际食品技术转移理论与实践、食品安全监管等内容。

二、食品技术经济学的学科特点

食品技术经济学是食品技术与经济相结合的学科，是介于技术科学与经济科学之间的讲求经济效益的实用性、交叉性的学科，它以特定的食品技术科学为基础，研究食品经济问题。与其他学科相比，具有以下特点。

1. 综合性

食品技术经济研究对象总是体现出多种属性，食品技术经济学涉及自然科学、技术科学和经济科学，在食品技术经济学自身理论中，许多是融合了数学、统计、概率论、运筹学及各种工程知识而成的。其理论基础还涉及技术论、西方经济学、产业经济学、市场营销学、财务管理、信息管理等学科。食品技术经济学所研究的问题往往是多目标、多因素的，因此，在处理和研究食品技术经济问题时，要求食品技术经济工作者必须具备多学科知识，有较强的综合研究能力，能够组织多学科、多部门的协作研究，才能取得较好的经济效果、社会效果和生态效果。这种组织协作、综合论证的工作，反映了食品技术经济学科的综合交叉性。

2. 计量性

计量性是一般技术经济学的特征。数学是食品技术经济学的基础学科。从事食品技术经济学研究必须掌握各种实用的数学方法和工具（例如 SPSS 统计软件），用数量关系反映食品技术经济的现象和规律。因此，研究食品技术经济问题，要以定性分析为基础，定量分析为主。不进行定量分析，各种技术方案的积极性无法评估，在多种方案之间也无法进行比较和评优。

3. 比较性

比较的观点始终体现在食品技术经济的分析研究工作之中。比较原理和方法是食品技术经济学研究分析的重要方法。多个食品技术方案中的优选，是以比较为依据，通过对不同方案的比较，区分不同方案的优劣，进而选出最优的方案。在方案的比较中不仅分析方案本身的绝对经济效益、短期经济效益、静态经济效益，同时还要比较不同方案之间的相对经济效益、长期经济效益和动态经济效益。

4. 实用性

食品技术经济学是一门实用性很强的学科。食品技术经济学来自于实践，它的产生是技术实践活动需要的结果，它所研究的项目、分析的方案往往来源于食品生产建设实际，并紧密结合食品生产技术和经济活动而进行。它提出的理论和方法是为了解决实际问题，研究所用的数据是经过实际调查和科学实验所得到，它的研究成果如规划、方案、报告及可行性研究等，都将直接应用于食品生产过程，并通过实践来检验其正确性。总之，食品技术经济学研究的核心就是为了解决食品生产中的问题，使之达到食品技术要素的合理组合，提高经济效益，促进我国食品经济健康可持续发展。

5. 预测性

食品技术经济学主要对未来实施的技术政策、技术方案、技术措施进行事先论证。由于评价的技术政策、技术方案和技术措施还未实施，所以评价需要的数据要依靠预测得到。这就必须根据过去的经验和实际资料，结合现在的实际情况（如市场需求、技术行业特点等），对拟评价的技术政策、技术方案和技术措施收集相关的数据并做出科学合理的预测。可见，食品技术经济学具有明显的预测性，这表明未来不确定性因素的影响可能会给现在评价的结果带来一定的风险。

6. 时空性

由于食品生产原料来自农业生产领域，而农业生产具有一定的周期性和季节性，所以决定了食品技术经济具有很强的时空性。所以，在对食品技术项目进行评价时要把短期经济效益与长期经济效益结合起来考虑。

第四节　食品技术经济学的研究方法和程序

一、食品技术经济学研究方法

食品技术经济学是一门以技术经济分析方法为主体的应用型学科，因此，方法论是食品技术经济学的重要组成部分。其方法论体系可以分为三个层次：第一层次是哲学意义上的方法论，如唯物辩证法，是食品技术经济学的基本分析方法论；第二层次分为基本方法和专门方法，基本方法是适用于解决食品技术经济问题的普遍方法，专门方法是食品技术经济学某些特定领域或者解决某个特定问题的方法；第三层次则是一些具体的分析方法。

1. 系统分析法

系统分析法（System Analysis Method）是依据管理学中系统原理而进行技术经济分析的一种方法。系统分析法是从系统的角度将研究对象看作一个开放的系统，首先，确定系统研究的目的，以及研究对象与外部相关系统的关系，从而确定系统发展目标；其次，分析系统内部的结构及构成系统的各个子系统之间的关系；第三，确定各个子系统的目标与总系统的目标及其相互作用机制；第四，从总系统角度评价和优化各个子系统。该方法常用于食品技术经济研究中，如食品经济发展战略、食品技术发展规划、食品安全经济分析、食品安全战略等活动中。

2. 比较分析法

比较分析法（Contrast Method）是技术经济方法中应用最广、最成熟的一种，现在已有一套比较完整、成熟的工作程序与评价方法。食品技术经济分析首先要对某一个方案从不同角度（技术、经济、社会）进行评价，同时要对多个可行方案建立一套评价体系进行方案之间的比较和选择，从而找出相对最优的方案。

3. 定量分析与定性分析相结合的方法

定性分析就是对研究对象进行"质"的方面的分析。具体地说是运用归纳和演绎、分析与综合以及抽象与概括等方法，对获得的各种材料进行思维加工，从而能去粗取精、去伪存真、由此及彼、由表及里，达到认识事物本质、揭示内在规律。

定性分析常被用于对事物相互作用的研究中。它主要是解决研究对象"有没有"或者"是不是"的问题。我们要认识某种食品品相、食品生产对象，首先就要认识这个对象所具有的性质特征，以便把它与其他的对象区别开来。所以，定性分析是一种最根本、最重要的分析研究过程。从科学认识的过程看，任何研究或分析一般都是从研究事物的质的差别开始，然后再去研究它们的量的规定，在量的分析的基础上，再作最后的定性分析，得出更加可靠的分析。

定量研究法是指运用现代数学方法对有关的数据资料进行加工处理，建立能够反映有关变量之间规律性联系的各类预测模型的方法体系。定量研究可以使人们对事物现象的认识趋向精确化，并从量上对各种现象进行分析，是进一步准确把握事物发展内在规律的必要途径。食品技术经济系统是一个复杂的系统，对技术方案的分析、评价，涉及技术、经济和社会等多个层面，采用定性与定量相结合方法可以更好地达到技术经济评价目的。

4. 动态分析与静态分析相结合的方法

静态分析是对事物发展在某个确定时间下的状态进行分析和评价；动态分析则是对事物整个发展历程或某一发展阶段的全面系统的评价。食品技术经济分析中不仅强调静态分析与动态分析相结合，而且越来越重视以资金时间价值为基础的动态评价方法，食品技术经济学中静态分析法包括投资回收期法、年成本费用法、追加投资回收期法等，动态方法包括净现值法、年值法、动态投资回收期法、内部收益率法等。

二、食品技术经济分析的一般程序

食品技术经济分析通过对各种可行的技术方案进行综合分析、计算、比较和评价，在全面评价经济效果的基础上，进行选择和决策。一般来说。食品技术经济分析的程序包括以下几个步骤。

1. 确定评价目标

目标分析是食品技术经济分析的首要环节。评价目标的确立直接影响后续对技术方案、技术政策和技术措施设计指标、确定评价方法等。食品技术经济分析中的目标应该是目标体系，如从时间考虑有长期目标和短期目标，从范围考虑有经济、社会、生态方面的目标。当方案之间有多个目标时，应该明确目标之间的主次关系，并且要求目标的确定要定量化。

2. 收集资料

食品技术经济分析的目标确定之后，需要根据目标构建相应的评价指标体系。指标体系中包括一系列相关指标变量，要正确计算指标数值，就必须对变量计算所需的基础数据进行收集。一般而言，可以从以下几个方面考虑：①评价对象投入方面基础资料，包括各个生产环节的劳动力工资水平、投入原材料价格、数量、生产产品的成本、基本建设投资、购买设备的价格、数量，生产工艺设计的成本等；②评价对象产出方面资料，包括拟建项目生产产品数量、质量、品种、销售价格等；③食品技术经济评价的参数，包括食品行业预期基准收益率、标准投资回收期、评价时间周期、评价项目技术设备参数、规格、评价标准等；④有关文献资料，如过去类似项目的投入产出数据、建设规模、价格变化水平等。

3. 拟定可行方案

在收集数据的基础上，根据评价目标，结合实际情况，拟定 2 个或 2 个以上的备选方案。备选方案的拟定可以采用头脑风暴法、专家意见法进行设计。备选的各个方案首先是可行的，能满足项目实施的目标，其次，备选方案之间应该是相互排斥的，也就是最终只能从中选择一个而放弃其余方案。

4. 方案综合评价

方案的综合评价主要是对可行的备选方案进行选择。在方案综合评价之前首先要确定评价的指标体系，其次，要选择评价的方法和评价的参考标准，最后确定评价的内容。方案评价选优的一般标准如下：

（1）生产可行性　是指食品技术方案或评价项目在满足一定约束条件下，能够付诸实施的现实性。生产可行性是技术方案和评价项目优选的前提条件，对限制因素的满足程度是评价生产可行性是否最优的基础。在食品生产中，可能存在的约束条件有自然环境因素和社会经济条件。

（2）经济合理性　是指从社会和整体的角度出发，追求技术方案或项目的增产效果和经济效益的合理统一。经济合理性是技术方案和项目评价选优的中心内容和主要目的。对技术方案或项目的评价不仅要看产品的数量和生产是否符合市场需求，而且还要看经济效益的大小，尽量将二者统一起来。

（3）技术的先进适用性　这是经济合理的基础。一般来说，食品技术是否先进适用应当具备以下条件：①经过多方实验被证实是成熟成功的技术；②可以明显提高资源转化利用效率；③有利于环境保护；④有利于提高经济效益。

对方案评价选优的一般内容包括目标分析、技术分析、经济分析、社会评价和综合评价等几个方面。

（1）目标分析　是对食品技术经济项目预期经济效益的估计和预测。通过目标分析，可以了解实施某项技术方案或项目可能带来的经济效益和社会效益。

（2）技术分析　主要内容是评价技术是否满足方案的要求及其实现的程度；是否具备推广应用的技术条件。

（3）经济评价　是以经济效益为核心所做的计算和分析，主要根据经济评价的指标体系，对方案的经济可行性进行研究。

（4）社会评价　主要是对宏观经济效益、社会效益和生态效益的考察，以便从整体的和长期的目标来估计方案实施给社会带来的效益和影响。

（5）综合评价　前面的四个方面的评价属于单项评价，综合评价在以上四个评价基础上，结合目标要求和具体条件进行综合分析和判断，提出可供选择的最佳方案，供决策者参考。

5. 确定最优方案

确定最优方案是指对备选可行方案进行综合评价之后，选出最优的方案。

6. 方案实施和完善

对选出的最优方案付诸实施，在实施过程中根据实际情况对方案进行适当的变动，同时应该注意对实施方案的控制盒管理，保证方案按照预定目标完成。

思考与练习

1. 如何理解技术与经济关系？

2. 食品技术经济学研究内容包括哪些？

3. 如何理解食品技术经济学研究的程序？

第二章

食品技术经济的基本理论

第一节　技术创新理论

创新（innovation）的概念首次于20世纪初由约瑟夫·阿罗斯·熊彼特（Jowph Alois Schumpeter）提出。技术创新基本理论是在熊彼特创新理论的基础上发展而来。

一、技术创新的概念

技术创新是一个十分宽泛的概念，许多专家、学者及相关研究机构从本学科领域出发、有侧重点地做了各种解释，理论界并没有取得统一的概念界定。

1. 国外最具代表性的观点

（1）熊彼特的定义　熊彼特认为，创新是在新的体系里引入"新的组合"，是"生产函数的变动"。这种组合或变动包括：①采用一种新的产品或者一种产品的新的特性；②采用一种新的生产方法，也就是在有关的制造部门中尚未通过经验鉴定的方法，这种新方法不需要建立在科学新发现的基础之上，甚至可以存在于商业上处理一种产品的新方式之中；③开辟一个新的市场，也就是有关国家的某一制造部门以前不曾进入的市场，不管这个市场以前是否存在过；④掠取或控制原材料或制成品的一种新的供应来源，不管这种来源是已经存在的，还是第一次创造出来的；⑤实现任何一种工业的新的组织，如形成一种垄断地位，或打破一种垄断地位。

（2）经济与合作发展组织（OECD）的定义　OECD指出，技术创新包括新产品和新工艺，以及原有产品和工艺的显著的技术变化。如果在市场上实现了创新（产品创新），或在生产工艺中应用了创新（工艺创新），那么创新就完成了。而这两种创新的实现或完成，涉及从生产领域活动到消费领域活动的方方面面，因此，创新包括了科学、技术、组织、金融和商业的一系列活动。这一定义基于产品创新和工艺创新方面。

（3）曼斯费尔德（M. Mansfield）的定义　曼斯费尔德对技术创新的定义常为后来学者认可并采用。他认为，产品创新是从企业对新产品的构思开始，以新产品的销售和交货为终结的探索性活动。曼斯费尔德的研究对象主要侧重于产品创新，与此相对应，其定义也只限定在产品创新上。

2. 国内学者代表性定义

（1）清华大学傅家骥教授的定义　傅家骥教授认为技术创新是企业家抓住市场的潜在盈利机会，以获得商业利益为目标，重新组织生产条件和要素，建立起效能更强、效率更高和费用更低的生产经营系统，从而推出新的产品、新的生产（工艺）方法，开辟新的市场，获得新的原材料或半成品供给来源或建立企业的新的组织，它是包括科技、组织、商业和金融等一系列活动的综合过程。

（2）西安交通大学李垣教授的定义　李垣教授认为技术创新是创新者借助于技术上的发明与发现，通过对生产要素和生产条件进行新变革，并使变革成果取得商业上成功的一切活动。从以上可以看出，技术创新定义争论的焦点在于技术的范围、技术变动的强度及技术新颖程度几个问题上。技术创新既包括新发明、新创造的研究与形成过程，也包括新发明、新创造的应用和实施过程，还包括新技术的商品化、产业化的扩散过程。

二、技术创新的主要特征

技术创新作为企业重要的创新活动具有创造性、高风险性、累积性及高效性等特征。

1. 创造性

技术创新是创新主体把新技术创造出来并加以应用，这种新技术或者是前所未有，或者现有技术中的某些改进，表现为创造性和独特性，这是技术创新最基本的特征。熊彼特将创新活动形容为"创造性的破坏"，这种"创造性的破坏"贯穿于创新的全过程。

2. 高风险性

技术创新活动涉及许多相关环节和众多影响因素，创新活动具有高风险性，创新结果具有随机性。技术创新是一项高收益、高风险的经济活动。

3. 累积性

技术创新是以先前的创新成果为基础，每一项新的创新都是在已有的知识累积到一定程度时对旧产品和要素组合的突破。

4. 高效性

技术创新的高效性是创新主体进行技术创新的根本动力，技术创新具有高附加值，技术创新成果若成功推向市场，技术创新会带来直接经济效益和一定程度的社会效益。

5. 高投入性

一项技术创新活动，从研究开发到市场实现，每一阶段都需要一定数量的资本投入作为保证，否则很难甚至无法实现预期的创新目标。创新的技术强度变动越大，所需的投入强度也就越高。同时，伴随着现代技术的发展，学科之间的交叉与渗透日益广泛，创新的投入强度还将进一步提高。因此，高投入已成为技术创新的一个显著特征。

第二节　经济增长理论

经济增长一直是经济学界关注的热点话题。最早系统地研究经济增长问题的是英国古典经济学家亚当·斯密（Adam Smith）和大卫·李嘉图（David Ricardo），二者都强调了资本积累在经济增长中的重要性。在凯恩斯时代以前的经济学，由于没有将宏观经济测算做到科学化，对于经济增长和宏观经济的认识很大程度属于感性的。他们没有完整的经济增长模型，只有经济增长思想。而经济增长理论的真正发展是在第二次世界大战以后，英国经济学家哈罗德和美国经济学家多马在凯恩斯宏观经济理论模型的基础上，对各国国民收入的增长进行了长期的研究后发展起来的。

一、经济增长的含义

在经济学界，对经济增长的理解并不完全一致。美国经济学家库兹涅茨认为，一个国家的经济增长是指给居民提供种类日益繁多的经济产品的能力长期上升，这种不断增长的能力是建立在先进技术以及所需要的制度和思想意识相应的调整的基础上的。其包含了三层含义。

（1）经济增长首先表现为经济实力的增长，即商品和劳务总量的增加，也就是国内生产总值（GDP）的增加。这种增加不仅包含总量上的增加，也包含了人均国内生产总值（Real GDP Percapita）指标的增长。

（2）技术进步是实现经济增长的必要条件，即经济增长是建立在技术不断进步的基础上。

（3）经济增长的充分条件是制度与意识的相应调整，即社会制度与意识形态的某种变革是经济增长的前提。

因此，可以把经济增长定义为一个国家或一个地区在一定时期内的商品总产出或劳务提供即国民收入与前期相比所实现的增长，通常用国内生产总值（GDP）来衡量。对一国或一地区经济增长速度的度量，通常用经济增长率来表示。

二、经济增长源泉

经济增长的源泉可解释经济增长率的影响因素。由于经济增长过程中须投入各种生产要素，因此，生产要素投入量和生产要素生产率是经济增长的直接制约因素。经济增长主要是产量的增加，因此，可以通过总生产函数来研究增长的源泉。

总生产函数是总产量与生产中使用的全部生产要素的投入量之间的函数关系。用公式表示则是：

$$Y=AF(K,L) \tag{2-1}$$

式中　Y——产量；

　　　F——函数关系；

　　　A——技术；

　　　K——资本；

　　　L——劳动。

由式（2-1）可以看出，经济增长的主要源泉是资本、劳动和技术进步。

1. 资本

资本可以分为物质资本和人力资本。物质资本为有形资本，指厂房、设备、存货等的存量。人力资本指体现在劳动者身上的投资，如劳动者的知识、技能等，人力资本对经济增长的促进作用十分重要，但不易计算，在研究经济增长时所说的资本一般是指物质资本，资本增加是经济增长的重要条件。

2. 劳动

劳动是指劳动力，劳动力是数量和质量的统一。因此，劳动包括劳动力的人数与劳动力的知识、技能及身体素质。由于劳动力的质量难以估算，因而，经济增长中的劳动概念一般指劳动力的数量，或者指劳动时间。劳动与资本之间在一定范围内存在替代关系，当资本不足时可以通过增加劳动来弥补，同样，在劳动不足时也可以通过增加资本来弥补。

3. 技术进步

技术进步会促进要素生产率的提高，在技术进步的条件下，同样的生产要素投入可以提供更多的产品。因此，技术进步是提高生产要素使用效率的最直接因素，从而也是促进经济增长的重要因素。技术进步包括这样几方面的内容：第一，知识的累积，即知识增加、新技术的发明与创造对增长的作用。第二，资源配置的改善，即劳动力和资本从效率低的部门转移到效率高的部门。第三，规模经济，即大企业经营规模扩大所带来的经济效益，也就是一般所说的大规模生产的经济效益。第四，管理水平的提高，即企业组织改善与管理水平提高所带来的经济效益。

三、经济增长模型

经济增长模型是经济增长理论的概括表现，它说明经济增长和有关变量之间的关系。经济增长模型并不是具体考察一国经济发展的过程及分析制约该国经济增长的因素，而是运用传统的均衡分析方法，论证所谓的经济均衡增长问题。换言之，经济增长模型是探讨经济长期稳定、均衡增长的模型。

1. 哈罗德-多马模型

哈罗德-多马模型（Harrod-Domar Growth Model）是一个说明长期稳定增长所需条件的模型，即经济增长率需要等于储蓄率除以资本产量比率。它是关于经济增长的最早的模型，由英国经济学家哈罗德和美国经济学家多马分别独立提出。这两个模型的内容相似，它的提出标志着经济增长成为一个独立的专门研究领域。

（1）哈罗德-多马模型的假设条件　哈罗德-多马模型的假设条件是：①储蓄 S 是产出 Y 的函数，边际储蓄倾向 $\Delta S/\Delta Y$ 和平均储蓄倾向 S/Y 相等，均用 s 表示；②生产过程中只用劳动 L 和资本 K 两种生产要素，且资本产出比例 K/Y（用 v 表示）是常数，从而 $K/Y=\Delta K/\Delta Y$；③劳动力按照固定不变的比率 n 增长；④不存在技术进步，也不存在资本折旧问题；⑤生产规模报酬不变。

在上述假设条件下，经济增长抽象为经济增长率 G、储蓄率 s 和资本产出比率 v 这三个经济变量之间的函数关系。资本产出比率 v 的倒数是资本生产率 δ，它是指单位资本带来的生产能力 Y_p，即生产能力与资本数量之商。

$$\delta=Y_p/K=\Delta Y_p/\Delta K$$

因为资本存量的变化（ΔK）就是投资（I），所以

$$\delta=\Delta Y_p/I；\Delta Y_p=\delta\times I；I=\Delta Y_p/\delta \tag{2-2}$$

如果资本生产率为常数，则它等于投资带来的生产能力增量 $\Delta Y_p/I$。

投资乘数是指收入的变化与带来这种变化的投资支出变化的比率。因而投资乘数为：

$$K_I=\Delta Y/\Delta I=1/s；\quad \Delta Y=\Delta I/s \tag{2-3}$$

（2）均衡增长率（warranted rate of growth）　均衡增长率 G_W，又称有保证的增长率，即实际增长率等于生产能力增长率的增长率。均衡增长要求投资始终等于储蓄：

$$I=S \tag{2-4}$$

根据定义，$s=S/Y$，$S=sY$；由式（2-2），$I=\Delta Y_p/\delta$，所以有：

$$sY=\Delta Y_p/\delta \tag{2-5}$$

如果生产能力得到充分利用，$YP=Y$。由式（2-5）得到：

$$G=\Delta Y/Y=S\times\delta=s/v \tag{2-6}$$

该式表明经济增长率与储蓄率成正比，与资本生产率成正比，或与资本产出比例成反比。这是哈罗德-多马模型的基本方程。

式（2-3）表明 $\Delta Y=\Delta I/s$，式（2-2）表明 $\Delta Y_p=\delta\times I$，如果要实现均衡增长，必须使 $\Delta Y=\Delta YP$，所以有：

$$\Delta I/s=\delta\times I; \quad \Delta I/I=\delta\times s \tag{2-7}$$

均衡增长要求投资增长率等于资本生产率乘以储蓄率。

（3）自然增长率（natural rate of growth） 自然增长率 G，又称社会适宜增长率，它是人口和技术变动所允许达到的最大增长率。在充分就业情况下，总产出 Y 与劳动投入 N 的关系为：

$$Y=zN \tag{2-8}$$

式中 z——劳动生产率 $\mathrm{d}Y/\mathrm{d}N$；

假设 z 为常数，则 $\mathrm{d}Y/\mathrm{d}t=z\times \mathrm{d}N/\mathrm{d}t$，它除以式（2-8）：

$$Gn=\mathrm{d}Y/Y=\mathrm{d}N/N=n \tag{2-9}$$

自然增长率等于劳动力增长率。如果经济增长率大于自然增长率，劳动力不足使其难以维持（前提是技术不变）；如果经济增长率小于自然增长率，则会出现失业问题。

（4）哈罗德-多马模型的意义 哈罗德-多马模型说明了三点：①经济增长率是由储蓄率和资本产出比例决定的，违背它的增长率是无法长期维持的；②从长期来看，如果技术水平不变，人口增长率越高，经济增长越快；③现实经济增长率很难满足哈罗德-多马模型的条件，所以政府需要通过宏观调控促进经济持续稳定地增长。

一个国家要实现长期均衡经济增长，就要满足下面两个条件：一是实际增长率等于均衡增长率；二是均衡增长率等于自然增长率。长期均衡经济增长条件是：

$$G=G_w=G_n \tag{2-10}$$

实际增长率和均衡增长率发生偏离，会导致经济短期波动；均衡增长率和自然增长率发生偏离，会导致经济长期波动。偏离一旦发生就有自我加强的趋势。

2. 新古典经济增长模型

新古典增长模型是 20 世纪 50 年代由索洛等人提出的一个增长模型。由于它的基本假设和分析方法沿用了新古典经济学的思路，故被称为新古典增长模型。

新古典增长理论的基本假定包括：①社会储蓄函数 $S=sY$，其中 s 是作为储蓄率；②劳动力按一个不变的比率 n 增长；③生产的规模报酬不变，即在一个只包括居民户和厂商的两部门经济体系中，经济的均衡是投资等于储蓄（即 $I=S$），也就是说投资或资本存在量的增加等于储蓄。资本存量的变化等于投资减去折旧，当资本存量为 K 时，假定折旧是资本存量 K 的一个固定比率 σ_K（$0<\sigma<1$），则资本存量的变化 ΔK 为：

$$\Delta K=I-\sigma_K \tag{2-11}$$

根据 $I=S=sY$，上式（2-11）可写为：

$$\Delta K=sY-\sigma_K \tag{2-12}$$

令 $y=Y/N$，表示人均产出水平，令 $k=K/N$，表示人均资本存量，于是人均资本存量的增长率可以写为：

$$\frac{\Delta k}{k}=\frac{\Delta K}{K}-\frac{\Delta N}{N}=\frac{\Delta K}{K}-n \tag{2-13}$$

也就是说，人均资本存量的增长率等于资本增长率减去劳动力增长率，再将式

(2-12) 代入 (2-13)，且已知 $y=Y/N$，$k=K/N$，可得：

$$\Delta k=sy-(n+\sigma)k \tag{2-14}$$

式 (2-14) 是新古典增长模型的基本方程，这个方程表明，人均资本增加等于人均储蓄 sy 减去 $(n+\sigma)k$ 项。$(n+\sigma)k$ 项可以这样理解：劳动力的增长率为 n，一定量的人均储蓄必须用于装备新工人，每个工人占有的资本为 k，这一用途使用的储蓄为 nk；另一方面，一定量的储蓄必须用于替换折旧资本，这一用途使用的储蓄为 σk。人均储蓄用于装备新工人和替换折旧资本用去的部分即为新增劳动力所配备的资本数量和资本折旧被称为资本广化，总量为 $(n+\sigma)k$。人均储蓄超过了 $(n+\sigma)k$ 的部分导致了人均资本 k 的增加，即每个工人占有的资本存量上升，这被称为资本的深化。因此，新古典增长模型的基本方程又可表述为：资本深化=人均储蓄-资本广化。

由式 2-14 可以看出，如果 $\Delta k=0$，则 $sy=(n+\sigma)k$，若 s、n、σ 均保持不变，则人均产量也保持不变，这一状态被称为长期均衡状态，如图 2-1 所示。

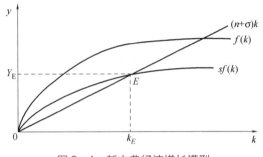

图2-1　新古典经济增长模型

在图 2-1 中，$y=f(k)$，代表人均产出曲线，由于资本边际生产力递减，故 $f(k)$ 呈图中形状，$sf(k)$ 是人均储蓄曲线，$(n+\sigma)k$ 表示资本广化。由于假定 n 和 σ 都是不变的，故 $(n+\sigma)k$ 是条直线，它和 $sf(k)$ 线相交于 E，表示处于均衡状态，这时产量为 Y_E。若经济运行在 E 点左面，$sf(k)$ 大于 $(n+\sigma)k$，表示有资本深化现象，$\Delta k>0$，即人均资本 k 上升；反之，则 k 下降。经济处于资本深化阶段时，表示 y 和 k 上升，y 上升说明产量比人口增长快。从图中可以看出，k 越小，即资本越贫乏的国家，越有可能资本深化，故穷国经济增长会快于富国，各国在增长中有着向均衡值靠拢的趋势。

索洛在构建他的经济增长模型时，既汲取了哈罗德-多马经济增长模型的优点，又屏弃了后者的不足。

3. 内生增长理论

新古典经济增长理论说明了长期经济增长必定来自资本积累和技术进步。但是，新古典经济增长理论将技术进步看作外生变量。为了充分理解增长的过程，人们需要超越新古典增长理论，并建立解释技术进步的模型。这种使增长率内生化的理论探索被称为内生增长理论。内生增长理论也称为新增长论，于 20 世纪 80 年代中期建立，代表人物是保罗·罗默（Paul Romer）与罗伯特·卢卡斯（Robert Lucas）。两人都抛弃了新古典增长模型中关于技术外生和规模收益不变的假设，采用收益递增的假设建立模型。由于允许资本（包含了知识）的收益不变或递增，罗默认为最发达的国家可能增长最快。

这里只介绍内生增长理论中的 AK 模型。

假设生产函数为

$$Y=AK$$

式中　Y——产出；

　　　K——资本存量；

$A=Y/K$——一个常量，表示资本的单位产出量

如果，s 是积累，σ 为折旧率，不存在资本边际收益递减，则：

$$\Delta K=sY-\sigma K$$

令 $Y_1=AK_1$，$Y_2=AK_2$，则有

$$\Delta Y=Y_2-Y_1=A(K_2-K_1)$$

由上式可得：

$$\Delta Y/Y=A(K_2-K_1)/Y=A(K_2-K_1)/AK=\Delta K/K=(sY-\sigma K)/K=sA-\sigma \qquad (2-15)$$

式（2-15）表明，只要 $sA>\sigma$，即使没有外生技术进步的假设，产出也会一直增长。新古典增长理论中，储蓄引致了经济的暂时增长，但资本边际收益递减最终使经济达到增长只取决于外生技术进步的稳定状态；而在内生增长模型中，如果放弃资本边际收益递减的假设，储蓄与投资也会引起长期增长。

内生增长理论中资本边际收益递减合理与否取决于人们如何认识资本 K。在传统意义下，K 是指固定资本，资本边际收益递减的假设当然合理；可是，内生增长理论意义下的 K 还包括知识资本，而知识资本不但不存在资本边际收益递减，而且还存在资本边际收益递增，内生增长理论对长期经济增长的描述就成立，在所有增长理论中对于经济长期增长的解释将更合理。

第三节　技术扩散与转移理论

一、技术扩散与技术转移含义

技术扩散（Technological Diffusion）是一项技术从首次得到化应用，经过大力推广、普遍采用阶段，直至最后因落后而被淘汰的过程。Smith（1980）认为，技术扩散就是技术从一个地方运动到另一个地方或从一个使用者手里传到另一个使用者手里。Kodamo（1986）认为，技术的扩散应该是一种能力的扩散，是对理解、吸收和发展所引进的技术能力的一种转移。技术扩散成功的关键在于技术引进方在没有外部帮助的情况下是否能够独立完成技术的吸收、应用、消化和提高。Glinow & Teagarden（1988）认为，技术扩散过程包括三个阶段：技术文件的传播；将文件转化为产品的专有技术的转移；设备、部件等硬件的转移。广义的技术创新的概念包括了技术创新的扩散过程。这个过程是指技术创新成果通过一定方式被他人学习、模仿的过程。技术创新效果的最大化在于技术扩散与转移，技术创新通过技术的扩散、转移达到技术发明成果应用规模的扩张和价值的广泛实现。

技术转移，又称科技成果转化，是指技术从一个地方以某种形式转移到另一个地方。它包括国家之间的技术转移，也包括从技术生成部门（研究机构）向使用部门（企业和商业经营部门）的转移，也可以是使用部门之间的转移。技术转移有四个显著特点：一是技术转移依赖于技术差别，即总是由技术先进的国家、地区、企业转移到技术落后的国家、地区、企业；二是技术需求方往往视拟接受的技术为寿命期短的昂贵商品，技术供给方则常常力求在技术转移中设置限制性壁垒；三是跨国公司内部的技术转移是国家间技术

转移的主要形式；四是技术转移效率高低与技术转移网络的内在结构及其机制有很大关系。

二、技术扩散与技术转移的关系

技术具有外部性，技术扩散、转移的本质是技术价值的外溢。技术扩散是新技术知识由其持有者向他人的传播。技术转移是双赢的，一方得到了技术，另一方得到了经济回报。技术转移通常采取独立性转移或依附性转移的方式，同时技术在转移中也会发生新的改进、增值，甚至会裂变、扩张成为新的技术体系。

技术转移与技术扩散的关系主要有：一是技术转移主要是一种有目的的主观经济行为，参与技术转移的双方都有明确的目的，而技术扩散则既包括有意识的也包括无意识的技术传播；二是技术转移是技术创新的最后阶段，即科技成果向工厂、企业的转移称为技术转移，而技术扩散则是一项创新成果第一次商业化运用之后的进一步放大效应过程，是创新产品通过某种渠道在社会系统中的传播过程；三是技术转移的受方一般来说只有一个，而且是明确的对象，而技术扩散的受方是多个。从技术移动过程结束的标志看，技术转移以受方掌握技术为结束标志，而技术扩散则要等到所有潜在者都采用该技术才停止，因而技术扩散更强调对时间维度的研究。

第四节　食品技术经济基本原理

一、技术经济要素理论

世界上所有技术经济实体都是国民经济生产实体和社会生活实体。无论生产还是生活都必须具备生产和生活不可缺少的条件，即生产要素和生活要素。技术经济要素即是生产要素和生活要素的合称。

被称为"中国技术经济学之父"的徐寿波将生产要素分为狭义和广义理解。狭义的生产要素是指任何商品和劳务生产所必须具备的最基本的物质资源。广义的生产要素是指社会国民经济大生产各种层次范围的生产实体（生产系统）的组成要素。这是从系统论的角度来理解生产要素。徐寿波认为生活要素是人类生活所必须具备的基本因素或条件。人力、资产力、物力、自然力、运力和时力六个独立的基本的生活要素是人的生存和发展的必需条件。其中，人力是指人类生活需要的自己的人力和自己以外的人力，它对人类生存与发展来说是最重要的一个要素，是核心生活要素；资产力是指人类生活所需要的居住房屋、生活设施、生活用具、生活用品等；物力是指人类生活日常消耗的食物、药物、燃料、电力和其他物品，它是重要的生活要素；人对物力的需求如果不能得到满足，就无法生存；自然力是指人类生活需要的自然物资，包括空气、水、土地等；运力是指人类生活所需要的人流物流。如果没有运力，人力、物力、自然力和资产力都没有用，也一样会饿死、冻死、窒息死和渴死；时力是指人类生活所需要的时间资源。它是人类生活很重要的生活要素，是人类生命的标志。人的生命时间也就是人的生活时间，生活要素时力与人的生命共存。

二、技术经济评价理论

技术经济评价理论是技术经济学很重要的基本理论。技术方案效益好坏，必须要有客观的评价标准。技术经济效果的评价应当考虑以下三条原则：技术方案须满足人民的需要和国民经济发展的需要；技术方案必须有很好的经济效果。技术方案的经济效果必须有一定的时期来衡量，既要考虑近期经济效果，也要考虑中远期经济效果。基于以上三条基本原则，可以把经济效果的评价具体化，包括财务评价和经济评价、绝对经济评价和相对经济评价、静态经济评价和动态经济评价等。

1. 财务评价和经济评价

经济评价就是对客观经济效果进行评价，经济评价的特点是反映客观要求，尽可能合理。财务评价是财力收支情况的评价，是货币资金形式的单财力方面的评价，也可以说是局部的经济评价。财务评价通常都采用现行财务制度的各项规定和数据，财务评价的特点是反映现实。经济评价对技术方案的取舍起着十分重要的作用，是判断技术方案经济不经济的依据，而财务评价对技术方案的取舍不起重要作用，不能作为判断技术方案经济不经济的依据。但是为了使技术方案实现后能很好地经营，为了发挥企业本身的积极性，以及为了在企业和国家之间合理地分配利益，因此在经济评价的同时进行财务评价也是有必要的。

2. 绝对经济评价和相对经济评价

绝对经济评价是指对方案本身经济效果好坏的评价，相对经济评价是指对多个方案经济效果好坏的比较结果的评价。绝对经济评价是基础，通过绝对经济评价的方案是可行的方案，但可能不是相对最优方案。只有通过相对经济评价才能从可行的多个方案中选择相对最优的方案。一般单个方案评价采用绝对评价就可以，多个方案的比较选择就需要先进行绝对经济评价，再进行相对经济评价。

3. 静态经济评价和动态经济评价

静态经济评价是不考虑时间因素的经济评价，动态经济评价是考虑时间因素的经济评价。静态经济评价一般只计算各方案某一年的效益和费用，并不考虑一个时期的效益和费用。一般来说对食品项目中投资规模小、投资时间短的项目可以采取静态评价，对于投资规模大、投资时间长的项目采用动态评价。

三、技术经济比较理论

技术经济比较原理是指对多种技术方案进行经济比较时应遵循的基本原理，是食品技术经济学理论的一个重要组成部分，应遵循以下可比原则。

1. 满足需要可比原理

满足需要可比包括数量可比和质量功能可比两个部分。

在数量可比方面：①要以不同技术方案的净产值、净完成工作量进行比较，如果技术方案毛产量相等，但在生产流通消费过程中损失不等，即真正到达用户满足需要的数量不等，这时需进行调整换算后才能比较；②有些技术方案采用以后，能够提高原来的生产能力和产量，有些技术方案则不能，比较时需要把后者的产量与能力调整到同前者相同时才能比较；③综合利用方案应该同满足相同需要的由单独方案组成的联合方案进行比较，或者把综合利用方案进行分摊后同单独方案进行比较；④生产规模不同的技术方案，要调整到相同生产规模方可比较；⑤除不同技术方案的直接产量要可比以外，间接引起的其他部门的产量增加或减少也要考虑可比。

在质量功能可比方面：①对能够定量的质量功能指标，应根据满足需要的效果大小进行比较；②对难以定量的质量功能指标，可采用评分方法并按所得的分数多少，进行比较。

2. 消耗费用可比原理

消耗费用可比包括：①应从系统和社会全部消耗的观点出发，在技术方案的消耗费用中既考虑方案本身的费用，同时又考虑与方案有关的其他费用，还要考虑邻近部门（如原材料、燃料、动力、运输等部门）的各种费用；②对综合利用方案的全部消耗费用进行分摊以后，才能同某个只能满足单方面需要的方案进行比较；③被比较的各个技术方案的消耗费用指标，无论是投资指标，还是成本指标，都应具有可比性，如同样是吨煤投资，但由于煤的质量不同、热值不同，就不可比，只有把它们折成吨标准煤投资以后才能相比。

3. 价格可比原理

价格可比包括：①技术方案的产品价格要可比；②技术方案消耗费用计算中所用的各种产品价格，特别是成本费用中的能源、原材料和运输等价格要可比；③不同技术方案应该采用相应时期的价格指标。

4. 时间可比原理

时间可比包括：①不同技术方案经济比较应以相同的计算期作为比较的基础；②应考虑不同技术方案由于人力、物力、财力、运力和自然力的投入以及效果发挥的时间不同，对整个国民经济引起的经济影响大小也不尽相同；③时间可比不仅指主要工程，而且还包括配套工程。

四、技术经济效果理论

技术经济效果一般指在物质资料（如食品）生产过程中，投入的劳动消耗与所取得的劳动结果之比。经济效益是指人们进行经济活动的效率、效果和收益。

1. 经济效果指标原理

经济效果是产出和投入比较，即所得与所费的关系，有差值和比值两种比较形式。差值比较形式是技术方案的产出与投入之差，见式（2-16）又称经济效益指标，如利润、税收、增加值、国内生产总值；比值比较形式是技术方案的产出与投入之比，见式（2-17）和式（2-18）又称经济效率指标，如劳动生产率、资金报酬率。由此可见，经济效率和经济效益不是同一指标，这两个指标有本质的区别。

$$纯（或净）经济效益=所得-所费 \qquad (2\text{-}16)$$

$$经济效率＝所得／所费 \qquad (2\text{-}17)$$
$$纯（或净）经济效率＝（所得－所费）／所费 \qquad (2\text{-}18)$$

式（2-16）、式（2-17）、式（2-18）是经济效果的基本表达式。

（1）经济效益可行性标准　从经济效益的角度衡量技术方案，只有当所得大于所费，方案才可行；否则，方案不可行。当技术方案的所得和所费具有相同量纲时（常用货币量表示），其效益可行性标准为：

$$纯经济效益＞0 \quad 或经济效率＞1$$

（2）经济效益择优标准　技术方案经济效益优化，就是从多个可行方案中，选择一个或一组技术方案，使其经济效益达到最大化或满意化。其择优标准如下。

① 纯经济效益最大化标准：该标准所追求的目标是技术方案的总体效果最优，它能使投资者得到最大的纯收益，适用于资金比较充裕的情况。

② （纯）经济效率最大化标准：该标准所追求的目标是投资方案的单位效果最优，它反映了高效率，适用于资金较贫乏的情况。采用该标准，对提高资金的使用效率有利，可以使资金发挥最大的效益，提高宏观经济效益。

③ 经济效益综合评价最大化标准：该标准是一种兼顾纯经济效益和（纯）经济效率的择优标准。它既能使投资者获得较多的实惠，又能使其得到较高的效率。由于纯经济效益最大化标准和（纯）经济效率最大化标准都是单目标优化、而经济效益综合评价最大化标准是多目标优化，因此，上述两种择优标准只是该综合评价标准的特例，采用该标准能更全面地评价和优化技术方案。

2. 经济增量原理

经济活动中的技术经济效果总是有增量的，产出必须大于投入。增量效果与投入的多少有三种关系：一是投入增加，效果递增；二是投入增加，效果递减；三是投入增加，效果先递增，后递减。因此，任何技术的投入要求适度，不是越多越好。

3. 时间效应原理

时间具有自然属性和经济属性两重性。时间的自然属性表现为一维性，即单程连续、永不逆返和永恒性。时间作为包括生产力和生产关系统一运动在内的经济过程和运动的特殊形式，属于经济范畴。时间的经济属性除具有一维性以外，还具有可分配性，即多个主体可在同一自然时间内各自进行特殊形式的运动，或同一主体在连续的自然时间内依次进行自己的各种活动。在技术经济分析中，要遵循时间效应原理，应树立以下的时间观念：时间是生产力的观念；时间就是财富的观念；时间是管理对象的观念；时间管理是科学技术的观念。

4. 供求平衡原理

国民经济的供求关系通常包括如下三种情况：一是供过于求；二是供不应求；三是供求平衡．技术经济研究应遵循供求平衡原理。供求的动态平衡过程就是消除短缺的过程。解决短缺、达到供给平衡的途径主要有增加投资、扩大生产能力、提高生产率、提高生产力等。而这些又涉及包括自然、技术、经济、社会和体制等多方面因素。这些都是技术经济理论与方法研究的内容。

5. 系统相关原理

技术经济系统是以技术、经济为主并涉及社会、生态和文化价值的一个大系统，因此，应符合和遵循系统原理。技术经济分析和研究中要将研究对象置于一个系统内进行研究，要将系统目标综合化、整体化、最优化，以整体最优为准则选择最佳方案。由此可派生出系统分析、因素分析、需求分析、人均分析、弹性分析等方法。它在社会经济发展战略、地区发展战略、技术发展规划及技术研讨、推广与应用等活动中应用广泛。

五、技术经济优选理论

1. 局部最优和全局最优

局部优化是技术经济子系统的优化，全局优化是大系统的优化。两者之间在目标上有一致性，也有矛盾性；在量上有叠加性，也有非叠加性。局部优化是基础，全局优化是目的，局部优化要服从于全局优化。

2. 静态最优和动态最优

在技术经济分析中，不考虑时间因素影响的优化是静态优化，考虑时间因素影响的优化是动态优化。静态优化过程简便，动态优化更符合客观实际。两种优化方式各有适用场合。当两种优化结果发生矛盾时，应以动态优化为准。

3. 单目标最优和多目标最优

优化过程中，根据满足的目标数可分为单目标优化和多目标优化。单目标优化是多目标优化的基础，多目标优化是单目标优化的综合。单目标优化简单，多目标优化复杂。

4. 最优和满意

最优化是追求的目标。但由于各种客观条件的限制和人们对技术经济客观条件认识的局限性，往往难以达到技术经济效果的最优而只能达到令人比较满意的次优。

六、技术经济信息理论

技术经济信息是指技术经济实体事物性质及其运动状态和方式的反映。技术经济信息既包括一切技术经济物质实体的信息，也包括一切与它有关的活动现象的信息。各种技术方案的分析与评价需要各种资料和数据信息，技术经济方案评价结果能给相关实体提供信息。因而，信息是技术经济工作的基础，也是归宿。技术经济工作水平高低，在很大程度上取决于信息的收集、贮存、传递、处理和应用能力。从技术经济学的要求来看，信息应该是"量足、准确、及时、有用、经济"的原则。

思考与练习

1. 技术经济活动的要素有哪些？

2. 食品技术经济学的基本原理包含哪些内容？

第三章

食品技术经济分析的基本要素

第一节　投资

投资是指食品加工生产项目从筹建开始到全部建设投产整个过程所发生的一切费用，项目总投资一般是在给定的建设规模、产品方案和工程技术方案的基础上进行估算得到，主要包括固定资产投资、流动资金投资和无形资产投资三大类（图3-1）。

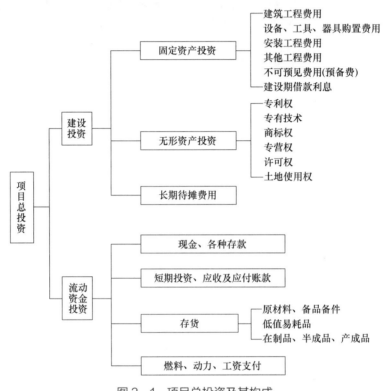

图 3-1　项目总投资及其构成

一、固定资产投资

食品加工生产项目的固定资产投资是指用于建设或购置食品加工生产项目需要的固定资产投资。固定资产指的是使用期限在1年以上，单位价值在规定标准之上，生产过程中为多个生产周期服务，其总价值逐期损耗并以折旧方式予以计提的一切资产，通常包括厂房、机器设备、食品储藏保管及运输工具等。固定资产投资由建筑工程费、设备、工具、器具购置费、安装工程费、其他工程费、不可预见费用（预备费）及建设期利息构成。建筑工程费是为食品加工生产提供空间场所发生的活动（包括房屋建筑工程、大型土石方和场地平整以及特殊构筑物工程等）而产生的一切费用，涉及建筑工程人工费、材料费、施工机械使用费、施工管理费以及营业税、城市维护建设税等税金；设备、工具、器具购置费是食品加工生产项目在设计范围内所购置的设备、工具、器具等发生的费用，也涵盖自制设备、工具、器具等所发生的费用，包括设备、工具、器具的原价以及供销部门的手续费、包装费、运输费、采购保管费等；安装工程费是食品加工生产用机设备、工具、器具等的安装调试所发生的费用，包括成套装置和生产、动力、起重、传动、仪器、仪表等设备的组装及安装的费用，安装时有关管线的配置、单项设备的试车等费用；其他工程费、不可预见费用（预备费）、建设期利息等都可以看作是其他费用，除此之外，其他费用可能还包括可行性研究费、勘察设计费、研究试验费、环境影响评价费、场地准备及临时设施费、引进技术和引进设备其他费、工程保险费、联合试运转费、特殊设备安全监督检验费、市政公用设施建设及绿化费，以及物价上涨、设计变更等费用。

$$固定资产投资＝建筑工程费+设备购置费+安装工程费+其他费用 \quad (3-1)$$

建设期利息是指筹措债务资金时在建设期内发生并按规定在投产后计入固定资产原值的利息，包括银行借款和其他债务资金的利息，以及其他融资费用。银行借款和其他债务资金的利息包括通过商业银行贷款、政策性银行贷款、外国政府贷款、国际金融组织贷款、出口信贷、银团贷款、企业债券、国际债券、融资租赁等渠道和方式筹资时应支付的利息，对于这部分利息应依据借款合同的规定进行计算，在建设期不能按期支付的项目应一律按复利计息。其他融资费用包括某些债务融资中发生的手续费、承诺费、管理费、信贷保险费等融资费用，对于此费用，一般情况下将其单独计入建设期利息，即使在项目前期研究的初期阶段，也应做粗略估算并计入建设投资；对于不涉及国外贷款的项目，在可行性研究阶段，也可做粗略估算并计入建设投资；需要特别指出的是，对于分期建成投产的项目，应按各期投产时间分别停止借款费用的资本化，此后发生的借款利息应计入成本费用中的"财务费用"。

$$建设期利息＝银行借款和其他债务资金的利息+其他融资费用 \quad (3-2)$$

二、流动资金投资

流动资金是在项目投产前预先垫付，在投产后用于生产经营过程的周转资金，等于流动资产减去流动负债的差额，也就是可以根据食品加工生产项目的流动资产和流动负债估算出流动资金额。流动资产是指可以在一年或超过一年的一个营业周期内耗用或变现的资产，通常包括库存现金、各种存款、短期投资、应收账款、预付账款、存货、燃料、动力、工资支付等。流动负债是指偿还期在一年或超过一年的一个营业周期内的债务，包括短期借款、应付账款或票据、预收账款、应交税金、应付利润或福利费等。在一个完整的生产经营周期过程中，流动资金的实务形态不断发生变化。

在项目筹备阶段，流动资金通过购买原料、燃料、低值易耗品、包装物、辅助材料等，以储备资金的形式出现，投入生产阶段，转换成以自制半成品、在制品为主要形式的生产资金；待项目完工后其价值一次性全部转移到产品中去，以产成品或外购产品形式存在；最后通过销售阶段，又以结算资金的形式将其收回，变成预收账款、应收账款、应收票据、待摊费用、发出商品、其他应收款，或者库存现金、银行存款、短期投资、其他货币资金等形式存在。

$$流动资金投资＝流动资产−流动负债 \quad (3-3)$$

三、无形资产投资

无形资产主要包括企业拥有的或可支配的商标权、专利权、专有技术、专营权、许可权、土地使用权等，具有无实物形态、收益性、独占性和排他性等特点。对于无形资产经济价值的估算，存在以下几种情况：①如果是按照市场原则购入的无形资产，按实际支付的价款作为实际成本计价；②如果是投资者投入的无形资产，按投资各方确认的价值作为实际成本；③如果自行开发并按法律程序申请取得的无形资产，按依法取得时发生的注册费、聘请律师费等费用作为实际成本计价；④如果接受捐赠的无形资产，按捐赠方是否提供有关凭证确定其成本。

第二节　成本费用

成本费用一般存在两种理解，一种理解是会计学中所讲的成本概念，指的是为获得某商品所付出的代价或费用，是对企业生产经营活动和产品生产过程实际发生的各种耗费的真实记录，包括生产成本、管理费用、财务费用和销售费用，其数据往往具有唯一性。另外一种理解是技术经济分析中的成本概念，技术经济分析中成本概念要复杂得多，因为其成本费用数据来自在一定假定下对拟实施投资方案的未来情况预测结果，除会计成本外，还要考虑机会成本、沉没成本等，具有很大的不确定性。因此，技术经济分析中涉及的成本费用类型相对较多，常用到的有生产成本、经营成本、固定成本、可变成本、会计成本、经济成本、沉没成本、机会成本、边际成本、质量成本等。

一、生产成本与经营成本

1. 生产成本

生产成本是与产品生产或提供服务相关联的一切费用，由直接费用和间接费用两部分组成。其中，直接费用包括食品加工生产项目的直接材料费、直接工资及其他直接支出。直接材料费指的是构成食品产品生产过程中实际消耗的原材料、辅助材料、外购半成品、燃料、包装物等。直接工资指的是发放给直接从事食品产品加工生产人员的工资、奖金、津贴和补贴。其他支出指的是发放给从事食品产品加工生产人员的职工福利费。

间接费用主要是指食品加工生产企业的制造费用。制造费用是为组织和管理产品生产所发生的各项间接费用，包括生产单位管理人员的工资、取暖费、水电费、办公费、差旅费、职工福利费、生产单位固定资产折旧费、租赁费、机物料消耗、低值易耗品摊销、季节性和修理期间的停工损失以及其他制造费用。

生产成本＝直接材料费+直接工资+制造费用+其他支出

2. 经营成本

经营成本是项目建成投产后为生产产品或提供劳务而经常性发生的各种费用支出。一般将总成本费用中扣除折旧费、维检费、摊销费、财务费（财务利息）后剩余部分即为经营成本，或者项目经常性发生的外购原材料、燃料和动力费、工资及福利费、修理费以及伴有现金支出的其他费用合并在一起，也可以得到经营成本的评估值。

$$经营成本 = 外购原材料、燃料和动力费 + 工资及福利费 + 修理费 + 其他费用$$

二、会计成本与经济成本

1. 会计成本

会计成本是指项目运营期为获得收益而实际发生并在会计工作中按照会计原则予以真实记录的各项费用和支出。一般包括生产成本、销售费用、管理费用和财务费用，将这四部分加总求和即得到项目运营的总成本。管理费用、财务费用、销售费用三者在会计准则上统称为期间费用，因此，总成本是项目运营在一定时期内发生的生产成本和期间费用总和。管理费用是指企业的董事会和行政管理部门为组织和管理生产经营活动而发生的各种费用，包括公司经费、工会经费、职工教育经费、劳动保险费、待业保险费、董事会费、咨询顾问费、审计费、诉讼费、排污费、绿化费、税金、土地损失补偿费、技术转让费、研究开发费、无形资产摊销、业务招待费、坏账损失、存货盘亏及其他管理费用。财务费用是指项目运营期间为筹集资金所发生的各项费用，包括项目贷款的利息支出、银行手续费以及为筹集资金发生的其他财务费用。销售费用是指项目投产后为销售产品所发生的各项费用，包括广告费、销售人员工资及福利、差旅费、物流成本、保险费以及其他相关费用。

$$总成本 = 生产成本 + 管理费用 + 财务费用 + 销售费用 \tag{3-4}$$

2. 经济成本

经济成本是在会计成本的基础上增加一部分并不实际发生的成本而得来，也就是经济成本等于显性成本加上隐性成本。显性成本是企业在生产要素市场上购买或租用所需的生产要素的实际支出，即企业支付给企业以外的经济资源所有者的货币额。一般成本会计计算出来的成本都是显性成本。隐性成本指公司损失使用自身资源（不包括现金）机会的成本。所谓机会成本，是指将稀缺资源用于某种用途而放弃的其他用途中所获得的最高收益。机会成本是进行投资方案选择时观念上的成本，并不是实际发生的成本，因此通常也称为隐性成本，在会计账簿上也找不到相应的会计科目。

$$经济成本 = 会计成本（显性成本） + 机会成本（隐性成本） \tag{3-5}$$

三、固定成本与可变成本

1. 固定成本

为获得某产品或服务，项目投入可分为不变投入和可变投入，厂房、机器、设备等为不变投入，原材料、燃料、直接工资及福利等为可变投入。相应地，项目的成本也可分为固定成本和可变成本。固定成本又称为固定成本，是指在一定的规模前提下不随产量变动而变动的那部分成本，主要包括固定资产折旧、工资及福利费、修理费、摊销费等。

2. 可变成本

可变成本则相反，是随企业产量变动而变动的那部分成本，主要包括构成产品实体的原材料费用、燃料费用以及产品生产不可或缺的动力费用、直接工资和其他直接费用等。可变成本随产品产量的变化而变化，也就是说产量增加，变动成本随之增加；产量减少，变动成本也随之减少。但要注意的是，由于存在规模经济效应，平均可变成本具有随着产量的增加先下降后上升的特点，即在规模报酬递增阶段，平均可变成本随产量的增加逐渐下降；在规模报酬不变阶段，平均可变成本随产量的增加不再发生变化；到了规模报酬递减阶段，平均可变成本随产量的增加而逐渐上升。

四、沉没成本与边际成本

1. 沉没成本

在技术经济分析中，还要考虑沉没成本与边际成本。沉没成本是指过去已经发生而现在无法得到补偿、与当前决策无关的费用。例如某副食品企业原来看好高端月饼市场，决定投资月饼行业，但恰逢中央八项规定出台，月饼市场很快陷入低迷，因此，该企业决定放弃月饼生产，转而从事方便快餐服务业，那么前期已经投入生产月饼的机器设备等成本即可以看做是沉没成本，无论转产哪个行业，前期的成本已经投入，是无法弥补的，尽管事后可能认识到原来决策的错误，也无济于事，今后的任何决策都不可能取消这部分支出。

2. 边际成本

边际成本是技术经济分析中一个相当重要的概念。所谓边际成本，是指每增加一单位产量所带来的成本的增加量。边际收益是指每增加一个单位投入所带来的收益增量。当边际成本大于边际收益时，说明项目的规模过大了，应适当减小生产规模；当边际成本小于边际收益时，说明项目的规模过小了，应适当增加规模；只有当边际成本等于边际收益时，说明项目的规模刚好可以实现利润最大化。

五、质量成本

所谓质量成本就是企业为了保证和提高产品质量而支出的一切费用，以及由于产品质量未达到预先规定的标准而造成的一切损失的总和。

质量成本由内部故障成本、外部故障成本、鉴定成本和预防成本等四大部分组成，这种分类方法已得到世界各国的公认和采用。

质量成本只涉及有缺陷的产品，即发现、返工、避免和赔偿不合格品的有关费用。制造合格品的费用不属于质量成本，而属生产成本。在进行质量成本控制时，要防止为了降低质量成本而造成质量和效率下降的倾向。质量成本控制的根本途径在于加强食品企业全面质量管理工作。

六、折旧

固定资产在项目建设期一次性投入但其价值却在运营期分期逐渐消耗，折旧是项目运营期间不可避免的费用。因此固定资产折旧是指在固定资产使用寿命内，按照确定的方法对应计折旧额进行系统分摊。固定资产折旧仅仅只是成本分析，其本身不是现金的流出流入，而是非现金费用，在税法中允许其冲减应税收入，因此会对项目的现金流量产生间接影响。计提折旧费的方法一般有直线折旧法和加速折旧法。

第三节　销售收入与利润

一、销售收入

项目的销售收入是企业根据市场经济原则为消费者提供适销对路的商品时所获得的货币收入。企业的销售收入包括产品销售收入和其他销售收入，产品销售收入主要是指销售产成品、自制半成品及工业性劳务取得的收入；其他销售收入包括外购商品销售、材料销售、技术转让等非工业性劳务所取得的收入。

$$销售收入 = 产品销售量 \times 商品价格 \tag{3-6}$$

二、会计利润

项目的会计利润可分为销售利润、利润总额及税后利润。

1. 销售利润

销售利润是企业在一定时期内销售收入扣除成本、费用和各种流转税及附加税后的余额。计算公式如下：

$$销售利润 = 销售收入 - 销货退回 - 销货折扣与折让 - 产品销售成本 - 产品销售税金及附加 - 期间费用 \tag{3-7}$$

2. 利润总额

利润总额是企业在一定时期内实现盈亏的总额，既包括营业收入，也包括营业外收入。计算公式如下：

$$利润总额 = 销售利润 + 投资净收益 + 营业外收入 - 营业外支出 \tag{3-8}$$

3. 税后利润

税后利润是企业在一定时期内利润总额扣除应交所得税后的利润。税后利润首先弥补以前年度的亏损；其次提取公积金，用于弥补企业亏损及按照国家规定转增资本金等；再次提取公益金，主要用于职工福利设施支出；最后向投资者分配利润。

$$税后利润 = 利润总额 - 应交所得税 \tag{3-9}$$

三、经济利润

经济利润是项目经济分析作决策时必须考虑的要素。经济利润是排除所有者投入和分派给所有者方面的因素，期末净资产与期初净资产相减以后的差额。

$$经济利润 = 销售收入 - 经济成本 = 销售收入 - 会计成本 - 隐性成本 \tag{3-10}$$

第四节　税收

按照课税对象的不同，我国企业依法应缴纳的税收包括流转税类、所得税类、资源税类、行为税类和财产税类共五大类型。其中，流转税类包括增值税、营业税、消费税及关税；所得税类包括企业所得税、外商企业投资所得税及外国企业所得税；资源税类包括资源税和土地使用税；行为税包括固定资产投资调节税、车船使用税、印花税等；财产税包括房产税、契税等。这里选择其中与食品行业密切相关的增值税、营业税、消费税、关税、企业所得税、土地使用税、固定资产投资方向调节税等作为重点予以介绍。

一、增值税

增值税是对在我国境内销售和提供加工、修理修配劳务以及进口货物的单位和个人，就其取得的货物或应税劳务销售额，以及进口货物金额计算税额，并实行税款抵扣制的一种流转税。增值税的征税范围为：一是销售或进口的货物，除有形资产外，还包括电力、热力、气体等。二是提供的加工、修理修配等无形的劳务服务。增值税是对商品生产和流通中各环节的新增价值或商品的附加值进行征税，克服了以前实施的产品税导致重复计税的缺陷。计税公式如下：

$$应纳税额 = 当期销项税额 - 当期进项税额 \tag{3-11}$$

其中，

$$销项税额 = 销售额 \times 销项税率 \tag{3-12}$$

$$进项税额 = 销售额 \times 进项税率 \tag{3-13}$$

销项税额是指向购买方收取、按照销售额和规定税率计算的增值税额；进项税额是指纳税人购进货物或者应税劳务所支付或者负担的增值税额。增值税实行基本税率、低税率和零税率三档税率。一般而言，对出口货物实行零税率，对粮食、自来水、天然气、图书、生产资料等实行低税率，除此之外的其他商品或劳务一律适用于基本税率。

二、营业税

营业税是对我国境内从事交通运输、建筑业、金融保险、邮政电讯、文化体育、娱乐业、服务业、转让无形资产、销售不动产等业务的单位和个人，就其营业收入或转让收入征收的一种税赋。计算公式如下：

$$营业税应纳税额 = 营业额 \times 适用税率 \tag{3-14}$$

纳税人提供的应税劳务、销售不动产或转让无形资产时所收取的全部价款和价外费用为营业额，也是征税的税基。一般而言，对娱乐业征收较高的 5%~20% 的税率，服务业、金融保险、销售不动产、转让无形资产的税率为 5%，除此之外均为 3%。需要特别指出的是，根据《关于全面推开营业税改征增值税试点的通知》（财税 [2016] 36 号），随着 2016 年 5 月 1 日起全面推开"营改增"试点改革，在我国实施了 60 多年的营业税正式废止。

三、消费税

消费税为向在我国境内生产、委托加工和进口国家规定的应税消费品的单位和个人所征收的一种流转税。其征收目的主要在于引导消费方向，调整消费结构，保证财政收入。主要征税范围包括烟、酒及酒精、鞭炮、化妆品、成品油、贵重首饰和珠宝玉石、高尔夫及球具、游艇、小汽车等。其计算公式如下：

从价税方式征收：

$$应税税额 = 销售额 \times 税率 \tag{3-15}$$

从量税方式征收：

$$应税税额 = 销售量 \times 单位税额 \tag{3-16}$$

四、关税

关税是进出口商品经过一国关境时，由政府设置的海关向进出口商所征收的一种税收。关税的征收机构是设在关境上的一国行政管理的海关。现代意义的关税的作用是保护国内的市场和调节进出口贸易。当一国国内某产业属于幼稚产业或一国对外贸易出现逆差时，实行较高的关税税率；相反，当一国国内某产业已经发展得具有很强的市场竞争力或一国对外贸易出现顺差时，实行较低的关税税率。关税的征收方式从量税、从价税、混合税、选择税四种。其计算公式如下：

从量税方式征收：

$$应税关税额 = 进出口货物数量 \times 单位完税价格 \times 适用税率 \tag{3-17}$$

从价税方式征收：

$$应税关税额 = 进出口货物价值 \times 适用税率 \tag{3-18}$$

五、企业所得税

企业所得税是对我国境内的内资企业的生产、经营所得及其他所得征收的一种税。需要注意的是，企业所得税的缴纳对象是我国境内的内资企业，我国境内的外国投资企业及外商企业则除外。其计算公式如下：

$$应交所得税 = 应纳税所得额 \times 所得税税率 \tag{3-19}$$

其中，已纳税所得额等于企业的收入扣除与纳税人取得收入有关的成本、费用、税金及损失。企业的收入包括生产经营性收入、财产转让收入、利息收入、租赁收入、特许权使用费收入、股息收入和其他收入。根据我国税法规定，企业所得税的基本税率为25%，但对小型微利企业、国家需要重点扶持的高新技术企业、技术先进型服务企业、地区现代服务业合作区的鼓励类产业企业、西部地区鼓励类产业、集成电路线宽小于 $0.25\mu m$ 或投资额超过 80 亿元的集成电路生产企业、从事污染防治的第三方企业、重点软件企业和集成电路设计企业特定情形、非居民企业特定情形所得等也给予了税收优惠。

六、土地使用税

土地使用税是国家为了保护土地资源，合理利用城镇土地，调节土地级差收入，对在城市、县城、建制镇、工矿区范围内使用土地的单位和个人征收的一种税赋。土地使用税以实际占用的土地面积为计税依据，依照规定由土地所在地的税务机关征收。由于开征范围不包括农村地区，故该税赋也被称为城镇土地使用税。征收标准，一般大城市每平米税额 0.5~10 元，中等城市每平米 0.4~8 元，小城市每平米 0.3~6 元，县城、建制镇、工矿区每平米 0.2~4 元。

七、固定资产投资方向调节税

固定资产投资方向调节税是指为贯彻国家相关产业发展政策，保证国民经济健康可持续发展，对单位和个人投资进行引导和调节而征收的一种税收。我国施行的固定资产投资调节税自 2000 年 1 月 1 日起暂停征收，并于 2012 年 11 月 9 日起予以废止。

第五节　报表

一、项目建设期报表

项目建设期是指某食品加工生产项目从筹建开始到全部建成投产的整个过程。项目建设期报表主要综合反映项目在建设期内各年年末固定资产投资、流动资金投资、建设期利息、无形资产、递延资产等资产、负债和所有者权益的增减变化及对应关系，具体包括建设投资估算表（表 3-1）、流动资金估算表（表 3-2）、建设期利息估算表（表 3-3）、无形资产和其他资产摊销估算表（表 3-4）等。

表 3-1　　　　　　　　　　建设投资估算表（形成资产法）　　　　　　　　单位：万元

序号	工程或费用名称	建筑工程费	设备购置费	安装工程费	其他费用	合计	其中：外币	比例/%
1	固定资产费用							
1.1	工程费用							
1.1.1	×××							
1.1.2	×××							
1.1.3	×××							
	……							
1.2	固定资产其他费用							
1.2.1	×××							
	……							
2	无形资产费用							

续表

序号	工程或费用名称	建筑工程费	设备购置费	安装工程费	其他费用	合计	其中：外币	比例/%
2.1	×××							
	……							
3	其资产费用							
3.1	×××							
	……							
4	预备费							
4.1	基本预备费							
4.2	涨价预备费							
5	建设投资合计							
	比例							100%

注：① 比例分别指各主要科目的费用（包括横向和纵向）占建设投资的比例；

② 本表适用于新设法人项目与既有法人项目的新增建设投资的估算；

③ "工程或费用名称" 可依不同行业的要求调整。

表 3-2　　　　　　　　　　　　　流动资金估算表　　　　　　　　　单位：万元

序号	项目	最低周转天数	周转次数	计算期					
				1	2	3	4	……	n
1	流动资产								
1.1	应收账款								
1.2	存货								
1.2.1	原材料								
1.2.2	×××								
	……								
1.2.3	燃料								
	×××								
	……								
1.2.4	在产品								
1.2.5	产成品								
1.3	现金								
1.4	预付账款								
2	流动负债								
2.1	预付账款								
2.2	预收账款								
3	流动资金（1-2）								
4	流动资金当期增加额								

注：① 本表适用于新设法人项目与既有法人项目的"有项目""无项目"和增量流动资金的估算；

② 表中科目可视行业变动；

③ 如发生外币流动资金，应另行估算后予以说明，其数额应包含在本表数额内；

④ 不发生预付账款和预收账款的项目可不列此两项。

表 3-3 　　　　　　　　　　建设期利息估算表 　　　　　　　　单位：万元

序号	项目	合计	建设期					
			1	2	3	4	……	n
1	借款							
1.1	建设期利息							
1.1.1	期初借款余额							
1.1.2	当期借款							
1.1.3	当期应计利息							
1.1.4	期末借款余额							
1.2	其他融资费用							
1.3	小计（1.1+1.2）							
2	债券							
2.1	建设期利息							
2.1.1	期初债务余额							
2.1.2	当期债务金额							
2.1.3	当期应计利息							
2.1.4	期末债务余额							
2.2	其他融资费用							
2.3	小计（2.1+2.2）							
3	合计（1.3+2.3）							
3.1	建设期利息合计（1.1+2.1）							
3.2	其他融资费用合计（1.2+2.2）							

注：① 本表适用于新设法人项目与既有法人项目的新增建设期利息的估算；

② 原则上应分别估算外汇和人民币债务；

③ 如有多种借款或债务，必要时应分别列出。

表 3-4 　　　　　　　　无形资产和其他资产摊销估算表 　　　　　　单位：万元

序号	项目	合计	建设期					
			1	2	3	4	……	n
1	无形资产							
	原值							
	当期摊销费							
	净值							
2	其他资产							
	原值							
	当期摊销费							
	净值							
	……							
3	合计							
	原值							
	当期摊销费							
	净值							

注：本表适用于新设法人项目固定资产折旧费的估算，以及既有法人项目的"有项目""无项目"和增量摊销费的估算。当估算既有法人项目的"有项目"摊销费时，应将新增和利用原有部分的资产分别列出，并分别计算摊销费。

二、项目运营期报表

项目运营期是指某食品加工生产项目投产后的产品生产周期。项目运营期报表主要综合反映项目在运营期间内各年年末的生产成本、期间费用、经营成本、销售利润、税收等成本费用及销售收入与利润的增减变化及对应关系，具体包括总成本费用估算表（表3-5）、营业收入、营业税金及附加和增值税估算表（表3-6）、利润与利润分配表（表3-7）等。

表3-5　　　　　　　　　　　　　　总成本费用估算表　　　　　　　　　　单位：万元

序号	项　目	合计	计算期					
			1	2	3	4	……	n
1	生产成本							
1.1	直接材料费							
1.2	直接燃料及动力费							
1.3	直接工资及福利费							
1.4	制造费用							
1.4.1	折旧费							
1.4.2	修理费							
1.4.3	其他制造费							
2	管理费用							
2.1	无形资产摊销							
2.2	其他资产摊销							
2.3	其他管理费用							
3	财务费用							
3.1	利息支出							
3.1.1	长期借款利息							
3.1.2	流动资金借款利息							
3.1.3	短期借款利息							
4	营业费用							
5	总成本费用合计							
5.1	其中：可变成本							
5.2	固定成本							
6	经营成本							

注：① 本表适用于新设法人项目与既有法人项目的"有项目""无项目"和增量成本费用的估算；

② 生产成本中的折旧费、修理费指生产性设施的固定资产折旧费和修理费；

③ 生产成本中的工资和福利费指生产性人员工资和福利费。车间或分厂管理人员工资和福利费可在制造费用中单独列项或含在其他制造费用中；

④ 本表其他管理费用中含管理设施的折旧费、修理费以及管理人员的工资和福利费。

表 3-6　　　　　　　　　营业收入、营业税金及附加和增值税估算表　　　　　　　单位：万元

序号	项　目	合计	计算期					
			1	2	3	4	……	n
1	营业收入							
1.1	产品A营业收入							
	单价							
	数量							
	销项税额							
1.2	产品B营业收入							
	单价							
	数量							
	销项税额							
	……							
2	营业税金及附加							
2.1	营业税							
2.2	消费税							
2.3	城市维护建设税							
2.4	教育费附加							
3	增值税							
	销项税额							
	进项税额							

注：① 本表适用于新设法人项目和法人项目的"有项目""无项目"和增量的营业收入、营业税金与增值税估算；

② 根据行业或产品的不同可增减相应税收科目。

表 3-7　　　　　　　　　　　　　利润与利润分配表　　　　　　　　　　　　单位：万元

序号	项　目	合计	计算期					
			1	2	3	4	……	n
1	营业收入							
2	营业税金及附加							
3	总成本费用							
4	补贴收入							
5	利润总额（1-2-3+4）							
6	弥补以前年度亏损							
7	应纳税所得额（5-6）							
8	所得税							
9	净利润（5-8）							
10	期初未分配利润							
11	可供分配的利润（9+10）							
12	提取法定盈余公积金							
13	可供投资者分配的利润（11-12）							
14	应付优先股股利							
15	提取任意盈余公积金							
16	应付普通股股利（13-14-15）							

续表

序号	项目	合计	建设期					
			1	2	3	4	……	n
17	各投资方利润分配：							
	其中：××方							
	××方							
18	未分配利润（13-14-15-17）							
19	息税前利润（利润总额+利息支出）							
20	息税折旧摊销前利润（息税前利润+折旧+摊销）							

注：① 对于外商出资项目由第 11 项减去储备基金、职工奖励与福利基金和企业发展基金后，得出可供投资者分配的利润；

② 第 14 ~16 项根据企业性质和具体情况选择填列；

③ 法定盈余公积金按净利润计提。

思考与练习

1. 试辨析固定资产投资与流动资产投资二者的区别。

2. 建设期利息由哪几部分构成？ 每一部分利息的计算依据是什么？

3. 对项目无形资产的经济价值估算存在哪些情况？

4. 试述生产成本与经营成本的不同之处。

5. 会计成本与经济成本的区别是什么？

6. 什么是边际成本？ 运用边际成本进行项目评估的标准是什么？

7. 什么是会计利润？ 什么是经济利润？ 二者有何区别？

8. 我国企业依法缴纳的税收有哪些？

9. 反映项目建设期与运营期的主要报表有哪些？

第 四 章

食品技术经济分析基础理论

第一节　资金时间价值

一、资金及其分类

资金是用货币形式表现的发展生产的财力。在食品行业中消耗的人力、物力和资源以及生产产生的经济效益，最终都是以价值形态——资金的形式表现出来的。一般企业资金的构成根据其性质不同可以分为以下几种。

1. 固定资金

这是劳动资料的货币表现。其实物形态是厂房建筑、机器设备、运输工具等固定资产。其中，又分为生产性固定资金和非生产性固定资金。它是企业生产经营的重要物质技术基础。

2. 流动资金

这是支付在劳动对象上的资金。其实物形态是原材料、燃料、员工工资等各类流动资产。包括企业初建时的流动资金和以后生产经营中追加的流动资金。它是保证企业再生产过程持续进行的必要条件。

3. 专项资金

这是由企业内部提取而形成的资金。例如，更新改造基金、大修理基金、员工福利基金和利润留成基金等，基本上是专款专用，是一种独立的资金运动形态。

4. 无形资金

这是一种与信誉、影响等联系在一起的节源效益形成的资金，其表现形式有厂名、商标、专利和知识产权等。它是一种潜在的资金，在产品的生产经营和市场营销中可以发挥作用。

运用这些资金，组织生产经营活动，生产出满足社会和消费者需要的产品和服务，同时获得盈利，也具备了再生产投资的资本。

二、资金时间价值的含义

资金的时间价值是指一定数量的资金在生产过程中通过劳动可以不断地创造出新的价值，即资金的价值随着时间不断地产生变化。不同时间发生的等额资金在价值上的差别称为资金的时间价值。

可以从两个方面进行理解：一方面是随着时间的推移，资金具备增值能力。资金增值的实质是劳动者在生产过程中创造剩余价值。从投资者的角度来看，资金的增值特性使资金具有时间价值。另一方面是资金一旦用于投资，就不能用于现期消费。牺牲现期消费是为了能在将来得到更多的消费，个人储蓄的动机和国家积累的目的都是如此。从消费者的角度来看，他们对放弃现行消费的损失得到的必要补偿为资金的时间价值。

资金时间价值的实质是资金作为生产要素，在扩大再生产及资金流通过程中，随时间的变化而产生增值。资金增值的过程是与生产和流通过程相结合的，离开了生产过程和流通领域，资金是不可能实现增值的。

三、衡量资金时间价值的尺度

1. 绝对尺度——利息和利润

利息是货币在一定时期内的使用费，指货币持有者（债权人）因贷出货币或货币资本而从借款人（债务人）手中获得的报酬。通常把通过银行借贷资金所付出的或得到的不同于本金的那部分资金称为利息，而将资金投入生产和流通领域所获得的那部分资金增值称为利润。利息和利润都体现了资金的盈利能力，所以，借贷利息和经营利润均可视为资金使用的报酬，都是衡量资金时间价值的绝对尺度。

2. 相对尺度——利息率和利润率

利息率或利润率是指在一定时间内产生的利息或利润与原来的本金或资金额的比率，也称为资金的报酬率。它反映了资金随时间变化的增值率，是衡量资金时间价值的相对尺度。

第二节　利息与利率

一、利息与利率基本概念

利息是指占用资金所付出的代价（或放弃使用资金所得到的补偿）。例如，将一笔资金存入银行，这一笔资金就称为本金，经过一段时间之后，储户可在本金之外再得到一笔利息。这一过程可以表示为：

$$F_n = P + I_n \tag{4-1}$$

式中　F_n——本利和；

P——存入的本金；

I_n——n 期的利息，n 表示计算利息的周期数。

计息周期是指计算利息的时间单位，如年、月、日等。

利率是指一个计息周期内所得到的利息额与本金之比，一般用百分数（或千分数）表示。由于计息周期的不同，利率有年利率、季利率、月利率、日利率之分。

二、利率及利息的计算

利息率，简称利率，体现了借贷资本增值的程度，是计算利息额的依据。通常用 i 来表示，其表达式为：

$$i = \frac{I_1}{P} \times 100\% \tag{4-2}$$

式中　I_1——一个计息周期的利息额；

　　　P——本金。

方程式表明，利率是单位本金经过一个计息周期后的增值额，它反映了资金增值的程度，是衡量资金时间价值的相对尺度。

1. 单利和复利

利息的计算有单利计息和复利计息两种方法。

（1）单利　单利计息是指仅用本金计算利息，利息不再生息。不论本金时间有多长，只对本金计算利息，不考虑先前的利息在资金运动中累积增加的利息再计算利息。设 i 代表第 i 年的利率，假定每年的利率相等，用 P 代表本金，n 代表计息周期数，I_n 代表总利息，F_n 代表本金 P 在 n 期后的本利和。如果每期的利率相等，单利的推导过程如表 4-1 所示。

表 4-1　　　　　　　　　　　　单利计算公式推导过程

年份（n）	期初本金	本期利息	期末本利和 F_n
1	P	$P \times i$	$P + Pi = P(1+i)$
2	$P(1+i)$	$P \times i$	$P(1+i) + Pi = P(1+2i)$
3	$P(1+2i)$	$P \times i$	$P(1+2i) + Pi = P(1+3i)$
…	…	…	…
n	$P[1+(n-1)i]$	$P \times i$	$P[1+(n-1)i] + Pi = P(1+ni)$

由上表可知，n 年末本利和的计算公式为：

$$F_n = P(1+ni) \tag{4-3}$$

n 年末的总利息为：

$$I_n = P \times i \times n \tag{4-4}$$

单利虽然考虑了资金的时间价值，但对以前已经产生的利息并没有转入计息基数而累计计息。因此，单利计算资金时间价值是不完善的。

（2）复利　将本期利息转为下期的本金，下期按本期期末的本利和计息，这种计息方式称为复利。在以复利计息的情况下，除本金计算之外，利息再计利息，即"利滚利"。复利计算公式推导过程如表 4-2 所示。

表 4-2　　　　　　　　　　　　复利计算公式的推导过程

年份（n）	期初本金	本期利息	期末本利和 F_n
1	P	$P \times i$	$P + Pi = P(1+i)$
2	$P(1+i)$	$P \times i \times (1+i)$	$P(1+i) + Pi(1+i) = P(1+i)^2$
3	$P(1+i)^2$	$P \times i \times (1+i)^2$	$P(1+i)^2 + Pi(1+i)^2 = P(1+i)^3$
…	…	…	…
n	$P(1+i)^{n-1}$	$P \times i \times (1+i)^{n-1}$	$P(1+i)^{n-1} + Pi(1+i)^{n-1} = P(1+i)^n$

由上表可知，n 年末本利和的复利计算公式为：

$$F_n = P(1+i)^n \tag{4-5}$$

复利法对资金占用数量、占用时间更加敏感，具有更大的约束力，更充分地反映了资金的时间价值。在技术经济分析中，一般均采用复利进行计算。

2. 名义利率和实际利率

在经济分析中，通常是以年为计息周期。但在实际经济活动中，计息周期有年、季、月、周、日等多种形式。这样就出现了不同周期的利率换算问题。

当利率的时间单位与计息周期的时间单位不一致时，就产生了名义利率与实际利率的区别。

实际利率是计算利息时实际采用的有效利率。例如，假如年利率为12%，月利率为1%，每月计息一次，则1%是月实际利率。按复利计算，年实际利率应为 $(1+12\%/12)^{12}-1=12.68\%$。用计息周期的实际利率乘以1年内计息次数得到的年利率，称为年名义利率。如上例中，$1\%\times12=12\%$，这12%即为年名义利率。实际计算利息时不用名义利率，而用实际利率。名义利率只是习惯上的表示方法。如"月利率1%，每月计息1次"，也可表示为"年利率12%，每月计息1次"。

设 r 表示年名义利率，i 表示年实际利率，m 表示1年中计息次数，则计息周期的实际利率为 r/m，根据复利计息公式，本金 P 在1年后的本利和为：

$$F=P\left(1+\frac{r}{m}\right)^{m} \tag{4-6}$$

1年中得到的利息为：

$$F-P=P\left[\left(1+\frac{r}{m}\right)^{m}-1\right] \tag{4-7}$$

则年实际利率为：

$$i=\frac{F-P}{P}=\frac{P\left[\left(1+\frac{r}{m}\right)^{m}-1\right]}{P}=\left(1+\frac{r}{m}\right)^{m}-1 \tag{4-8}$$

从式（4-7）可看出，当 $m=1$ 时，$i=r$；当 $m>1$ 时，$i>r$；当 $m\to\infty$ 时，即为连续复利计息，$i=e^{r}-1$（式中 e 为自然对数的底）。

需要指出的是，若按单利计息，名义利率与实际利率是一致的。但按复利计算，往往是实际利率大于名义利率。实际利率概念的引入有利于我们比较在不同计息方式下（如在相同的名义利率下按不同的计息次数计息）的真实利率，这就可以避免因按各种不同方式计息时可能造成的混乱。

3. 连续复利与间歇复利

复利计算又可以分为连续复利和间歇复利两种计算方法：如果计息周期为一定的时间（如年、季、月、日等）时，称为间歇复利计算；如果计息周期趋向于零（即计息次数趋向于无限多）时，则称为连续复利计算。

如在前面的例子中，年利率为12%，按月实际利率计息为间歇复利计算。若当计息周期趋向于零（计息次数趋向于无限多）时，此时的计算为连续复利计算。

连续复利计算时，实际利率的公式为：

$$i=\lim_{m\to\infty}\left[\left(1+\frac{r}{m}\right)^{m}-1\right]=\lim_{m\to\infty}\left[\left(1+\frac{r}{m}\right)^{\frac{m}{r}}\right]^{r}-1=e^{r}-1 \tag{4-9}$$

在上面的例子中，若按连续复利计算，则实际利率为：

$$i = \lim_{m \to \infty} \left[\left(1 + \frac{12\%}{m} \right)^m - 1 \right] = e^{0.12} - 1 = 12.75\% \tag{4-10}$$

连续复利计算通常用于经济研究中。因为一般情况下，现金交易活动总是倾向于平均分布，而不是集中在某一特定的日期，用连续复利计算更接近于实际情况。同时在有些数学模型中，采用连续复利计算比间歇复利计算更加方便。尽管如此，在目前实际的经济计算中，仍主要采用间歇复利计算为主。因为在目前的会计制度下，通常都是在年底结算一年的进出款，财务上也是按年支付税金、保险金和抵押费用等，因此，在一般的工程经济计算中，通常采用间歇复利计算，而且以年作为计息周期。

第三节 资金等值概念与计算

一、资金等值的基本概念

在资金时间价值的计算中，等值是一个十分重要的概念。由于资金具有时间价值，因此不同时点上发生的资金是不能够直接比较大小的。例如现在的 1000 元与一年后的 1000 元虽然数量是相等的，但如果将现在的 1000 元存入银行，年利率为 5%，则一年后的本利和为 1050 元。因此考虑了资金时间价值后，现在的 1000 元价值应该大于一年后的 1000 元，而与一年后的 1050 元是等值的。因此，资金等值是指在考虑时间价值因素的情况下，不同时点发生的绝对值不等的资金可能具有相等的价值。

影响资金等值的因素有三个：①金额；②金额发生的时间；③利率。

下面以借款、还本付息的例子来进一步说明等值的概念。

[例 4-1] 某人现在借款 2000 元，在 5 年内以年利率 10% 还清全部本金和利息，则有如表 4-3 中的四种偿还方案。

表 4-3 四种典型的等值形式

偿还方案	年数(1)	年初所欠金额(2)	年利息额 (3)=(2)×10%	年终所欠金额 (4)=(2)+(3)	偿还本金 (5)	年终付款总额 (6)=(3)+(5)
A	1	2000.00	200.00	2200.00	0.00	200.00
	2	2000.00	200.00	2200.00	0.00	200.00
	3	2000.00	200.00	2200.00	0.00	200.00
	4	2000.00	200.00	2200.00	0.00	200.00
	5	2000.00	200.00	2200.00	2000.00	2200.00
	Σ		1000.00			3000.00
B	1	2000.00	200.00	2200.00	0.00	0.00
	2	2200.00	220.00	2420.00	0.00	0.00
	3	2420.00	242.00	2662.00	0.00	0.00
	4	2662.00	266.20	2928.20	0.00	0.00
	5	2928.20	292.82	3221.02	2928.20	3221.02
	Σ		1221.02			3221.02

续表

偿还方案	年数(1)	年初所欠 金额(2)	年利息额 (3)=(1)×10%	年终所欠金额 (4)=(2)+(3)	偿还本金 (5)	年终付款总额 (6)=(3)+(5)
C	1	2000.00	200.00	2200.00	400.00	600.00
	2	1600.00	160.00	1760.00	400.00	560.00
	3	1200.00	120.00	1320.00	400.00	520.00
	4	800.00	80.00	880.00	400.00	480.00
	5	400.00	40.00	440.00	400.00	440.00
	Σ		600.00			2600.00
D	1	2000.00	200.00	2200.00	327.50	527.59
	2	1672.41	167.24	1839.65	360.35	527.59
	3	1312.05	131.21	1443.26	396.38	527.59
	4	915.66	91.57	1007.23	436.02	527.59
	5	479.63	47.96	527.59	479.63	527.59
	Σ		637.97			2637.97

A 方案：在 5 年中每年年底仅付利息 200 元，最后第 5 年年末在付息同时将本金一并归还。

B 方案：在 5 年中对本金、利息均不作任何偿还，只在最后 1 年年末将本利一起付清。

C 方案：将所借本金作分期均匀摊还，每年年末偿还本金 400 元，同时偿还到期利息。由于所欠本金逐年递减，故利息也随之递减，至第 5 年年末全部还清。

D 方案：也将本金作分期摊还，每年偿付的本金金额不等，但每年偿还的本金加利息总额却相等，即所谓等额支付。

从上面的例子可以看出，如果年利率为 10% 不变，上述 4 种不同偿还方案与原来的 2000 元本金等值。从贷款人立场来看，今后以 4 种方案中任何一种都可以抵偿他现在所贷出的 1000 元，因此，现在他愿意提供 2000 元贷款。从借款人立场来看，如果同意今后 4 种方案中任何一种来偿付借款，就可以得到这 2000 元的使用权。

二、资金等值换算

利用等值的概念，可以把一个时点上发生的资金金额换算成另一时点上的等值金额，这一方法叫资金等值换算。在对食品经济的经济评价中，我们往往需要利用资金等值换算，将发生在不同时点上的资金价值换算为相同时点上的价值，使之具有可比性。

资金等值换算通常要借助于现金流量图和若干换算公式来进行。

1. 现金流量与现金流量图

（1）现金流量 现金流量包括现金流入和现金流出。投入的资金、花费的成本、获取的收益，都可以看成以货币形式体现的资金流出或流入。我们把各个时间点上实际发生的各种资金流出或流入统称为现金流或现金流量（cash flow）。凡是在某一点上，流出项目系统的资金称为现金流出（或负现金流，记为 CO），流入项目系统的资金称为现金流入（或正现金流，记为 CI）。现金流入与现金流出之代数差称为净现金流（记为 NCF）。

在实际中，现金流出通常包括投资支出、经营成本、交纳的税金等等，现金流入通常包括销售收入、回收固定资产残值等等。

（2）现金流量图　现金流量图是表示在一个系统中在各个时点上流动状况的图解方法。能够直观、方便地表示出项目现金流的三个要素，即现金发生的时点、大小及方向如图4-1所示。

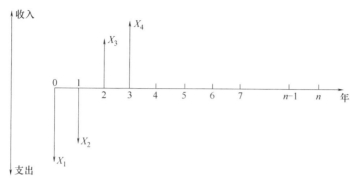

图4-1　现金流量图

图4-1中的横轴是时间轴，向右延伸表示时间的延续。时间轴线上等分的每一间隔代表一个时间单位，在工程项目中通常是年。时间轴上的点称为时点，时点通常表示的是该年年末，同时也是下一年的年初，如1，2，3，…，n 分别表示第1年末（第2年初），第2年末（第3年初）……第 n 年末（第 $n+1$ 年初）。在经济分析中，通常将首次投资发生的时间作为时间零时点（或零点）。零时点也是第1年初的时点。

时间轴上的垂直线段代表现金流量，线段长度表示现金流量的大小，按比例画出；垂直线段与时间轴的交点即现金流发生的时点；线段的箭头表示现金流量的方向：在时间轴上方用向上箭头表示的垂直线段为现金流入量 CI，在时间轴下方用向下箭头表示的垂直线段为现金流出量 CO。同时，在现金流量图上还要注明每一笔现金流量的金额。一般投资发生在年初，其余现金流出均发生在年末。

2. 资金等值换算公式

资金等值换算公式与银行复利计算公式在形式上是一样的，只不过在实际中，资金的时间价值形式更多地体现为资金投资的收益。

（1）公式符号的说明

① 现值（Present Value，P）：现值指资金在某一基准起始点的金额，通常我们把将来某一时点的资金金额换算成某一基准起始点的等值金额称为"折现"或"贴现"，折现后的资金金额便是现值。值得注意的是，"现值"并非专指一笔资金"现在"的价值，它是一个相对的概念。如第 t 个时点作为计算的基准起始点，则第 $t+k$ 个时点上发生的资金折现到第 t 个时点，所得的等值金额就是第 $t+k$ 个时点上资金金额的现值。通常我们以投资首次发生的时间作为基准起始点，但有时也把投产年初作为基准起始点。

② 将来值或终值（Future Value，F）：将来值或终值，是相对于现值而言的。它发生在现值之后，即将来某一时点上的金额。

③ 年均值或等额年值（Annual Value，A）：年均值或等额年值，指每年均发生的等额现金金额序列。在经济分析中，A 通常表现为从第1年末至第 n 年末连续发生的等额现金

序列。

④ 折现率或利率（Discount Rate or Interest Ratio，i）：折现率或利率，是反映资金时间价值的参数。

⑤ 计息时间周期数（Number，n）：计息时间周期数，通常以年为单位。

（2）常用的 6 个基本公式

① 一次支付类型：一次支付（或整付）是指项目的现金流入和现金流出仅发生一次的情况。如图4-2所示，现金流出 P 和现金流入 F 只发生一次，分别在时间零点（第一年年初）和第 n 年年末发生。

考虑资金时间价值，P 和 F 之间的等值换算公式有两个，分别为一次支付终值和一次支付现值公式。

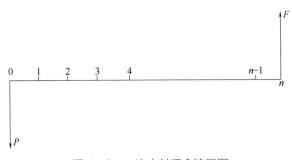

图4-2　一次支付现金流量图

公式1：一次支付终值公式

一次支付终值公式：
$$F=P(1+i)^n \qquad (4\text{-}11)$$

用途：已知 P，求 F。

系数：$(1+i)^n$ 称为一次支付终值系数，通常用符号 $(F/P, i, n)$ 表示。

公式推导如下：

第1个计息周期期末的本利和为：$F_1=P+P\times i=P(1+i)$

第2个计息周期期末的本利和为：$F_2=P(1+i)+P(1+i)\times i=P(1+i)^2$

第3个计息周期期末的本利和为：$F_3=P(1+i)^2+P(1+i)^2\times i=P(1+i)^3$

……

第 n 个计息周期期末的本利和为：$F_n=P(1+i)^{n-1}+P(1+i)^{n-1}\times i=P(1+i)^n$

公式2：一次支付现值公式

一次支付现值公式：
$$P=F(1+i)^{-n} \qquad (4\text{-}12)$$

现金流量图

用途：已知 F，求 P。

公式推导：该公式是一次终值公式（4-11）的逆运算。由式（4-11）：

$$F = P(1+i)^n$$

可得：$P = F(1+i)^{-n}$

② 多次支付形式中，即现金流是连续发生的，且数额相等。

公式 3：等额分付终值公式

等额分付终值公式：
$$F = A\left[\frac{(1+i)^n - 1}{i}\right] \tag{4-13}$$

现金流量图

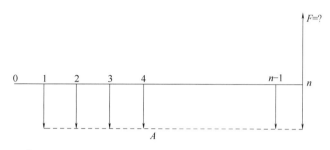

用途：已知 A，求 F。

系数：$\dfrac{(1+i)^n - 1}{i}$ 称为等额分付终值系数，通常用符号 $(F/A, i, n)$ 表示。

公式推导：已知每年的等额年值 A，求与之等值的终值 F。此时，可把等额序列现金流视为 n 个一次支付的现金流组合，利用一次支付终值公式（4-11）推导出等额分付终值公式：

$$
\begin{aligned}
F &= A + A(1+i) + A(1+i)^2 + \cdots + A(1+i)^{n-1}\\
&= A\left[1 + (1+i) + (1+i)^2 + \cdots + (1+i)^{n-1}\right]\\
&= A\left[\frac{(1+i)^n - 1}{i}\right]
\end{aligned}
$$

公式 4：等额分付偿债基金公式

等额分付偿债基金公式：
$$A = F\left[\frac{i}{(1+i)^n - 1}\right] \tag{4-14}$$

现金流量图

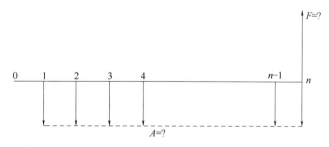

用途：已知 F，求 A。

系数：$\dfrac{i}{(1+i)^n - 1}$ 称为等额分付终值系数，通常用符号 $(A/F, i, n)$ 表示，它与等额分付终值系数互为倒数。

公式推导：该公式是等额分付终值公式（4-13）的逆运算，由

$$F=A\left[\frac{(1+i)^n-1}{i}\right]$$

可得：$A=F\left[\frac{i}{(1+i)^n-1}\right]$

公式 5：等额分付现值公式

等额分付现值公式：
$$P=A\left[\frac{(1+i)^n-1}{i(1+i)^n}\right] \tag{4-15}$$

现金流量图

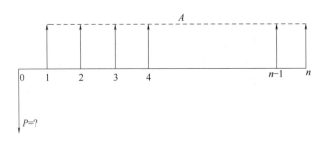

用途：已知 A，求 P。

系数：$\dfrac{(1+i)^n-1}{i(1+i)^n}$ 称为等额分付现值系数，通常用符号（P/A，i，n）表示。

公式推导：已知年值 A，求与之的等值的现值 P。此时可根据等额分付终值公式（4-13）进行推导，即 $F=A\left[\dfrac{(1+i)^n-1}{i}\right]$ 等式两边同时乘以 $(1+i)^{-n}$，得：

$$F(1+i)^{-n}=A\left[\frac{(1+i)^n-1}{i(1+i)^n}\right]$$

即 $P=\left[\dfrac{(1+i)^n-1}{i(1+i)^n}\right]$

公式 6：等额分付资本回收公式

等额分付资本回收公式：
$$A=P\left[\frac{i(1+i)^n}{(1+i)^n-1}\right] \tag{4-16}$$

现金流量图

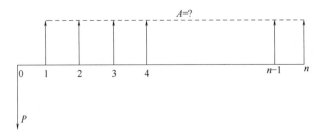

用途：已知 P，求 A。

系数：$\dfrac{i(1+i)^n}{(1+i)^n-1}$ 称为等额分付资本回收系数，通常用符号（A/P，i，n）表示。

公式推导：该公式是等额分付现值公式（4-15）的逆运算。由式（4-15）：

$$P = A\left[\frac{(1+i)^n - 1}{i(1+i)^n}\right]$$

可得：$A = P\left[\dfrac{i(1+i)^n}{(1+i)^n - 1}\right]$

第四节　Excel 在资金等值计算中的应用

Microsoft Excel 2007 提供了几百种预定义函数，具有强大的数据计算分析功能。应该注意的是，在 Excel 中，对函数涉及金额的参数有特别规定：现金流出，如投资、成本用负数表示；现金流入，如利息收入，用正数表示。

Excel 提供了四个常用的时间价值等值换算函数，即 FV、PV、PMT、NPV 函数，灵活运用这四个函数可以解决各种工程经济评价中的时间等值换算问题。

一、终值计算函数（FV 函数）

FV 函数即终值计算函数，其通用格式为：

$$FV(Rate, Nper, Pmt, Pv, Type)$$

式中　Rate——利率；

　　　Nper——项目寿命期或现金流量的时间跨度；

　　　Pmt——各期现金流量等额情况下的等额值，此时函数值是等额收（付）现金流量的终值，若该参数为 0 或省略，则函数值为一次收（付）资金的复利终值；

　　　Pv——表示现值，也称为本金，此时函数值计算的是一次收（付）资金的终值，若该参数为 0 或省略，则函数值为等额收（付）现金流量的终值；

　　　Type——形式指标，只有数值 0 或 1，0 或忽略表示现金流量的发生时点在各期的期末，1 表示收付款时间是期初。

由函数格式的表示方法可知，该函数既可用于计算一次收（付）资金的终值，只要将函数格式转变为 FV（Rate，Nper，Pv，Type）即可，也可以用来计算等额收（付）现金流量的终值，只要将函数格式转变为 FV（Rate，Nper，Pmt，Type）即可。

[例 4-2]　利率为 5%，现值为 2000 元，计算 5 年后的终值。

计算过程如下：

（1）启动 Excel 软件　点击主菜单栏上的"公式"命令，选择"插入函数"按钮（也可直接点击工具栏上的 𝑓𝑥 即粘贴函数按钮），弹出"粘贴函数"对话框。在"选择类别（C）"中选择"财务"，然后在下面的"选择函数（N）"栏中选择"FV"。最后点击对话框下端的"确定"按钮（图 4-3）。

（2）在弹出的"FV"函数对话框中，Rate 栏键入 5%，Nper 栏键入 5，Pv 栏键入 2000（也可直接在单元格 A1 中输入公式：=FV（5%，5，2000））。然后点击"确定"按钮（图 4-4）。

（3）单元格 A1 中显示计算结果为−2552.56（图 4-5）。

图4-3　FV函数示〔例4-2〕的计算步骤（1）

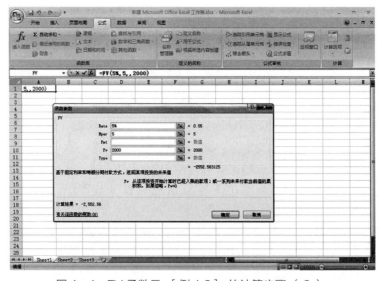

图4-4　FV函数示〔例4-2〕的计算步骤（2）

同理，利用FV函数还可计算等额收（付）现金流量的终值，在启用FV函数后的界面上在"Pmt"输入相应的年金值便可得到等额收（付）现金流量的终值。

二、现值计算函数（PV函数）

PV函数，也称为现值计算函数，其通用格式为：

PV（Rate，Nper，Pmt，Fv，Type）

其中，参数Rate、Nper、Pmt和Type的含义与FV函数中的参数含义相同。Fv代表第n期的一次收（付）现金流量，或叫终值；在PV函数中，若Pmt参数值为0或缺省，

图4-5 FV函数示 [例4-2] 的计算步骤（3）

则函数值为一次收（付）资金的复利现值；若 Fv 参数值为 0 或省略，则函数值为等额收（付）现金流量的现值。

因此，该函数既可用于计算一次收（付）资金的现值，只要将函数格式转变为 PV（Rate，Nper，Pv，Type）即可，也可以用来计算等额收（付）现金流量的现值，只要将函数格式转变为 PV（Rate，Nper，Pmt，Type）即可。

[例4-3] 利率为5%，终值为2000元，计算年期的现值。

计算过程如下：

（1）启动 Excel 软件。点击主菜单栏上的"公式"命令，选择"插入函数"按钮（也可直接点击工具栏上的"f_x"即粘贴函数按钮），弹出"粘贴函数"对话框。在"选择类别（C）"中选择"财务"，然后在下面的"选择函数（N）"栏中选择"PV"。最后点击对话框下端的"确定"按钮（图4-6）。

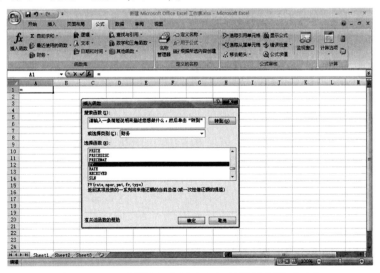

图4-6 PV函数示 [例4-3] 的计算步骤（1）

（2）在弹出的"PV"函数对话框中，Rate 栏键入 5%，Nper 栏键入 5，Fv 栏键入 2000（也可直接在单元格 A1 中输入公式：=PV（5%，5，2000））。然后点击"确定按钮"（图 4-7）。

图 4-7 PV 函数示 [例 4-3] 的计算步骤（2）

（3）单元格 A1 中显示计算结果为 -1567.05（图 4-8）。

图 4-8 PV 函数示 [例 4-3] 的计算步骤（3）

同理，利用 PV 函数还可以计算等额收（付）现金流量的现值。在启用 PV 函数后的界面上在"Pmt"输入相应的年金值便可得到等额收（付）现金流量的现值。

三、偿债基金和资金回收计算函数（PMT 函数）

PMT 函数，其通用格式为：

PMT（Rate、Nper，Pv，Fv，Type）

其中，参数 Rate、Nper、Pmt 和 Type 的含义与 FV 和 PV 函数中的参数含义相同。

由于年值的计算主要针对现值的年值和终值的年值两种，所以该函数可以满足各种年值的换算问题。

在 PMT 函数中，若 Pv 参数为 0 或省略，则该函数计算的是偿债基金值；若 Fv 参数为 0 或省略，则该函数计算的是资金回收值。

[例 4-4]　年利率为 5%，终值为 2000 元，计算 5 年期内的年金值。

计算过程如下：

（1）启动 Excel 软件。点击主菜单栏上的"公式"命令，选择"插入函数"按钮（也可直接点击工具栏上的 fx 即粘贴函数按钮），弹出"粘贴函数"对话框。在"选择类别（C）"中选择"财务"，然后在下面的"选择函数（N）"栏中选择"PMT"。最后点击对话框下端的"确定"按钮（图 4-9）。

（2）在弹出的"PMT"函数对话框中，Rate 栏键入 5%，

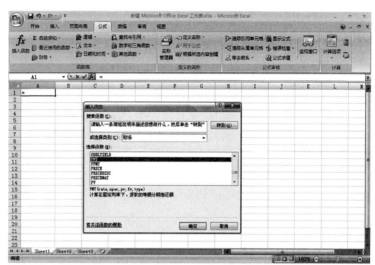

图 4-9　PMT 函数示 [例 4-4] 的计算步骤（1）

Nper 栏键入 5，Fv 栏键入 2000（也可直接在单元格 A1 中输入公式：= PV（5%，5，2000））。然后点击"确定"按钮（图 4-10）。

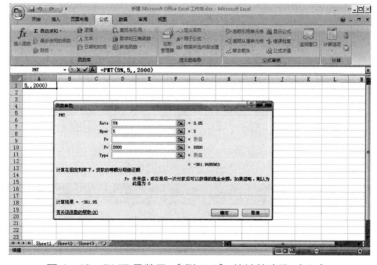

图 4-10　PMT 函数示 [例 4-4] 的计算步骤（2）

（3）单元格 A1 中显示计算结果为-361.95（图4-11）。

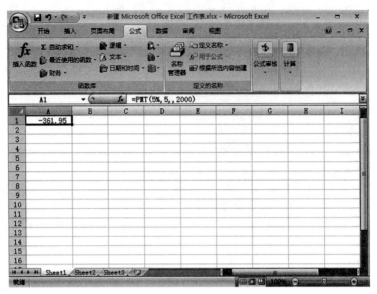

图4-11 PMT 函数示 [例4-4] 的计算步骤（3）

同理，利用 PMT 函数还可以计算资金回收值。在启用 PMT 函数后的界面上在"*Pv*"栏键入相应的资金现值便可得到资金回收值。

四、NPV 函数

NPV 函数，也称为净现值函数，它本身是在经济评价中的特有指标计算函数，但也可以用来对一般现金流量时间等值价值的换算。其通用格式为：

（Rate，Value1，Value2，…）

其中，Rete 代表各期现金流折算成当前值的贴现率，在各期中固定不变；

Value1，Value2，…代表支出和收入的 1 到 29 个参数，时间均匀分布并出现在每期末尾。

NPV 函数值实际计算的是一般现金流量在第 1 期期初（或第 0 期期末）的时点处的价值即现金流量的现值，如果要计算这些一般现金流量的终值或年值，只要在现值的基础上，再分别利用一次收（付）资金终值计算函数 FV（Rate，Nper，Pv，Type）和偿债基金和资金回收计算 PMT（Rate，Nper，Pv，Type）进行换算即可。

[例4-5] 年利率为5%，计算表 4-4 现金流量的净现值。

表4-4 NPV 函数示例现金流量表

年份	1	2	3	4	5
现金流量	-100	50	200	300	350

计算过程如下：

（1）启动 Excel 软件 建立如图 4-12 所示的工作表。

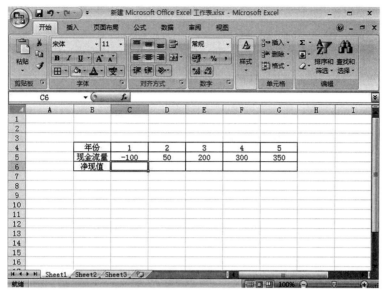

图4-12 NPV函数示［例4-5］的计算步骤（1）

（2）计算现金流量序列的净现值 选中单元格C6，点击工具栏上的 f_x 按钮，弹出函数对话框。现在"选择类别（C）"栏中选择"财务"，然后在下面的"选择函数（N）"栏中选择"NPV"。最后点击对话框下端的"确定"按钮（图4-13）。

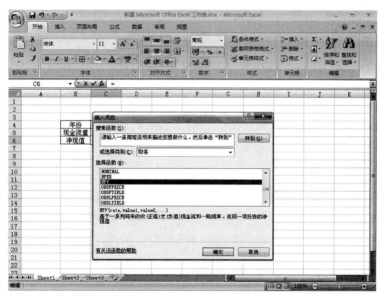

图4-13 NPV函数示［例4-5］的计算步骤（2）

（3）在弹出的 NPV 函数对话框中 Rate 栏键入 5%，点击"Value"栏右端的 图标，然后选择单元格 C5：G5，在点击 图标，回到 NPV 函数对话框。最后点击"确定"按钮（图4-14）。

（2）和（3）的操作也可简化为：直接在单元格 C5 中输入公式"＝NPV（5%，C5：

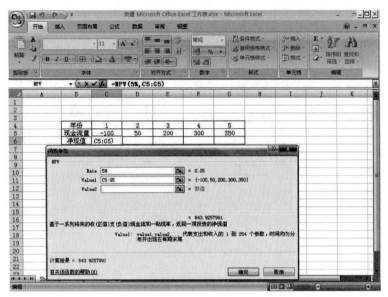

图4-14 NPV 函数示［例4-5］的计算步骤（3）

G5）"（图4-14）。

（4）单元格 C6 中显示的计算结果为 643.93（图 4-15）。

图4-15 NPV 函数示［例4-5］的计算步骤（4）

思考与练习

1. 资料：贵阳中原公司为了提高产品质量，拟购置一台自动化生产设备。假设有两个付款方案可供选择：

① A 方案：现在一次性付款 800000 元。

② B 方案：分六期付款，从现在起，每年初付款 150000 元，6 年共计 900000 元。

要求：若银行借款利率为 9%，复利计息。为贵阳中原公司作出决策。

2. 计算下列各种情况的复利终值或复利现值：① 存入银行 1000 元，年利率 5%，1 年复利一次，6 年末的本利和是多少？　②存入银行 1000 元，年利率 5%，半年复利一次，6 年末的本利和是多少？　③存入银行 1000 元，年利率 8%，3 个月复利一次，20 年的本利和是多少？　④年利率 4%，1 年复利一次，7 年后的 2000 元，复利现值是多少？　⑤年利率 4%，半年复利一次，7 年后的 2000 元，复利现值是多少？

根据上述计算结果，比较计息（折现）期数不同对复利终值和复利现值的影响。

3. 计算下列各种情况的年金终值或年金现值。

①某人连续 6 年每年存入银行 1500 元，存款年利率为 6%，1 年计息一次，问 6 年末的本利和是多少？　②某人连续 6 年每年末存入银行 1500 元，存款年利率为 6%，半年计息一次，问 6 年末的本利和是多少？　③某人连续 6 年每年存入银行 1500 元，存款年利率为 6%，1 年计息一次，问 6 年末的本利和是多少？　④某投资项目，年现金净流入量 2700 元，经济使用年限 10 年，无残值，求 10 年现金流入量的现值。折现率 10%。　⑤某投资项目，经济使用年限 10 年，无残值，1 ~5 年每年现金净流入量 3100 元，6 ~10 年每年现金净流入量 2300 元，求 10 年现金净流入量的现值。折现率为 10%。　⑥某投资项目，经济使用年限 10 年，无残值，1 ~5 年每年现金净流入量 2300 元，6 ~10 年每年现金净流入量 3100 元，求 10 年现金净流入量的现值。折现率为 10%。

根据上述（4）~（6）的计算结果，比较现金流入量的时间分布不同对年金现值的影响。

4. 请用 Excel 计算下列各题：

（1）下列借款的将来值是多少？

①年利率 10%，借款 100000 元，期限 10 年；②年利率 8%，借款 15000 元，期限 52 年；③年利率 8%，每个月计息一次，借款 15000 元，期限 8 年。

（2）下列借款的等额支付分别是多少？

①借款 5000 元，得到借款后第一年年末开始归还，连续 5 年分 5 次还清，年利率 5%；②借款 240000 元，得到借款后第一个月月末开始归还，连续 25 年分 300 次还清，年利率 8%，每月计息一次。

（3）下列等额支付的现值是多少？

①年利率 7%，年末支付 3500 元，连续支付 8 年；②年利率 15%，年末支付 230 元，连续支付 37 年；③年利率 8%，每个月支付 270 元，连续支付 6 年。

第二篇　方法篇

第五章

食品经济的静态分析方法

第一节　静态分析方法概述

在经济效益评价中，不考虑资金时间价值的经济效益评价方法称为静态评价方法。

静态分析方法的优点是计算直观、简便，易于掌握和理解。缺点是没有考虑资金投入和回收的时间因素，无法预计整个项目存在期间的投资效果。

采用静态评价方法对投资方案进行评价时由于没有考虑资金的时间价值，因此它主要适用于对方案的粗略评价，如应用于投资方案的机会鉴别和初步可行性研究阶段，以及用于某些时间较短，投资规模与收益规模均较小的投资项目的经济评价等。

静态分析方法主要包括静态投资回收期法、投资收益法、追加投资回收期法和最小费用法。

第二节　投资回收期法

投资回收期是指一个工程项目从开始投入生产年算起，利用每年的净收益，将初始投资全部收回所需要的时间，其以"年"为单位。在计算投资回收期时，以是否考虑资金的时间价值为标准，将投资回收期划分为静态投资回收期和动态投资回收期。静态投资回收期也称为投资返本期或投资偿还期，是指以项目每年的净收益回收项目全部投资所需的时间，是考察项目财务上投资回收能力的重要指标，对于投资者来说，投资回收期越短越好。这里所说的全部投资包括固定资产，又包括流动资金投资。

静态投资回收期的表达式如下：

$$\sum_{t=0}^{P_t} (CI - CO)_t = 0 \tag{5-1}$$

式中　P_t——静态投资回收期；

　　　CI——第 t 年的现金流入量；

　　　CO——第 t 年的流出量；

$(CI-CO)_t$——第 t 年的净现金流量。

静态投资回收期一般以年为单位，自项目建设开始年限算起。当然也可以计算项目建成投产算起的静态投资回收期，但对于这种情况，需要加以说明，以防止两种情况的混淆。

计算静态投资回收期的方法有以下两种。

1. 直接计算法

项目建成投产后各年的净收益（也即现金流量）均相同，则静态投资回收期的计算公式如下：

$$P_t = \frac{K}{R} \tag{5-2}$$

式中　K——全部投资；

R——每年的净收益。

根据式（5-2）计算出的投资回收期是从投产年开始算起的，若要求从项目建设开始的回收期应再加上建设期。

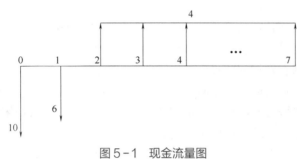

图 5-1　现金流量图

[**例 5-1**]　某技术方案的现金流量图如图 5-1 所示，求该方案的静态投资回收期？

解：根据现金流量图可知该方案的年净收益是等额的，其全部投资为 $K = 10 + 6 = 16$ 万元，根据式（5-2）可得：

$$P_t = \frac{K}{R} = 16/4 = 4(\text{年})$$

即，自投产年算起项目的投资回收期 4 年，自项目建设开始的投资回收期为 $4+1=5$ 年。

2. 累积法

项目建成投产后各年的净收益不同，则静态投资回收期可根据累计净现金量求得。其计算公式为：

$$P_t = (t-1) + \frac{\text{第}(t-1)\text{年的累计净现金流量的绝对值}}{\text{第}T\text{年的净现金流量}} \tag{5-3}$$

该方法通常用表格形式计算，是根据方案的净现金流量，从投资开始时刻（即零时点）依次求出以后各年的现金流量之和（即累计净现金流量），直至累计净现金流量等于零的时刻为止，对应于累计净现金流量等于零的时刻，即为该方案从投资开始年算起的静态投资回收期。

采用投资回收期进行单方案评价时，应该计算的投资回收期 P_t 与所确定的标准投资回收期 P_c 进行比较。P_c 是国家根据国民经济各部门、各地区的具体经济条件，按照行业和部门的特点，结合财务会计上的有关制度及规定而颁布，同时进行不定期修订的建设项目经济评价参数，是对投资方案进行经济评价的重要标准。若 $P_t \leqslant P_c$，表明项目投入的总额金能在规定的时间内收回，则方案可以考虑接受。若方案 $P_t > P_c$，则方案不可行。

[**例 5-2**]　假设标准投资回收期为 5 年，计算静态投资回收期。

表 5-1　　　　　　　　　　　某项目的投资及净现金流入　　　　　　　　　　单位：万元

项目 \ 年份	0	1	2	3	4	5	6
1. 总投资	600	400	—	—	—	—	—
2. 收入	—	—	500	600	800	800	750
3. 支出	—	—	200	250	300	350	350
4. 净现金流量（2-3-1）	-600	-400	300	350	500	450	400
5. 累计净现金流量	-600	-1000	-700	-350	150	600	1000

解：由表 5-1 可知，静态投资回收期在 3 年和 4 年之间，按照计算公式，该项目的静态投资回收期为：

$$P_t = 4 - 1 + \frac{|-350|}{500} = 3.7 \text{（年）}$$

该项目投资回收期 3.7 年小于标准回收期 5 年，说明项目可行。

静态投资回收期（P_t）指标的优点：经济意义明确、直观，计算简便；在一定程度上反映了投资效果的优劣；可用于各种投资规模。P_t 指标的不足：只考虑投资回收期之前的效果，不能反映回收投资之后的情况，也就无法准备衡量项目投资收益的大小；没有考虑资金的时间价值，因此无法正确地辨识项目的优劣。

第三节 投资收益法

一、投资收益率

投资收益率又称投资效果系数，是指在项目达到设计能力后的一个正常年份的净收益额与项目总投资的比率。对生产期内各年的净收益额变化幅度较大的项目，则应计算生产期内年平均净收益额与项目总投资的比率。它适用于项目处在初期勘察阶段或者项目投资不大、生产比较稳定的财务盈利性分析。

投资收益率的计算公式为：

$$r = \frac{NB}{K} \tag{5-4}$$

其中 $K = \sum\limits_{t=0}^{m} Kt$。

式中 K——投资总额，根据不同的分析目的，可以是全部投资，也可以是投资者的权益投资额；

K_t——第 t 年的投资额；

m——完成投资的年份；

NB——项目达产后正常年份的净收益或平均净收益，根据不同的分析目的，其可以是利润，也可以是净现金流入等；

r——投资收益率，根据 K 和 NB 的具体含义，R 可以表现为各种不同的具体形态。

用投资收益率指标评价投资方案的经济效果，需要与根据同类项目的历史数据及投资者意愿等确定的基准投资收益率作比较。设基准投资收益率为 r_b，判别准则为：

若 $r \geq r_b$，则项目可以考虑接受；

若 $r < r_b$，则项目应予以拒绝。

投资收益率指标计算方法简便，对经营成果能够直观地进行度衡量。但是，它没有考虑投资收益的时间因素，忽视了资金具有时间价值的重要性；指标的计算主管随意性太强，在指标的计算中，对于应该如何计算投资资金占用，如何确定利润，都带有一定的不确定性和人为因素，因此以投资收益率指标作为主要的决策依据不大可靠。

投资收益率是一个综合性指标。在进行经济评价时，根据分析目的的不同，投资收益率又具体分为：投资利润率、投资利税率、资本金利润率等。其中最常用的是投资利润率。

二、投资利润率

投资利润率指在正常生产年份内所获得的年利润总额或年平均利润总额与全部投资的比率。其表达式为

$$投资利润率=\frac{年利润总额或年平均利润总额}{总投资} \tag{5-5}$$

其中，年利润总额=年产品销售收入−年产品销售税金及附加−年总成本费用+年城乡维护建设税+教育费附加，总投资=建设投资+流动资金。

投资利润率指标的优点：经济意义明确、直观，计算简便，在一定程度上反映了投资效果优劣，适用于各种投资规模。投资利润率指标的缺点：没有考虑投资收益的时间因素，忽视了资金具有时间价值的重要性；正常生产年份的选择比较困难，如何确定，带有一定的不确定性并受人为因素影响。因此，投资利润率主要适用于计算期短、不具有综合分析所需详细资料的方案，同时也适用于工程方案制定的早期阶段或工艺简单而生产情况变化不大的工程建设方案的选择和投资经济效果的评价。

[例5-3] 长安公司某投资与收益情况如表5-2所示，试计算投资利润率（基准投资利润率为5%）。

表5-2　　　　　　　　　　　某项目的投资收益情况表　　　　　　　　　　　单位：万元

年数	0	1	2	3	4	5	6	7	8	9	10
投资	−1500										
利润		80	80	90	90	100	100	100	100	100	120

解：根据题意，由计算公式得

$$投资利润率=\frac{(80\times2+90\times2+100\times5+120)\div10}{1500}\times100\%=6.4\%$$

因此，计算出的投资利润率大于基准投资利润率，可以考虑接受。

三、投资利税率

投资利税率是指达到设计生产能力后一个正常生产年份的年利税总额或生产期内的年平均利税总额与投资总额之比率。其表达式为

$$投资利税率=\frac{年平均利税总额}{总投资} \tag{5-6}$$

投资利税率表明在工程正常生产年份中，单位投资每年所创造的利税额。该指标越高，经济效果越好。

四、资本金利润率

资本金利润率指达到设计生产能力后一个正常生产年份的利润总额或生产期内的平均利润总额与资本金的比率，它反映了投入资本金的盈利能力。其中资本金是指企业在工商行政管理部门注册登记的资金。其计算式为

$$资本金利润率 = \frac{年平均利润总额}{资本金} \tag{5-7}$$

在评价盈利能力的好坏时，如果资本金利润率高于同行业平均资本利润率，则认为该投资的盈利能力较好。

[**例5-4**] 某公司注册资本金为80万元，投资140万元兴建方便饼干加工车间，经过4个月的施工，达到设计生产能力后的一个正常年份的年末损益表如表5-3所示。根据行业平均水平，已知投资利润率小于或等于20%，投资利税率小于或等于30%，资本金利润率的平均值小于或等于20%，试评价该投资的获利能力水平。

表5-3　　　　　　　　　　　　　　**本年损益表**　　　　　　　　　　　　　单位：万元

项目	本年累计数	项目	本年累计数
销售收入	210.0	销售税金及附加	13.0
总成本费用	150.0	利润总额	42.0

解：由式（5-5）、式（5-6）、式（5-7）可知：

投资利润率 = （42.0/140.0）×100% = 30.0% > 20%；投资利税率 = [（210.0 – 150.0）/140.0]×100% = 42.8% > 30%；资本金利润率 = （42.0/80）×100% = 52.5% > 20%。

由以上的计算可得，该投资的投资利润率、利税率及资本金利润率均高于行业的平均水平，可认为其具有较强的获利能力。

第四节　追加投资回收期法

所谓追加投资，是指采用不同的建设方案所需投资之间的差额。而追加投资回收期则是指在建设项目建成后，依靠成本或经营费用的节约额来回收追加投资所需要的时间。追加投资回收期一般以年为单位。其计算公式是

$$T = \frac{K_1 - K_2}{C_2 - C_1} = \frac{\Delta K}{\Delta C} \tag{5-8}$$

式中　T——追加投资回收期；

　　　ΔK——投资差额，即追加投资额；

　　　ΔC——年成本差额，即年成本的节约额；

K_1，K_2——分别为两个方案的投资额，$K_1 > K_2$；

C_1，C_2——分别为两个方案的年成本费用，$C_1 < C_2$。

与追加投资回收期这个指标相关的是追加投资效果系数。追加投资效果系数表示每一单位的追加投资所能获得的成本节约额。它是追加投资回收期的倒数。计算公式为：

$$E = \frac{1}{T} = \frac{C_2 - C_1}{K_1 - K_2} = \frac{\Delta C}{\Delta K} \tag{5-9}$$

式中　E——追加投资效果系数。

进行项目的评估，需要将计算得到的追加投资回收期（T）与基准期限（T_0）比较；追加投资效果系数（E）与标准效果系数（E_0）比较。如果 $T < T_0$，同时 $E > E_0$，则该项目可行。在进行多方案比较时，应该从中选择 T 最小值或 E 最大值所对应的建设方案。

[例 5-5]　某食品工厂拟采用甲、乙两个产品投资方案。甲方案需要投资 6000 万元，年成本为 1500 万元；乙方案需要投资 4500 万元，年成本为 1800 万元，如果基准收益率为 15%，标准投资回收期为 6 年。试问甲、乙两个方案中，哪个方案最优？

解：分析甲、乙方案，甲方案一次性投入大，但年成本小，因此需要对二者的综合效果进行比较。将已知数据代入公式

$$T = \frac{K_1 - K_2}{C_2 - C_1} = \frac{6000 - 4500}{1800 - 1500} = 5 \text{（年）}$$

$$E = \frac{C_2 - C_1}{K_1 - K_2} = \frac{1800 - 1500}{6000 - 4500} = \frac{1}{5} = 20\%$$

计算结果表明：$T < T_0$，所以甲方案较优，同时追加投资效果系数为 20%，高于标准效果系数 15%，即 $E > E_0$，因此，应选用甲方案。

第五节　最小费用法

在食品经济中经常会遇到这样一类问题，两个或多个互斥方案其产出的效果相同，或者基本相同但却难以进行具体估算。例如一些环保、教育等项目，其所产出的效益无法或者很难用货币直接计量，这样由于得不到其现金流量情况，也就无法采用诸如净现值法、差额内部收益率法等方法对此类项目进行经济评价。在这种情况下，只能通过假定各方案的收益是相等的，对各方案的费用进行比较，根据效益极大化目标的要求及费用较小的项目比之费用较大的项目更为可取的原则来选择最佳方案，这种方法称为最小费用法。最小费用法包括费用现值比较法和年费用比较法。

一、费用现值比较法

费用现值比较法的特点是计算各个方案的费用现值并进行对比，以费用现值最低的方案为优选方案。它是在效益相同条件下简易而又常用的投资项目比较方法之一。

费用现值，就是把不同方案计算期内的年成本按基准收益率换算为基准年的现值，再加上方案的总投资现值。费用现值越小，其方案经济效益越好。

考虑资金时间的费用现值表达式是：

$$PC = \sum_{t=0}^{n} CO_t (P/F, i_0, t) = \sum_{t=0}^{n} (K + C' - S_v - W)_t (P/F, i_0, t) \tag{5-10}$$

式中　PC——费用现值；

　　　K——年全部投资；

　　C'——年经营费用；

　　S_v——计算期末回收的固定资产余值；

　　W——计算期末回收的流动资金；

　　i_0——社会折现率或财务基准收益率；

　　n——服务年限。

具有相同或不同服务年限的方案的费用现值比较法与净现值法相似，下面仅以无限服

务年限方案的费用现值比较法为例加以介绍。

由年金现值公式得

$$P = A \frac{(1+i)^n - 1}{i(1+i)^n} = \frac{A}{i}\left(1 - \frac{1}{(1+i)^n}\right) \tag{5-11}$$

当 $n \to \infty$ 时，$(1+i)^n \to \infty$，所以 $P = \dfrac{A}{i}$。

[**例5-6**]　某农业公司需要在生产基地和蔬菜采摘后初加工区之间修建一条通道，减低蔬菜从采摘到初加工之间的损耗，缩短时间，提高生产效率。有两个方案可供选择。方案 1 为修建吊桥。其投资为 2500 万元，建桥购地 120 万元，年维护费 2 万元，水泥桥面每 10 年返修一次，每次返修费用为 4 万元。方案 2 为建桁架桥，但需修补附近道路，预计共需投资 1500 万元，年维护费 1 万元，该桥每 3 年粉刷一次，每次需 1.5 万元，每 10 年喷砂整修一次，每次需 5 万元，购地用款 1000 万元。若年利率为 8%，试比较哪个方案较优。

解： 本题可以看出做服务年限为无限的两个方案，根据上式，若欲求 P，必先求出 A，即必须先把返修费、粉刷费等年金化，然后与年维修费用相加求得相应费用项目的年值，再转化为现值后与初始投资相加，两方案的现金流量图如图 5-2、图 5-3 所示。

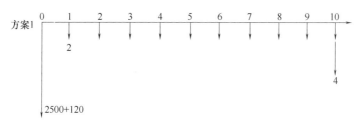

图 5-2　方案 1 现金流量图

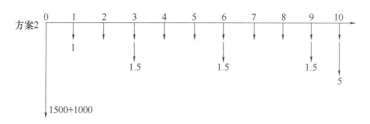

图 5-3　方案 2 现金流量图

南桥方案每年的维护费 $A_1 = 2$ 万元，每 10 年翻修一次，每次需 4 万元，通过计算得到 $(A/F, 8\%, 10) = 0.069$，折合年费用 $A_2 = 4(A/F, 8\%, 10) = 4 \times 0.069 = 0.276$ 万元，该方案的费用现值为

$$NPV_{方案1} = 2500 + 120 + (2 + 2.276)/0.08 = 2648.45(万元)$$

北桥方案每年的维护费 $A_3 = 1$ 万元，每 3 年粉刷一次，每次需 1.5 万元，通过计算得到 $(A/F, 8\%, 3) = 0.308$，折合年费用 $A_4 = 1.5(A/F, 8\%, 3) = 1.5 \times 0.308 = 0.462$ 万元，每 10 年喷砂一次，每次需 5 万元，折合年费用 $A_5 = 5 \times 0.069 = 0.345$ 万元，该方案的费用现值为

$$NPV_{方案2} = 1500 + 1000 + (1 + 0.462 + 0.345)/0.08 = 2522.59 （万元）$$

由此可见，建桁架桥可以节省 125.86 万元。

二、年费用比较法

年费用比较法是通过计算各备选方案的等额年费用并进行比较，以年费用较低的为最佳方案的一种方法。

1. 把现值费用换算成年值

在年费用分析中，目的是把费用现值换算成等值的年费用。最简单的情况是把一个现值总和 P 换算成为等额期末年值。在这种情况下直接采用资本回收公式即可求得。

2. 残值处理

遇到残值的情况，或者某一资产在其寿命终期值，其处理办法是将其换算成等值等额年费用，在各期年费用中减去。在这种情况下可以直接采用偿债基金公式求得。

[例 5-7] 某食品厂购买了价值 2000 元的原材料烘干设备，估计可使用 20 年，年利率为 4%，若在第 20 年末还能卖 100 元，它的等值年费用应是多少元？

解：等值等额年费用 = 2000 $(A/P, 4\%, 20)$ − 100 $(A/F, 4\%, 20)$ = 2000×0.0736 − 100×0.0336 = 143.84 （元）

[例 5-8] 某食品公司可以选择两种设备用于降低食品包装塑封包装费用。两种设备均耗资 1000 元，使用寿命均为 5 年，且均无残值。设备 A 每年能节约费用 300 元，设备 B 第一年节约费用 400 元，以后逐年递减 50 元，即第二年节约 350 元，第三年节约 300元。以此类推。利率为 4%时，问该公司当购买哪种设备？

解：设备 A 节约的年费用为 300 元。

设备 B 节约的年费用为：$[400×(P/F, 4\%, 1) + 350×(P/F, 4\%, 2) + 300×(P/F, 4\%, 3) + 250×(P/F, 4\%, 4) + 200×(P/F, 4\%, 5)]×(A/P, 4\%, 5) = (400×0.9615 + 350×0.9246 + 300×0.8890 + 250×0.8548 + 200×0.8291)×0.2246 = 304.20$ （元）。

通过以上分析，该公司应该购买设备 B。

第六节　经济效益指标体系计算

在项目投产后，是否能获得经济效益，确定经济效益的大小，为保证投资的科学性与正确性，应采取一定的标准来衡量。这里所说的标准，就是技术经济的指标。所谓指标是指事先设定的目标，一般是可以用数字具体描述的，有时也用笼统的模糊概念作为指标。技术经济指标，是从技术和经济等诸多方面综合反映项目或技术方案的经济效益所要达到的目标。经济效益指标体系，则是指从不同侧面、不同角度评价项目或技术方案，全面系统地反映、评价、说明项目或技术方案的经济效益的一系列互相联系、互相补充的完整的指标体系。

评价项目或技术方案经济效益的指标体系通常可分为反映劳动收益类的指标，包括产量、品质、质量和利润等；反映劳动耗费类的指标，包括成本、投资和时间耗费等；同时，反映劳动收益和耗费的综合指标，包括各项经济效益值及综合性的相对的经济效益值。

经济评价包含了众多方面的经济性评价，用来选择可行或最优方案，其中以经济评价指标作为选择的依据最为常见。根据不同的划分角度和方法，经济评价指标的类型划分有很多种类，从而形成了技术经济评价的指标体系。

常用的指标体系可以根据考虑资金的时间价值来划分，如图 5-4 所示。

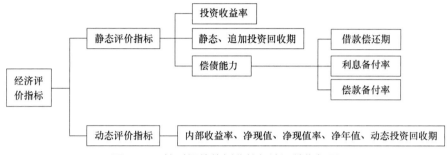

图 5-4　按时间价值划分的经济评价指标图

根据指标所反映的经济性质来划分，可以分为时间性评价指标、价值性评价指标以及比率型评价指标。具体如图 5-5 所示。

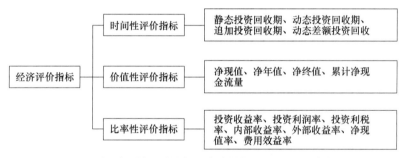

图 5-5　按时间性、价值性、比率性划分的经济评价指标图

为考察方案经济性的不同方面，可把评价指标划分为盈利能力指标和偿债能力指标两大类，如图 5-6 所示。

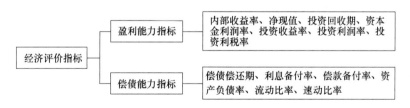

图 5-6　按盈利和偿债能力划分的经济评价指标图

在经济分析中，进行效益和费用计算时，不考虑资金的时间价值、不进行复利计算的经济效益评价的指标称为静态评价指标。反之，动态评价指标是指在进行效益和费用计算时，需考虑资金的时间价值，并进行复利计算的经济效益评价的指标。

在这里主要对静态分析方法中的指标进行计算和阐述，我们按照盈利能力和偿债能力划分标准进行划分，静态分析方法中的评价指标如图 5-7 所示。

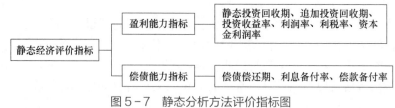

图 5-7　静态分析方法评价指标图

一、盈利能力指标

盈利能力指标在前面已经分别介绍，请参看相应内容。

二、偿债能力指标

1. 借款偿还期

借款偿还期是指国家财政规定及具体的财务条件下，项目投产后可以用作还款的项目收益（税后利润、折旧、摊销及其他收益等）来偿还项目投资借款本金和利息所需要的时间。它是反映项目借款偿债能力的重要指标。借款偿还期的计算公式为：

$$I_d = \sum_{i=1}^{P_d} (R_P + D' + R_0 - R_r)_t \tag{5-12}$$

式中：I_d——建设投资借款本金和利息（不包括已用自由资金支付的部分）之和；

P_d——借款偿还期（从借款开始年计算，当从投产算起时，应予注明）；

R_P——第 t 年可用于还款的利润；

D'——第 t 年可用于还款的折旧；

R_0——第 t 年可用于还款的其他收益；

R_r——第 t 年企业留利。

计算数据可取自项目的财务平衡表或借款偿还计划表，以年表示，计算公式为：

$$P_d = [（借款偿还后出现盈余的年份数-1）+当年应偿还借款额]/当年可用于还款的收益额 \tag{5-13}$$

借款偿还期满足贷款机构要求的期限时，即可认为项目具备借款偿还能力。

当项目预先给定借款偿还期的时候，借款偿还期指标就不适应了，这时应采用利息备付率和偿债备付率指标分析项目的偿债能力。

2. 利息备付率

利息备付率也称已获利息倍数，指项目在借款偿还期内各年可用于支付利息的税息前利润与当期应付利息费用的比值。其计算式为：

$$利息备付率 = \frac{税息前利润}{当前应付利息} \tag{5-14}$$

式中：税前利润=利润总额+计入总成本费用的利息费用；

当前应付利息——计入总成本费用的全部利息。

利息备付率表示使用项目利润偿付利息的保证倍率，可以按年计算，也可以按项目整个借款期计算。分析项目的偿债能力时，用利息备付率指标评价的准则为：当利息备付率大于 2 时，认为项目的付息能力有保障；否则，表示项目的付息能力保障程度不足。

3. 偿债备付率

偿债备付率指项目在借款偿还期内，各年可用于还本付息的资金与当期应还本付息金额的比值。其计算式为：

$$偿债备付率 = \frac{各年可用于还本付息资金}{当期应还本付息金额} \tag{5-15}$$

式中可用于还本付息资金＝可用于还款的折旧和摊销+成本中列支的利息费用+可用于还款的税后利润等。

$$当期应还本付息金额＝当期应还贷款本金额+计入成本的利息$$

偿债备付率表示可用于还本付息的资金偿还借款本息的保证倍率，可以按年计算，也可以按项目整个借款期计算。当用该指标分析项目的偿债能力时，正常情况下该指标应当大于 1，且越高越好。当指标小于 1 时，表示当年资金来源不足以偿付当期债务，需要通过短期借款偿付已到期债务。

思考与练习

1. 某项目的投资、收入、支出如表 5-4 所示，求投资回收期。

2. 某食品企业要完善仓储条件，提出了自建仓库和租赁仓库两个方案。两个方案的详细情况是：

   方案 1：租赁仓库，每年租金 20 万元，租期 10 年。

   方案 2：自建仓库，初始投资 100 万元，先建小仓库，第四年末追加投资 50 万元，扩建仓库，前四年每年维护费用 1 万元，后六年每年维护费用 2 万元，10 年末残值为 40 万元，年利率 6%。

   试帮助企业作出租赁还是自建的决策。

3. 某食品项目建设期一年，第二年达产。预计方案投产后每年的收益如表 5-5 所示。若标准投资收益率为 10%，试根据所给数据：画出现金流量图；在表中填上净现金流量和累计净现金流量；计算静态投资回收期；计算静态投资收益率。

表 5-4 　　　　　　　　　　　某项目的投资、收入、支出　　　　　　　　　　单位：万元

项目 \ 年份	0	1	2	3	4	5	6
1. 现金流入		50	50	70	70	70	70
收入							
2. 现金流出							
投资	100	50					
支出			15	20	20	20	20
3. 净现金流量	-100	-50	35	50	50	50	50
4. 累计净现金流量	-100	-150	-115	-65	-15	35	85

表 5-5   某项目预计方案投产后每年的收益   单位：万元

	建设期		生产期						
年份	0	1	2	3	4	5	6	7	8
投资	2500								
年收益			500	1000	1500	1500	1500	1500	1500
净现金流量									
累计净现金流量									

第六章

食品技术经济的动态分析方法

第一节　概述

对技术方案进行经济性评价，其核心内容是经济效果的评价。经济效果的评价指标是多种多样的，它们从不同的角度反映工程技术方案的经济性，但是经济效果是一个综合性的指标，不能仅从一项指标中得到完整的评价。因此，为了系统全面地评价一个项目，往往需要采用多个评价指标，从多方面对项目的经济性进行分析考察，这些既相互联系又有相对独立性的评价指标，就构成了项目经济评价的指标体系。

按评价指标的量纲，这些指标主要分为三大类：第一类是以时间作为计量单位的时间型指标，如投资回收期、贷款偿还期等；第二类是以货币单位计量的价值型指标，如净现值、费用现值等；第三类是反映资金利用效率的无量纲的效率型评价指标，如内部收益率、投资利润率、投资利税率等。这三类指标从不同的角度说明了项目的经济性，有各自的应用范围和条件，我们可以根据实际的投资条件，选用合适的评价方法进行评价，也可以同时选用多个指标从不同的角度进行分析、评价，从而使经济效果的评价结果更科学、更准确。

按照是否考虑资金的时间价值，可分为静态评价方法和动态评价方法。考虑资金时间价值的评价方法称为动态评价方法，不考虑资金时间价值的评价方法称为静态评价方法，静态评价方法计算简单、直观，没有考虑资金的时间价值，精确性较差，适用于短期投资项目和逐年收益大致相等的项目，在对方案进行粗略评价时经常采用该方法。本章主要分析动态评价分析方法，动态评价方法由于考虑了资金的时间价值，计算科学、精确，适用于项目最后决策前的可行性研究阶段。动态评价方法包括净值法、年金法、动态投资回收期法、内部收益率法、效益费用比法等。

第二节　净值法

动态分析法是在考虑资金时间价值的基础上，根据方案在研究期内的现金流量对其经济效果进行分析、计算、评价的一种方法。

一、净现值

1. 概念

净现值（NPV）是指方案在寿命期内各年的净现金流量 $(CI-CO)_t$，按照一定的折现率折现到期初时的现值之和。NPV 的经济含义是项目除了获得基准收益率以外的超额的现值收益。

2. 计算

净现值的计算表达式为：

$$NPV(i_0) = \sum_{t=0}^{n} (CI - CO)_t (1 + i_0)^{-t} \tag{6-1}$$

式中　　$(CI-CO)_t$ 为第 t 年的净现金流量；

n 为方案的寿命期；

i_0 为基准折现率。

3. 判别准则

（1）$NPV>0$，表明方案除了能达到要求的基准收益率外，还能得到超额收益，方案可行；

（2）$NPV=0$，表明该方案正好达到要求的基准收益率水平，该方案经济上合理，方案一般可行；

（3）$NPV<0$，表明该方案没有达到要求的基准收益率水平，该方案经济上不合理，不可行。

[例6-1]　某食品企业拟购置一台食品加工设备，购价 10 万元该设备年经营净收入 3 万元，5 年后按 2 万元转让，基准折现率为 10%，这项投资是否合理？

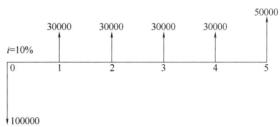

图6-1　例6-1现金流量图

解：现金流量图如图 6-1 所示，通过计算 NPV 可得：

$$NPV = -100000+30000\times(P/A,10\%,4)+50000\times(P/F,10\%,5)$$
$$= -100000+30000\times3.1699+50000\times0.6209$$
$$= 26142元$$

或者 $NPV = -100000+30000\times(P/A,10\%,5)+20000\times(P/F,10\%,5)$
$$= -100000+30000\times3.7908+20000\times0.6209$$
$$= 26142元$$

所以，这项投资可行。

[例6-2]　某食品工程总投资 5000 万元，投产后每年生产支出 600 万元，每年收益额为 1400 万元，产品的经济寿命为 10 年，在 10 年末，还能回收资金 200 万元，基准折现率 12%，求项目的净现值，并判断该投资项目是否可行？

解：该工程项目的现金流量图如图 6-2 所示。

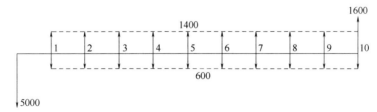

图6-2　[例6-2] 现金流量图

$$NPV = -5000+(1400-600)\times(P/A,12\%,10)+200\times(P/F,12\%,10)$$
$$= -5000+800\times5.6502+200\times0.3220$$
$$= -415.6万元<0$$

该项目净现值为-415.6万元，说明项目实施后的经济效益不能达到12%的收益率，因而该项目投资不可行。

4. 净现值率

净现值率的经济含义是单位投资现值所取得的净现值额。它反映了投资资金的产出效率，常作为净现值指标的辅助指标。净现值率是指按基准折现率求得的方案计算期内的净现值与全部投资现值的比率，用$NPVR$表示。

净现值率的计算公式为：

$$NPVR = \frac{NPV(i_0)}{K_P} \tag{6-2}$$

式中　$NPVR$——净现值率；

$\quad\quad K_P$——项目总投资现值。

[例6-3]　求[例6-1]的净现值率。

解：

$$NPVR = \frac{NPV}{K_P} = \frac{26142}{100000} = 0.2614$$

该投资的净现值率为26.14%。

5. 净现值函数

对常规项目（指在计算期内，开始时有支出而后才有收益，并且方案的净现金流量序列的符号只改变一次的投资项目）而言，其净现值的大小与折现率的高低有直接的关系。以[例6-1]为例，不同折现率下净现值的情况如表6-1所示。

表6-1 折现率与净现值关系表 单位：万元

折现率/%	净现值 NPV	折现率/%	净现值 NPV
0	70000	20	-2244
5	45554	30	-21546
10	26142	50	-45267
15	10508	∞	-100000
19	0		

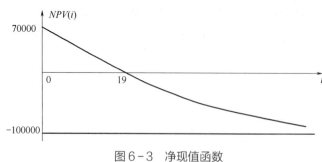

图6-3　净现值函数

从表6-1可以看出，净现值随着折现率的增大而变小。可以将净现值看做是折现率的函数——净现值函数，其曲线如图6-3所示，它是一条递减的曲线。

6. 基准折现率

基准折现率又称基准收益率、基准贴现率。在计算净现值等评价指标时，基准折现率i_0是一个重要的参数。它是由投资决策部门决定的重要决策参数。基准折现率定得太高，可能会使许多经济效益好的方案被拒绝；如果定得太低，则可能会接受过多的方案，其中一些方案的经济效益可能并不好。

在采用现行价格时，基准折现率可以按部门或行业来确定。依据某一部门或行业的历年投资效果水平，大致可以算出一个最低的可接受的折现率水平，有时也称为最低有吸引力的收益率（Minimum Attractive Rate of Return，MARR）。如果按这种基准折现率算出的某投资方案的净现值等指标为负值，那表示该方案并没有达到该部门和行业最低可以达到的经济效果水平，资金不应该用在这个方案上，而应投向其他方案。因此，基准折现率也可理解为一种资金的机会成本。基准折现率与贷款利率有所不同。通常基准折现率应高于贷款利率。例如，贷款的利率是 5%，则基准折现率可能要选定为 8% 以上。这是因为投资大多带有一定的风险和不确定性，假如基准折现率不稍高于贷款利率，就不值得投资。

7. 费用现值

费用现值，就是把方案计算期内的各年年成本按基准收益率换算成基准年的现值和，再加上方案的总投资现值，用 PC 表示。其计算公式为：

$$PC = \sum_{t=0}^{n} CO_t(P/F, i_0, t) = \sum_{t=0}^{n} (K + C - S - W)_t(P/F, i_0, t) \tag{6-3}$$

式中　C——年经营成本；

S——计算期末回收的固定资产残值；

W——计算期末回收的流动资金；

K——投资现值。

8. 净现值指标的评价

（1）优点　计算相对简便，在给定净现金流量、计算期和折现率的情况下，都能算出一个唯一的净现值指标值，计算结果稳定，不会因为算法的不同而带来差异；给出了项目整个寿命期内的盈利能力，简单，直观，在理论上其方法比较完善，在实际中有广泛的适用性。

（2）缺点　在确定折现率时，由于对各项资金来源预期收益估计比较困难，使资本成本仅具有理论上的意义，因而实际应用上会受到很大的限制；另外在方案的比较上，当采用方案的投资额不同时，单纯比较净现值容易忽视资金使用效率高的项目，难以比较项目的优劣，需要通过使用净现值率指标加以修正。

二、净终值法

1. 概念

净终值又称为净未来值或净将来值，是以项目计算期末为基准，把不同时间发生的净现金流量按一定的折现率计算到项目计算期末的代数和，一般用 NFV 表示。

2. 计算

净终值的表达式为：

$$NFV(i_0) = \sum_{t=0}^{N} (CI - CO)_t(1 + i_0)^{N-t} \tag{6-4}$$

另一种计算方法是，先把有关的现金流量折算为现值，然后再把现值换算成 N 年后（期末）的净终值，即：

$$NFV(i_0) = NPV(i_0)(F/P, i_0, N) \tag{6-5}$$

3. 判别准则

从式（6-5）可知，净终值等于净现值乘上一个常数。由此可见，方案用净终值评价的结论一定和净现值评价的结论相同。

[例6-4] 资料同 [例6-1]，基准折现率为10%，求净终值。

解：$NFV = -100000 (F/P, 10\%, 5) + 30000 \times (F/A, 10\%, 4) (F/P, 10\%, 1) + 50000$

$= -100000 \times 1.6105 + 30000 \times 4.641 \times 1.100 + 50000$

$= 42102 \ 元$

或者 $NFV = -NPV (F/P, 10\%, 5) = 26142 \times 1.6105 = 42102 \ 元$

第三节　年金法

一、概念

净年金又称为净年度等值，是把项目寿命期内的净现金流量，以设定的折现率折算成等值的各年年末净现金流量值，一般用 NAV 表示。

二、计算

求一个食品项目的净年值（NAV），可以先求该项目的净现值，然后再乘以资金回收系数进行等值变换求解，即：

$$NAV = NPV(A/P, i_0, n) = \left[\sum_{t=0}^{n} (CI - CO)_t (P/F, i_0, n) \right] (A/P, i_0, n) \tag{6-6}$$

三、判别准则

从式（6-6）可知，净年值等于净现值乘上一个常数。由此可见，方案用净年值评价的结论和净现值评价的结论是相同的。

[例6-5] 引用例6-1的数据，基准收益率10%，计算其净年值。

解：$NAV = NPV (A/P, 10\%, 5)$

$= [-100000 + 30000 \times (P/A, 10\%, 4) + 50000 \times (P/F, 10\%, 5)] (A/P, 10\%, 5)$

$= 26142 \times 0.2638 = 6896 \ 元$

四、费用年值

费用年值是将方案计算期内不同时点发生的所有费用支出，按基准收益率折现成等值的支付序列年费用，用 AC 表示。由费用现值可知，费用年值计算公式为：

$$AC = \left[\sum_{t=0}^{n} (K + C - S - W)_t (P/F, i_0, t) \right] (A/P, i_0, n)$$

$$= \left[\sum_{t=0}^{n} CO_t (P/F, i_0, t) \right] (A/P, i_0, n) \tag{6-7}$$

五、净年值指标的评价

从净年值计算公式看，在评价方案时，净年值和净现值指标评价结论总是一致的。因此，就项目的评价结论而言，净年值与净现值是等效评价指标。但在某些情况下，采用净年值比采用净现值更为简便和便于计算，特别是净年值指标可直接用于寿命期不等的多方案比较，故净年值在经济评价指标体系中占有重要的地位。

第四节　动态投资回收期法

投资回收期法，又叫投资返本期法或投资偿还期法。所谓投资回收期是指全部投资回收的期限，也就是用投资方案所产生的净现金收入回收初始全部投资所需的时间。对于投资者来讲，投资回收期越短越好，从而减少投资的风险。投资回收期通常从项目开始投入之日算起，即包括建设期，如果从投产年算起，应予以注明，投资回收期通常用年表示。

一、动态投资回收期

1. 概念

所谓的动态投资回收期是在考虑资金时间价值即设定的基准收益率的前提下，以项目的净现金流量收回项目全部投资所需的时间，它克服了静态投资回收期没有考虑时间因素的缺点。

2. 计算

动态投资回收期 T_p 可由下式求得：

$$\sum_{t=0}^{T_P} (CI - CO)_t (1 + i_0)^{-t} = 0 \tag{6-8}$$

式中　T_p——动态投资回收期；$(CI-CO)_t$ 为第 t 年的净现金流量；

　　　i_0——基准折现率。

T_p 可用全部投资的财务现金流量表中的累计净现值计算求得，详细的计算公式为：

$$T_P = (累计净现金流量折现值开始出现正值的年份数-1)+(上一年累计净现金流量折现值绝对值)/(出现正值年份的净现金流量折现值) \tag{6-9}$$

3. 判别准则

用动态投资回收期法评价投资项目的可行性，同样需要与基准动态投资回收期 T_b 相比较。判别准则为：若 $T_p \leq T_b$ 时，则项目可以考虑接受；若 $T_p > T_b$ 时，则项目应予以拒绝。

[例 6-6]　某项目现金流量如表 6-2 所示，基准折现率为 10%，求动态投资回收期。若标准投资回收期 $T_b = 5$ 年，判断其经济合理性。

表 6-2   例 6-7 现金流量表   单位：元

年份	0	1	2	3	4	5
总投资	6000	4000				
销售收入			5000	6000	8000	8000
经营成本			2000	2500	3000	3500
净现金流量	-6000	-4000	3000	3500	5000	4500
折现系数	1	0.9091	0.8264	0.7531	0.6830	0.6209
净现金流量折现值	-6000	3636	2479	2630	3415	2794
累计净现金流量折现值	-6000	-9636	-7157	-4527	-1112	1682

解： $T_P = 5 - 1 + \dfrac{1112}{2794} = 4.4$ 年

该方案的动态投资回收期为 4.4 年。

因为 $T_p < T_b$，故该方案在经济上可行。

二、投资回收期指标评价

1. 优点

（1）简单直观　投资回收期指标计算简便，容易为一般非专业人员所理解。它告诉投资者，在此时间内可以回收全部投资，在此以后的净现金流量都是投资方案的盈利。

（2）反映项目风险　由于未来净现金流量的不确定性使项目存在风险，投资回收期越短，则该投资项目在未来所冒的风险越小，投资回收期越长，项目所冒的风险越大。

（3）衡量资金的流动性　进行长期投资会使企业的流动资金减少，恶化流动比率，使企业生产流动性困难。若资金能够得到较快回收，则会较快补足营运资金，改善流动比率。

由于有以上优点，投资回收期成为投资决策的重要指标之一，特别是在实际工作中，有广泛的应用。

2. 缺点

投资回收期不能反映整个项目的全貌，也就是说不能考察整个项目的盈利性，在投资回收期以后的收益往往容易被忽视。

利用投资回收期指标进行项目评价，往往偏向于早期效益高的项目，而具有战略意义的长期项目则可能被拒绝。因此单一使用投资回收期法，容易使投资决策者产生短视行为。

第五节　内部收益率法

一、内部收益率的概念

内部收益率又称内部报酬率，是除净现值以外的另一个非常重要的经济评价指标。净现值反映了所得与所费的绝对值,而内部收益率则反映了资金的使用效率。所谓内部收益率是指项目在计算期内净现值等于零时的折现率,以 IRR 表示。

二、内部收益率的计算

内部收益率可由下式计算得到:

$$\sum_{t=0}^{n}(CI-CO)_t(P/F,IRR,t)=0 \tag{6-10}$$

由于式(6-10)是一个高次方程,直接求解 IRR 是比较困难的,因此,在实际应用中通常采用"线性插值法"求 IRR 的近似解。其求解步骤如下:

(1)在满足下列两个条件的基础上预先估计两个适当的折现率 i_1 和 i_2。

① $i_1<i_2$,且 $(i_2-i_1)\leqslant 5\%$;

② $NPV(i_1)>0$,$NPV(i_2)<0$。

(2)用线性插值法求解内部收益率 IRR,如图6-4所示。

由图6-4可知:$\triangle ACE \sim \triangle BCF$

所以,$\dfrac{AC}{BC}=\dfrac{AE}{BF}$ $\dfrac{AC}{AB}=\dfrac{AE}{AE+BF}$

$AC=IRR-i_1$,$AB=i_2-i_1$

$\dfrac{IRR-i_1}{i_2-i_1}=\dfrac{NPV_1}{NPV_1+|NPV_2|}$

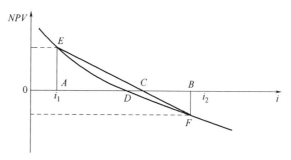

图6-4 线性插值法求解内部收益率

$$IRR=i_1+\frac{NPV_1}{NPV_1+|NPV_2|}(i_2-i_1) \tag{6-11}$$

式中 i_1——插值用的低折现率;

i_2——插值用的高折现率;

NPV_1——用 i_1 计算的净现值(正值);

NPV_2——用 i_2 计算的净现值(负值)。

三、内部收益率的判别准则

计算求得的内部收益率 IRR 要与项目的基准收益率 i_0 相比较:

① 当 $IRR\geqslant i_0$ 时,则表明项目的收益率已达到或超过基准收益率水平,项目可行;

② 当 $IRR<i_0$ 时,则表明项目的收益率没有达到或超过基准收益率水平,项目不可行,应予否定。

一般情况下,当 $IRR\geqslant i_0$ 时,$NPV(i_0)\geqslant 0$;当 $IRR<i_0$ 时,$NPV(i_0)<0$。因此,对单个方案的评价,内部收益率准则与净现值准则的评价结论是一致的,如图6-5所示。

[例6-7] 某食品方案的现金流量如表6-3所示,基准收益率为10%,试用内部收益率法分析该方案是否可行。

解: 试算 $i_1=12\%$

$NPV(i_1)=-2000+300(P/F,12\%,1)+500(P/A,12\%,3)(P/F,12\%,1)+1200(P/F,12\%,5)=21>0$

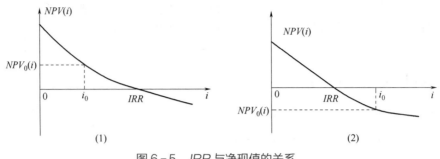

图 6-5　*IRR* 与净现值的关系

表 6-3　　　　　　　　　　　例 6-7 的现金流量表　　　　　　　　　单位：万元

年份	0	1	2	3	4	5
现金流量	-2000	300	500	500	500	1200

试算 $i_2 = 14\%$

$NPV(i_2) = -2000 + 300(P/F, 14\%, 1) + 500(P/A, 14\%, 3)(P/F, 14\%, 1) + 1200(P/F, 14\%, 5) = -95 < 0$

可见 *IRR* 在 12%~14%，由式（6-11）可得：

$$IRR = i_1 + \frac{NPV_1}{NPV_1 + |NPV_2|}(i_2 - i_1)$$

$$= 12\% + \frac{21}{21 + |-95|}(14\% - 12\%)$$

$$= 12.4\%$$

$IRR = 12.4\% > 10\%$，该方案可行。

四、内部收益率的经济含义

一般来讲，内部收益率就是投资（资金）的收益率，它由项目的现金流量决定，是内生决定的，反映了投资的使用效率。项目的内部收益率越高，其经济性就越好。内部收益率的经济含义是，在项目的整个寿命期内，会始终存在未能收回的投资，只有在寿命期结束时投资才能被全部收回，内部收益率是未能回收投资的收益率。换句话说，在寿命期内各个时点，项目始终处于"偿还"未能收回的投资状态，只有到了寿命期结束的时点，才偿还全部投资，并获得 IRR 的回报。由于项目的"偿还"能力完全取决于项目内部，故有称为"内部收益率"。

[例 6-7]　计算所得的内部收益率为 12.4%，下面用 12.4%来计算和分析例 6-7 收回全部投资的过程，如表 6-4 所示。

由表 6-4 可以明显地看到，从第 0 年直到第 5 年年末的整个寿命期内，每年均有尚未收回的投资，只有到了第 5 年年末即寿命结束时，才全部收回了投资。为了更清楚、更直观地考察和了解内部收益率的经济含义，将例 6-7 收回全部投资过程的现金流量变化状况表示为图 6-6。

表6-4　　　　　　以 *IRR* =12.4%收回全部投资过程计算表　　　　　　单位：万元

年份	净现金流量（年末）①	年初末回收的投资②	年初末回收的投资到期末的金额③=②×(1+*IRR*)	年末尚未回收的投资④=③-①
0	2000			
1	300	2000	2248	1948
2	500	1948	2189	1689
3	500	1689	1897	1397
4	500	1397	1569	1069
5	1200	1069	1200	0

由图 6-6 不难理解内部收益率 *IRR* 经济含义是寿命期内没有回收的投资的盈利率。它不是初始投资在整个寿命期内的盈利，因而它不仅受项目初始投资规模的影响，而且受项目寿命期内各年净收益大小的影响，即完全是由项目的现金流所决定的。

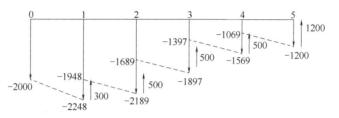

图6-6　以利率 *i*= *IRR* 收回全部投资过程的现金流

五、内部收益率方程多解的讨论

内部收益率方程是一元高次（*n* 次）方程。为了便于分析，令 $X=(1+IRR)^{-1}$，$F_t=(CI-CO)_t$（$t=1$，2，…，*n*），则内部收益率方程可以简化为如下形式：

$$F_0+F_1X+F_2X^2+\cdots+F_nX^n=0 \tag{6-12}$$

式（6-12）是一多元 *n* 次方程，*n* 次方程应有 *n* 个根（包括重根），其中正实根才可能是项目的内部收益率，而负根没有经济意义。如果只有一个正实根，则其应当是该项目的内部收益率；如果有多个正实根，则需经过检验符合内部收益率经济含义的根才是项目的内部收益率。

在计算期内，如果项目的净现金流量序列的符号只变化一次，则称此类项目为常规项目。对常规投资项目，只要其累计现金流量大于零，则内部收益率方程的正实根是唯一的，此解就是该项目的内部收益率。大多数投资项目都是常规项目。因为一般来讲，大多数项目都是在建设期集中投资直到投产初期可能还是入不敷出，净现金流量为负值，但进入正常生产或达产之后就能收入大于支出，净现金流量为正值。因而，在整个建设期内净现金流量序列的符号从负值到正值只改变一次，构成常规投资项目，内部收益率是唯一的。

在建设期内，如果项目的净现金流量序列的符号正负变化多次，则称此类项目为非常规项目，如图6-7 中方案。一般地讲，如果在生产期大量追加投资，或在某些年份集中偿还债务，或经营费用支出过多等，都有可能导致净现金流量序列的符号正负多次变化，构成非常规投资项目。非常规投资项目内部收益率方程的解显然不止一个，如果所有实数根都不能满足内部收益率经济含义的要求，则它们都不是该项目的内部收益率。对这类投资项目，内部收益率法已失效，不能用它来进行项目的评价和选择。

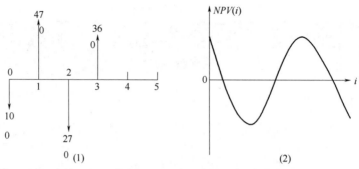

图6-7 非常规项目现金流量图与净现值函数

六、内部收益率指标的评价

1. 优点

（1）内部收益率指标不仅考虑了资金的时间价值，对项目进行动态评价，并考察了项目整个寿命期内的全部情况。

（2）内部收益率反映了项目的抗风险能力，能直观反映投资方案的最大可能盈利能力或最大的利息偿还能力。

（3）内部收益率是项目投资的盈利率，由项目的现金流量系数特征决定的，不是事先外生给定的。而与净现值、净年值、净现值率等指标需事先设定基准折现率才能计算比较起来，内部收益率指标操作困难小。因此，在进行经济项目评价时，将内部收益率作为一项主要的指标。

2. 缺点

（1）内部收益率指标计算相对繁琐，非常规项目内部收益率有多解的现象，分析、检验和判断比较复杂。

（2）只有现金流入或现金流出的方案，此时不存在有明确经济意义的内部收益率。

（3）由于内部收益率指标是根据方案本身数据计算得出的，而不是事先专门给定的，所以内部收益率不能直接反映资金价值的大小。

（4）如果只根据内部收益率指标大小进行方案投资决策，可能会使那些投资大、内部收益率低，但收益额很大，对国民经济有重大影响的方案落选。因而内部收益率指标往往和净现值指标结合起来使用。

第六节 效益费用比法

一、投资收益率

1. 概念

投资收益率也叫投资效果系数，是指项目达到设计生产能力后的一个正常年份的净收益额与项目总投资的比率。对生产期内各年的净收益额变化幅度较大的项目，则应计算生产期内年平均净收益额与项目总投资的比率。投资收益率法适用于项目处在初期勘察阶段或者项目投资不大、生产比较稳定的财务营利性分析。

2. 计算

投资收益率的计算公式为：

$$R = \frac{NB}{I} \tag{6-13}$$

式中 I——项目总投资；$I = \sum_{t=0}^{m} I_t$，I_t 为第 t 年的投资额，m 为建设期，根据分析目的的不同，I 可以是全部投资额（即固定资产、建设期借款利息和流动资金之和），也可以是投资者的权益投资额（如资本金）；

NB——项目达产后正常年份的净收益或者平均收益，根据不同的分析目的，NB 可以是利润，也可以是利润和税金总额，也可以是年净现金流入等；

R——投资收益率。

投资收益率指标没有考虑资金的时间价值，而且没有考虑项目建设期、寿命期等众多经济数据，故一般用于技术经济数据尚不完整的初步可行性研究阶段。

由于 NB 与 I 的含义不同，投资收益率 R 常用的具体形式有如下。

（1）投资利润率 它是考察项目单位投资盈利能力的指标，其计算公式为：

$$投资利润率 = \frac{年利润总额或年平均利润总额}{项目总投资} \times 100\% \tag{6-14}$$

其中，年利润总额=年销售收入–年销售税金及附加–年总成本费用，投资利润率又称投资效果系数，此时年利润总额表示纯收入。

（2）投资利税率 它是考察项目单位投资对国家的贡献水平的指标，其计算公式为：

$$投资利税率 = \frac{年利润总额或年平均利润总额}{项目总投资} \times 100\% \tag{6-15}$$

其中，年利税总额=年销售收入–年总成本费用，或者年利税总额=年利润总额+年销售税金及附加。

（3）资本金利润率 它反映投入项目的资本金的盈利能力，其计算公式为：

$$资本金利润率 = \frac{年利润总额或年平均利润总额}{资本金} \times 100\% \tag{6-16}$$

对于投资利润率或资本金利润率来说，根据年利润的含义不同，还可以分为所得税前和所得税后的投资利润率和资本金利润率指标。

3. 判别准则

用投资收益率指标评价投资方案的经济效果，需要与根据同类项目的历史数据及投资者意愿等确定的基准投资收益率做比较。设基准投资收益率为 R_b，判别准则为：$R \geq R_b$，则项目可以考虑接受；若 $R < R_b$，则项目应予以拒绝。

[例6-8] 某一食品项目投资 800 万元，其中自有资金 400 万元，项目寿命期为 5 年，年总成本费用为 50 万元，每年销售收入 175 万元，销售收入及附加为销售收入的 6%，所得税税率为 25%。求投资利润率、投资利税率、资本金利润率。

解：（1）投资利润率 $= \dfrac{175 - 50 - 175 \times 6\%}{800} \times 100\% = 14.31\%$

（2）投资利税率 $= \dfrac{175-50}{800} \times 100\% = 15.60\%$

（3）资本金利润率 $= \dfrac{175-50-175\times 6\%}{400} \times 100\% = 28.62\%$

投资收益率指标主要反映投资项目的盈利能力，没有考虑资金的时间价值。用投资收益率评价投资方案的经济效果，需要与本行业的平均水平（行业平均投资收益率）对比，以判别项目的盈利是否达到本行业的平均水平。

二、效益费用比

如前所述，用动态投资回收期、净现值或者内部收益率指标评价工程方案（项目）的经济效果时，都要求达到或超过标准的收益率。这对于以盈利为目的的营利性企业或投资者来说，是方案经济决策的基本前提。但是，对于一些非营利性的机构或投资者，投资的目的是为公众创造福利或效果，并非一定要获得直接的超额收益。例如，不以营利为目的的公路建设，对使用该公路的公众产生效果。这种效果可以包括：由于汽车速度加快和公交设施的建设而节省运输时间；由于路线变更而缩短运输距离；由于路面的平整而节约燃料；由于路面光滑而节省汽车维修费用和燃料费用；由于达到安全标准而减少车祸等。

评价公用事业投资方案的经济效果，一般采用效益-费用比（$B\text{-}C$ 比），其计算表达式为：

$$效率\text{-}费用比 = \dfrac{净效益（现值或年值）}{净费用（现值或年值）} \tag{6-17}$$

计算 $B\text{-}C$ 时，需要计算净效益和净费用。净效益包括投资方案对承办者或社会带来的收益，并减去方案实施给公众带来的损失。净费用包括方案投资者的所有费用支出，并扣除方案实施对投资者带来的所有节约。实际上，净效益是指公众得益的净累积值；净费用是指公用事业部门支出的累积值。因此，$B\text{-}C$ 比是针对公众而言的。

净效益和净费用的计算，常用现值或年值表示，计算采用的折现率是公用事业资金的基准收益率或基金的利率。若方案净效益大于净费用，即 $B\text{-}C$ 比大于 1，则这个方案在经济上认为是可以接受的；反之，若方案净效益小于净费用，则方案是不可取的。因此，效益—费用比的评价标准是 $B\text{-}C$ 比>1。

$B\text{-}C$ 比是一个效率型指标，用于两个方案的比选时，一般不能简单地根据两方案的 $B\text{-}C$ 比的大小选择最优方案，而应采用增量指标的比较法，即比较两方案增加的净效益与增加的净费用之比（增量 $B\text{-}C$ 比），若此比值（增量 $B\text{-}C$ 比）大于 1，则说明增加的净费用是有利的。

[**例 6-9**] 某市正计划建设一条公路，缩短原本需要 1h 的路程。目前，考虑两条备选路线：沿河路线和越山路线，两条路线的平均车速都提高到 60km/h，日平均流量都是 1500 辆，寿命期为 30 年，且无残值，基准收益率为 7%，其他数据如表 6-5 所示，试用增量效益—费用比来比较两条线路的优劣。

表6-5 两条线路的效益和费用

方案	沿河路线	越山路线
全长/km	30	20
初期投资/万元	1275	1837
年维护费及运行费/（万元/（km·年））	6	8
大修费每10年一次/（万元/10年）	185	215
运行费用节约/（元/（km·辆））	0.38	0.427
时间运行费用/（元/（h·辆））	8.5	8.5

解： 从公路建设的目的来看，方案的净效益表现为运输费用的节约和公众时间的节约；方案的净费用包括初期投资费用、大修费用以及维护运行费用。因此，用年值分别计算两方案的净效益和净费用。

方案一，沿河路线：

时间费用节约 $= 1500 \times 365 \times \left(1 - \dfrac{30}{60}\right) \times 8.5 = 232.7$ （万元/年）

运输费用节约 $= 1500 \times 365 \times 30 \times 0.38 = 624.2$ （万元/年）

所以方案一的净效益 $B_1 = 232.7 + 624.2 = 856.9$ （万元/年）

投资、维护及大修等费用（年值）$= 6 \times 30 + \left[1275 + 185(P/F,\ 7\%,\ 10) + 185(P/F,\ 7\%,\ 20)\right](A/P,\ 7\%,\ 30) = 294.2$ （万元/年）

所以方案一的净费用 $= 294.2$ （万元/年）

方案二，越山路线：

时间费用节约 $= 1500 \times 365 \times \left(1 - \dfrac{20}{60}\right) \times 8.5 = 310.3$ （万元/年）

运输费用节约 $= 1500 \times 365 \times 20 \times 0.427 = 467.6$ （万元/年）

所以方案二的净效益 $B_2 = 310.3 + 467.6 = 786.9$ （万元/年）

投资、维护及大修等费用（年值）$= 8 \times 20 + \left[1837 + 215(P/F,\ 7\%,\ 10) + 215(P/F,\ 7\%,\ 20)\right](A/P,\ 7\%,\ 30) = 321.3$ （万元/年）

所以方案二的净费用 $= 321.3$ （万元/年）

因此，增量 $B\text{-}C$ 比 $= \dfrac{B_2 - B_1}{C_2 - C_1} = \dfrac{786.9 - 856.9}{321.3 - 294.2} = -2.58 < 1$

也就是说，越山路线（方案二）增加的净费用是不值得的，应选择沿河路线建设方案。

第七节　项目方案选择

一、备选方案的类型

前面介绍了各种经济性评价指标。但在现实中，企业所面临的选择往往是一组备选方案，所追求的目标是整体投资最优化。因此，要正确评价项目的经济性，仅凭对评价指标的计算和判别是不够的，还必须了解项目方案所属的类型，从而确定适合的评价指标与方法，最终做出正确的投资决策。

按多方案之间的经济关系类型，一组备选方案可划分为互斥类型方案、独立型方案、混合型方案。

1. 互斥型方案

互斥型方案是指在若干备选方案中，彼此是相互替代的关系，具有互不相容性（相互排斥性）特点的备选方案。在其中选择了任何一个方案，则其他方案必然被排斥，不能同时被选中。例如，同一地域的土地利用方案就是互斥方案，是建居民住宅，还是建写字楼等，只能选择其中之一。

2. 独立型方案

独立型方案是指在若干备选方案中，方案之间相互不干扰，经济上互不相关的备选方案。它的特点是项目之间具有相容性，只要条件允许，就可任意选择备选方案中的合理项目，选择或放弃该方案，并不影响对其他方案的选择。这些方案可以共存，而且投资经营成本与收益都具有可加性。

独立型方案按是否存在资源约束，可分为有资源限制的类型和无资源限制的类型。有资源限制是指多方案之间存在资金、劳力、材料、设备或其他资源量的限制，在工程经济分析中最常见的就是投资资金的约束；无资源限制是指多方案之间不存在上述的资源限制，当然，这样并不是指资源是无限的，而只是指有能力得到足够的资源。显然，单一方案是无资源限制的独立型方案的特例。

3. 混合型方案

在一组备选方案中，方案之间有些具有互斥关系，有些具有独立关系，则称这一组方案为混合型方案。混合型方案在结构上又可以分为两种形式。

（1）在一组独立多方案中，每个独立方案下又有若干个互斥方案的类型。例如某大型零售业公司现欲在两个相距较远的 A 城和 B 城各投资建一座大型仓储式超市，显然 A、B 是独立的，目前在 A 城有 3 个可选地点 A_1、A_2、A_3 供选择，在 B 城有两个可行地点 B_1、B_2 供选择，则 A_1、A_2、A_3 是互斥关系，B_1、B_2 也是互斥关系。这组方案的层次结构如图 6-8 所示。

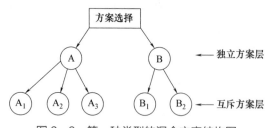

图 6-8　第一种类型的混合方案结构图

（2）在一组互斥多方案中，每个互斥方案下又有若干个独立方案的类型。例如某房地产开发商在某市取得一块土地的使用权，按当地城市规划的规定，该地只能建居住物业（C 方案）或建商业物业（D 方案），不能建商居混合型物业或工业物业，但对商业物业和居住物业的具体类型没有严格的规定。如建住宅，可以建成豪华套型（C_1）、高档套型（C_2）、普通套型（C_3）或混合套型的住宅（C_4）。如建商业物业，可建成餐饮酒楼（D_1）、写字楼（D_2）、商场（D_3）、娱乐休闲服务（D_4）或综合性商业物业。显然，C、D 是互斥方案，C_1、C_2、C_3、C_4 是一组独立方案，D_1、D_2、D_3、D_4 也是一组独立方案。这组方案的层次结构图如图 6-9

所示。

一般说来，工程技术人员遇到的问题多为互斥型方案的选择；高层计划部门遇到的问题多为独立型方案或混合型方案的选择。不论备选方案群中的项目是何种关系，项目经济评价的宗旨只

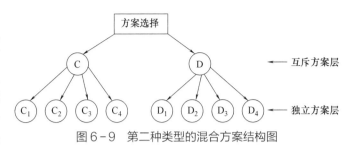

图6-9 第二种类型的混合方案结构图

能有一个：最有效地配置有限的资金，以获得最佳的经济效益。在经济评价分析前，分清备选方案属于何种类型是非常重要的，否则会带来错误的评价结果。因为方案类型不同，其评价方法、选择和判断的尺度都各不相同。

二、互斥方案的经济性评价方法

互斥型方案技术经济评价包括两部分内容：一是方案自身的绝对经济效益评价，即采用一定的评价方法评价各个备选方案自身的经济合理性，确定其是否具有经济效益，凡是经济效益达不到目标要求的予以淘汰；二是在符合要求的方案中进行比较分析，按其所取得的经济效益的大小，从中选出最优方案，即进行相对经济效果评价。

传统的技术经济学强调产出数量、质量、时间等方面的可比性，为此要进行繁杂的等同化处理。随着经济体制的改革和转型，经济效益已成为企业经营目标的核心。产出数量、质量在市场经济社会中都可以通过市场价格、销售数量和销售收入体现出来。因此，主要考虑时间上的可比性，按互斥型方案寿命是否相等，将方案分为寿命期相等与不完全相等两类。前者满足时间可比性的要求，故可直接进行比较；后者则要借助于某些方法进行时间上的变换，在保证时间可比性之后进行选择。

1. 寿命期相等的互斥方案比较选择

（1）净现值法 对互斥方案的评价，可先分别计算各个方案的净现值，剔除不合理（$NPV<0$）的方案；然后进行相对效果检验，即对所有 $NPV>0$ 的方案比较其净现值，选择净现值最大的方案即为最优方案。此为净现值评价互斥方案的判断准则，即净现值最大且大于零的方案为最优方案。

[例6-10] 某食品公司有两个新产品生产方案 A、B，如表6-6 所示，但由于厂房所限，只能选择其中一种新产品投入生产，试用 NPV 指标选择最优方案。基准收益率为12%。

表6-6　　　　　　　　　　例6-10 中的现金流量

方案	初始投资/万元	年净收益/万元	寿命/年
A	20	5.8	10
B	30	7.8	10

解：计算各方案的 NPV：

$NPV_A = -20+5.8(P/A，12\%，10) = 12.77$ 万元

$NPV_B = -30+7.8$ $(P/A, 12\%, 10) = 14.07$ (万元)

由于 B 方案的 NPV 大于 A 方案的 NPV，且大于零，故应选择 B 方案。

在一些情况下，也会采用净年值指标对互斥方案进行评价。并且，净年值评价与净现值评价是等价的，同样只需将净年值大小进行比较即可得出最优方案。

当对一些公用事业项目进行评价时，往往遇到产出收益难以用价值形态计量（如环保、教育、保健、国防等）的情况，这时可以通过对各方案费用现值或费用年值的比较进行选择。例如，在交通拥挤处架设人行天桥，它的替代方案是挖掘地下通道。对于这对互斥方案来说，收益是难以确定的，由于不能确定修建天桥和地下通道能带来多大的收益，因而很难使用净现值等指标来评价这两个方案。但另一方面，这两种方法却都提供了相同的功能，满足了相同的需求：在交通拥挤处实现人车分流，减少交通事故发生的可能。于是，可以通过比较两方案的费用来评价和选择方案，即选择费用现值或费用年值最小的方案。

[例 6-11] 某项目有方案 A、B，均能满足同样的需要，但各方案的投资及年运营费用不同，如表 6-7 所示。试选择最优方案，基准收益率 $i_0 = 15\%$。

表 6-7　　　　　　　　　　　　　例 6-11 中的现金流量

方案	初始投资/万元	年费用/万元	寿命/年
A	70	13	10
B	100	10	10

解： 计算各方案的费用现值（PC）：

$PC_A = 70+13$ $(P/A, 15\%, 10) = 135.2$ （万元）

$PC_B = 100+10$ $(P/A, 15\%, 10) = 150.2$ （万元）

由于 A 方案的费用现值低于 B 方案的费用现值，故应选择 A 方案。

或者计算各方案的费用年值（AC）：

$AC_A = 70$ $(A/P, 15\%, 10)+13 = 26.9$ （万元）

$AC_B = 100$ $(A/P, 15\%, 10)+10 = 29.9$ （万元）

由于 A 方案的费用年值低于 B 方案的费用年值，故应选择 A 方案。

（2）增量净现值法　将两个互斥方案之间现金流之差（通常为投资额大的方案减去投资额小的方案）构成新的现金流量，称为增量现金流量或差额现金流量。利用增量净现金流量评价增量投资的经济效果，就是增量分析法，这种方法是互斥方案比选的基本方法之一。例如，在［例 6-10］中，A 方案与 B 方案的增量现金流量如图 6-10 所示。不妨将 A 与 B 方案间的增量现金流量称为 B-A 方案，这一新方案的含义是 B 方案比 A 方案多投资 10 万元，每年净收益多 2 万元。

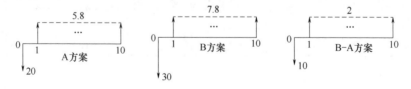

图 6-10　增量现金流量方案

因此，利用增量净现值（$\triangle NPV$）的数值来比较互斥方案的优劣的依据如下：

① 如果$\triangle NPV=0$，表明增额投资的收益率正好达到基准收益率，一般考虑投资大的方案；

② 如果$\triangle NPV>0$，表明增额投资的收益率超过基准收益率，则投资大的方案优于投资小的方案；

③ 如果$\triangle NPV<0$，表明增额投资的收益率小于基准收益率，则应选投资小的方案。

[例6-12]　针对例6-10，利用增量净现值法进行判断。

解： $\triangle NPV=NPV_{B-A}=-10+2（P/A，15\%，10）=1.3$（万元）

$\triangle NPV>0$，所以应选择投资额大的B方案。

从例6-12中可以看出，净现值法与增量净现值法的比较结果是一致的。增量净现值的经济含义也表明了为什么净现值最大的方案为最优方案。实际上，两互斥方案的净现值之差即为两者之间的增量净现值。

（3）增量内部收益率法　前面介绍了利用净现值大小来判定方案优劣的方法，下面介绍根据内部收益率的大小来判断方案的优劣。

根据[例6-10]中的现金流量，A方案的内部收益率满足：

$-20+5.8（P/A，IRR，10）=0$，则求出$IRR_A=26\%$。同理可求出B方案的内部收益率$IRR_B=23\%$。如果以内部收益率大小作为标准，则A方案优于B方案。显然这是不对的，因为前面已经通过净现值法与增量净现值法证明了B方案是最优方案，看来简单地通过内部收益率大小来判断项目的优劣是不可行的。

我们考虑增量分析法，于是有增量内部收益率，也称为差额内部收益率，用$\triangle IRR$表示。根据$\triangle IRR$的概念以及增量现金流量和IRR所具有的经济含义，用$\triangle IRR$的数值的大小来比较互斥方案优劣的判别标准如下。

① 如果$\triangle IRR=i_0$，表明投资大的方案多投资的资金所取得收益的内部收益率恰好等于基准收益率，则在经济上两个方案等值，一般考虑选择投资大的方案；

② 如果$\triangle IRR>i_0$，表明投资大的方案多投资的那部分资金所取得收益的内部收益率超过了基准收益率，则在经济上投资大的方案优于投资小的方案；

③ 如果$\triangle IRR<i_0$，表明投资大的方案多投资的那部分资金所取得收益的内部收益率小于基准收益率，则多投资是不合理的，在经济上投资小的方案优于投资大的方案。

根据[例6-10]中的现金流量，增量内部收益率$\triangle IRR_{B-A}$满足：

$-10+2(P/A，\triangle IRR_{B-A}，10)=0$，用试算法求得$\triangle IRR_{B-A}=15\%>i_0=12\%$。表明B方案多投资部分在经济上是合理的，因此，选择B方案，结果与净现值法一致。

为了更形象的说明内部收益率与互斥方案评选的关系，将A、B两个方案画成函数图，如图6-11所示，从图中可以看出，内部收益率

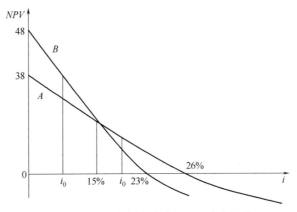

图6-11　内部收益率大小与互斥方案评选

大小并不能保证方案的优劣。当所设定的基准收益率 $i_0>15\%$ 时，内部收益率大的 A 方案优于 B 方案；但当 $i_0<15\%$ 时，内部收益率小的 B 方案却优于 A 方案。因此，必须用增量内部收益率 $\triangle IRR$ 来评价互斥方案的优劣。

（4）增量投资回收期　当投资回收期指标用于评价两个方案的优劣时，也可用增量指标。所谓的增量投资回收期是指一个方案比另一个方案所追加的投资，用年费用的节约额或超额年收益法去补偿增量投资所需要的时间。

例如，甲方案投资 I_1 大于乙方案投资 I_2，但是甲方案的年费用（成本）C_1 比乙方案的年费用 C_2 要节约，假如这两个方案具有相同的产出和寿命期，那么甲方案用节约的成本去补偿增加的投资额所需要的时间，即为增量投资回收期 $\triangle T$，其计算公式为：

$$\Delta T=\frac{I_1-I_2}{C_2-C_1} \tag{6-18}$$

在两个方案比较时，若 $\triangle T\leq T_b$（标准投资回收期），则甲方案能在期望的时间内由节约的成本回收增加的投资，说明增加的投资是有利的，则甲方案是较优的方案；反之，若 $\triangle T>T_b$，说明增加的投资是不利的，乙方案较优。

[例 6-13]　甲方案需一次性投资 120 万元，年费用 12 万元，乙方案需一次性投资 80万元，年费用 16 万元，假设两个方案所产生的年收入都为 36 万元，寿命期同为 20 年，试用增量投资回收期进行分析（标准投资回收期 8 年）。

解：$\Delta T=\frac{I_甲-I_乙}{C_乙-C_甲}=\frac{120-80}{16-12}=10$（年）

因为标准投资回收期为 8 年，所以增量投资部分不合适，故选择投资小的乙方案。

（5）多个互斥方案比较方法　当有多个互斥型方案进行比较时，除了对方案本身的绝对效果进行评价之外，各方案之间还应进行两两互相比较。在实践中可以应用差额现金流量法选择方案，遵循如下步骤：

步骤 1：增设 0 方案。0 方案又称为不投资方案或基准方案，其投资额为 0，净收益也为 0。选择 0 方案的经济含义是指不投资于当期的方案，投资者就会因为选择当期投资方案而损失掉相应资金的机会成本。在一组方案中增设 0 方案可以避免选择一个经济上并不可行的方案作为最优方案。

步骤 2：将互斥方案投资额从小到大顺序排列。

步骤 3：将初始投资最少的方案与 0 方案进行增量方法的比较，以两者中的优胜方案最为临时最优方案。

步骤 4：选择初始投资较高的方案作为竞比方案，与临时最优方案进行增量方法的比较，以两者中的优胜方案替代为临时最优方案。

步骤 5：以此类推，直到所有的方案都比较完毕，最后保留的临时最优方案即为一组互斥方案中在经济上最优的方案。该方法可以用图 6-12 来表示。

[例 6-14]　表 6-8 所示为三个互斥型方案，基准收益率为 15%，试选择最优方案。

表 6-8　　　　　　　　　　互斥型方案现金流量表

方案	初始投资/万元	年净收益/万元	寿命/年
A	5000	1400	10
B	10000	2300	10
C	8000	2100	10

解：步骤 1：增设 0 方案，并将方案按投资额大小进行排序，即 0、A、C、B。

步骤 2：将 A 方案与 0 方案进行比较，则计算 A-0 方案净现值或内部收益率：

$\triangle NPV_{A-0} = -5000 + 1400$（$P/A$, 15%, 10）= 2026.28（万元）

$\triangle IRR_{A-0} = 25\%$

$\triangle NPV_{A-0} > 0$, $\triangle IRR_{A-0} = 25\% > 15\%$

增量投资方案可行，说明 A 方案优于 0 方案，所以 A 方案为临时最优方案。

步骤 3：以 A 方案作为临时最优方案，C 方案作为竞比方案，计量两者现金流量之差的净现值或内部收益率：

$\triangle NPV_{C-A} = -(8000 - 5000) + (2100 - 1400)$（$P/A$, 15%, 10）

$= -3000 + 700 \times 5.0188 = 513.14$（万元）$> 0$

$\triangle IRR_{C-A} = 19\% > 15\%$

$\triangle NPV_{C-A} > 0$, $\triangle IRR_{C-A} > 15\%$，说明 C 方案优于 A 方案，所以用 C 方案取代 A 方案作为临时最优方案。

步骤 4：以 C 方案作为临时最优方案，B 方案作为竞比方案，计量两者现金流量之差的净现值或内部收益率：

$\triangle NPV_{B-C} = -(10000 - 8000) + (2300 - 2100)$（$P/A$, 15%, 10）

$= -2000 + 200 \times 5.0188 = -996.24$（万元）$< 0$

$\triangle IRR_{B-C} = 0 < 15\%$

$\triangle NPV_{B-C} < 0$, $\triangle IRR_{B-C} < 15\%$，说明 C 方案优于 B 方案。

步骤 5：比选停止，C 方案为最优方案。

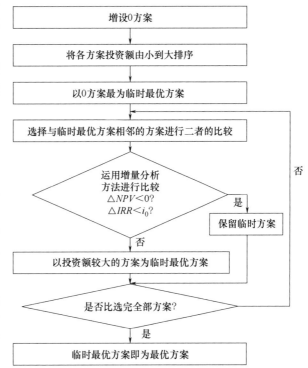

图 6-12 用增量方法比较多方案的过程

2. 寿命期不相等的互斥方案比较选择

当几个互斥型方案的寿命期不等时，这几个方案就不能直接比较。为了能比较，必须进行适当的处理，保证时间上的可比性。保证时间可比性的方法有很多种，最常用的是方案重复法和研究期法。

（1）方案重复法 方案重复法是将被比较的方案一个或几个重复若干次或无限次，直至各方案期限相等为止，并假定各个方案均在这样一个共同的期限内重复实施，对各个方案分析期内各年的净现金流量进行重复计算，直到分析期结束。

① 最小公倍数法：最小公倍数法是以各备选方案寿命期的最小公倍数作为方案进行

比选的共同期限，并假定各个方案均在这样一个共同的期限内反复实施，对各个方案分析期内各年的净现金流量进行重复计算，直到分析期结束。在此基础上计算各个方案的净现值，以净现值最大的方案最为最佳方案。

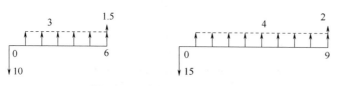

图6-13 例6-15现金流量图

[例6-15] 现有A、B两个互斥方案，各年的现金流量如图6-13所示，单位为万元，基准收益率为10%，试比较两方案的优劣。

解： 两方案寿命期的最小公倍数为18，故A方案需重复两次，B方案需重复一次，可以得到如图6-14所示的现金流量图。

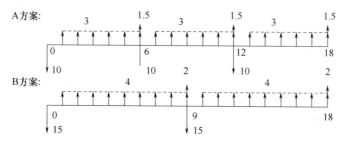

图6-14 方案重复后的现金流量图

分别计算两方案的净现值：

$$NPV_A = -10[1+(P/F,10\%,6)+(P/F,10\%,12)]+3(P/A,10\%,18)$$
$$+1.5[(P/F,10\%,6)+(P/F,10\%,12)+(P/F,10\%,18)]=7.37$$

$$NPV_B = -15[1+(P/F,10\%,9)]+4(P/A,10\%,18)+2[(P/F,10\%,9)+(P/F,10\%,18)]=12.65$$

因为，$NPV_B > NPV_A > 0$，所以B方案优于A方案。

② 净年值法：净年值法是以"年"为时间单位比较各方案的经济效果，一个方案无论重复实施多少次，其净年值是不变的，从而使寿命期不相等的互斥方案间具有可比性，故净年值法更适用于评价具有不同寿命期的互斥方案，也是最为简便的一种方法。然而，净年值法实际上隐含着这样一种假定：各备选方案在其寿命结束时，均可按原方案无限次重复实施。所以，它也是方案重复法中的一种形式。

仍以 [例6-15] 为例，用净年值进行比较：

$$NAV_A = -10(A/P,10\%,6)+3+1.5(A/F,10\%,6)=0.90（万元）$$
$$NAV_B = -15(A/P,10\%,9)+4+2(A/F,10\%,9)=1.54（万元）$$

因为，$NAV_B > NAV_A$，所以B方案优于A方案。

（2）**研究期法** 方案重复法实质上是延长项目寿命期以达到可比的要求，这通常被认为是合理的。但在某些情况下并不符合实际，因为技术进步往往使方案完全重复是不经济的，甚至在实践中是完全不可能的。一种比较可行的办法是利用研究期法，即选择一段时间作为可比较的计算期。研究期的选择没有特殊的规定，但一般以诸方案中寿命期最短的为研究期，计算最为简便，而且完全可以避免重复性假设。通过比较各个方案在该计算期内的净现值来对方案进行比选，以净现值最大的方案为最佳方案。

研究期法涉及寿命期末结束、方案未使用价值的处理问题。其处理方式有三种：①完全承认方案未使用价值；②完全不承认方案为使用价值；③预测方案未使用价值在研究期末的价值，并作为现金流入量。

以［例6-15］为例，选择A方案的6年作为比较的研究期，分析过程如下。

方式1：完全承认方案未使用的价值，则：

$$NPV_A = -10+3(P/A,10\%,6)+1.5(P/F,10\%,6) = 3.9$$

$$NPV_B = -15(A/P,10\%,9)(P/A,10\%,6)+4(P/A,10\%,6)+2(A/F,10\%,9)(P/A,10\%,6) = 6.70$$

因为$NPV_B>NPV_A$，所以B方案优于A方案。

方式2：不考虑研究期结束设备未利用价值，则：

$$NPV_A = -10+3(P/A,10\%,6)+1.5(P/F,10\%,6) = 3.9$$

$$NPV_B = -15+4(P/A,10\%,6) = 2.42$$

因为$NPV_A>NPV_B$，所以A方案优于B方案。

方式3：预计研究期结束设备未利用价值为4万元，则：

$$NPV_A = -10+3(P/A,10\%,6)+1.5(P/F,10\%,6) = 3.9$$

$$NPV_B = -15+4(P/A,10\%,6)+4(P/F,10\%,6) = 4.68$$

因为$NPV_B>NPV_A$，所以B方案优于A方案。

应当强调，选用以上各法时要特别注意各种方法所作的假设。例如，最小公倍数法和年值法尽管计算简便，但它不适用于技术更新快的产品和设备方案的比较，因为项目在没有达到计算期前，某些方案存在的合理性已经成了问题。同样，最小公倍数法和年值法也不适用于用来处理更新改造的项目，因为假设不进行改造项目和进行改造的项目反复实施多次，实际上是不可能的。因此，当人们对项目提供的服务或产品有比较明确的期限时，把这个期限作为计算期来进行各方案的比较更符合实际。

三、独立方案的经济性评价方法

在一组独立方案比较选择的过程中，可选择其中任意一个或多个方案，甚至全部方案，也可能一个方案也不选。独立方案这一特点决定了独立方案的现金流量及其效果具有可加性。一般独立方案选择有下面两种情况：

1. 无资源限制条件下独立方案的选择

如果独立方案之间共享的资源（通常为资金）足够多（没有限制），此时多个独立方案的比选与单一方案的评价方法是相同的，即用经济效果评价标准（$NPV \geq 0$，$NAV \geq 0$，$IRR \geq i_0$，$T_P \leq T_b$）直接判别该方案是否接受。

2. 资源限制条件下独立方案的选择

如果独立方案之间共享的资源是有限的，不能满足所有方案的需要，则在不超出资源限额的条件下，独立方案的选择有两种方法：一是组合方案法；二是效率指标排序法。

（1）方案组合法　方案组合法的原理是：列出独立方案所有可能的组合，并从中选出投资额不大于资金总额、经济效益最优的项目组合。其中每个组合方案代表一个由若干个项目组成的与其他组合相互排斥的方案，这样就可以用前述互斥的比选方法，选择最优的项目组合方案。

[例 6-16]　现有独立方案 A、B、C，投资分别为 100 万元、70 万元和 120 万元，经计算各方案的净现值分别为 30 万元、27 万元和 32 万元，如果资金有限，投资额不超过 250 万元，应如何选择方案？

解：按照投资额的大小，将各种方案的组合排列于表 6-9 中。

表 6-9　　　　　　　　　　　　　　三方案组合排列表

序号	方案	初始投资/万元	净现值/万元
1	B	70	27
2	A	100	30
3	C	120	32
4	A+B	170	57
5	B+C	190	59
6	A+C	220	62
7	A+B+C	290	89

表 6-9 中的 7 种组合构成了 7 个互斥方案，根据互斥方案评选的准则，可以选取净现值最大的方案作为最优方案。显然，表中第 7 个组合的净现值最大，但是它的投资超过了约束，故不能选择该组合。因此，可以选择第 6 种组合，投资 A 方案和 C 方案，净现值为 62 万元，达到有限资金的最佳利用。

当项目个数较少时这种方法简便实用。但当独立项目数增加时，其组合方案数将成倍增加。例如，5 个独立方案组成 31 个（$2^5-1=31$）互斥方案，而 10 个独立方案能组合成 1023 个（$2^{10}-1=1023$）互斥方案。由此可见，当项目数较大时使用这种方法是相当麻烦的。不过，这种方法可以保证得到已知条件下最优的项目组合方案。

（2）效率指标排序法　效率指标排序法是日本学者千住镇雄教授和伏见多美教授等人开创的经济工程学方法。其原理是：首先根据资源效率指标的大小确定独立项目的有限顺序，然后根据资源约束条件确定最优项目组合。这种方法是对方案组合法的改进，简便而有效，具体有两种方法：净现值指数排序法和内部收益率排序法。

① 净现值指数排序法：净现值指数排序法就是在计算各方案净现值率 $NPVR$ 的基础上，将净现值大于或等于零的方案按照 $NPVR$ 的大小排序，并按次序选取项目方案，直至所选取方案的投资总额最大限度地接近或等于投资额为止。其基本思想就是单位投资的净现值越大，则在一定投资限额内所能获得的净现值总额就越大。

[例 6-17]　某公司投资预算为 1200 万元，有 6 个独立方案可供选择，寿命期均为 10 年，各方案的现金流量如表 6-10 所示，基准收益率为 12%，试选择合适的方案。

表 6-10　　　　　　　　　　　　　各方案的现金流量表

方案	A	B	C	D	E	F
投资额	300	500	250	450	550	510
年净收益	100	135	90	120	170	100

解：根据表 6-10 可以求得各方案的 NPV 及 $NPVR$，并将各方案按 $NPVR$ 进行排序，结果如表 6-11 所示。

表6-11 各方案净现值率排序 单位：万元

方案	初始投资	年净收益	*NPV*	*NPVR*	排序	累计投资
C	250	90	258.5	103.4%	1	250
A	300	100	265	88.33%	2	550
E	550	170	410.5	74.64%	3	1100
B	500	135	262.8	52.56%	4	1600
D	450	120	228	50.67%	5	2050
F	510	100	55	10.79%	6	2560

在公司投资额在 1200 万元的情况下，根据排序应该选择 C、A、E 方案，能保证投资收益的最大化。

② 内部收益率排序法：与净现值指数排序法类似，内部收益率排序法是将方案按照内部收益率 *IRR* 的大小顺序依次排序，然后按顺序选取方案，又称右下右上法。其一般程序如下：计算各方案的内部收益率；将各独立方案按内部收益率从大到小的顺序排列，将它们以直方图的形式绘制在以投资为横轴、内部收益率为纵轴的坐标图上，并标明基准收益率和投资的限额。排除基准收益率线以下和投资限额右边的方案。

[例 6-18]　各独立方案的数据同 [例 6-17]，试用内部收益率排序法选择方案。

解： 经计算得各方案的内部收益率，并按大小排序，如图 6-15 所示。

由图 6-15 可知，方案的优先顺序为 C、A、E、B、D、F，方案 F 的直方图位于 12%的横线下方，表明方案 F 的内部收益率小于基准收益率，应予淘汰。当资金限额为 1200 万元时，只能在位于中间虚线左边的方案中选择。故最后选择 C、A、E 方案。这与用净现值指数排序法得到的结果是一致的。

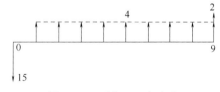

图 6-15　例 6-18 各方案内部收益率排序

需要指出的是，利用效率指标排序法评价选择独立方案，并不一定能保证获得最佳的组合方案。只有当某个方案投资占投资比例很小或者入选方案正好配完总投资额时，才能保证获得最佳方案组合，以保证投资收益的最大化。

四、混合方案的经济性评价方法

混合方案的选择，是实际工作中经常遇到的一类问题。例如，某些公司实行多种经营，投资方向较多，这些投资方向就业务内容而言，是互相独立的，而对每个投资方向又有可能有几个可供选择的互斥方案。这样就构成了混合方案的选择问题，这类问题的选择方法较为复杂。

混合方案的选择与独立方案的选择一样，可分为资金无限制和资金有限制两类。如果资金无限制，只能从各独立方案中选择互斥方案中净现值（或净年值）最大且不小于零的方案加以组合即可。当资金有限时，选择方法就复杂得多：一种方法是工程经济学的方法，即混合项目方案群的互斥化法；另一种方法是日本经济性工程学的方法，即千住—伏见—中村的增量效率指标排序法。

1. 混合项目方案群的互斥化法

[**例 6-19**]　某企业有 A、B 两家工厂，各自提出投资项目 A、B；项目 A 由互斥方案 A_1 或 A_2 实现（A_1、A_2 为两种型号的载重汽车），项目 B 由互斥方案 B_1 或 B_2 实现（B_1、B_2 为两种型号的车床）。这两个投资项目方案群可以组成表 6-12 所示的 9 个互相排斥的方案。

表 6-12　　　　　　　　　　　　9 个互斥方案

互斥方案	A_1	A_2	B_1	B_2
1	0	0	0	0
2	0	0	0	1
3	0	0	1	0
4	0	1	0	0
5	1	0	0	0
6	0	1	0	1
7	0	1	1	0
8	1	0	0	1
9	1	0	1	0

如果 M 代表相互独立的方案数，N_j 代表第 j 个独立项目中相互排斥的方案数目，则可以组成的互斥方案数 N 为：

$$N = \prod_{j=1}^{M}(N_j + 1) = (N_1 + 1)(N_2 + 1)\cdots(N_M + 1)$$

假如有 10 个独立项目，每个项目有 3 个互斥方案，则可能组成的互斥方案共有 $(3+1)^{10} = 1048576$ 个，显然这是一个非常复杂的计算问题。

2. 差量效率指标排序法（千住—伏见—中村方法）

千住—伏见—中村的差量效率指标排序法程序如图 6-16 所示。

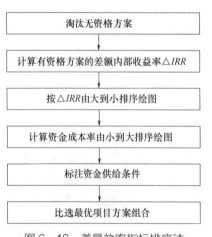

淘汰无资格方案

计算有资格方案的差额内部收益率 $\triangle IRR$

按 $\triangle IRR$ 由大到小排序绘图

计算资金成本率由小到大排序绘图

标注资金供给条件

比选最优项目方案组合

图 6-16　差量效率指标排序法

[**例 6-20**]　某公司有三个下属部门分别是 A、B、C，各部门提出了若干投资方案，如表 6-13 所示。三个部门之间是独立的，但每个部门内的投资方案之间是互斥的，寿命均为 10 年，$i_0 = 10\%$。

试问：（1）资金供应没有限制，如何选择方案？

（2）资金限制在 500 万元之内，如何选择方案？

解：上述问题采用内部收益率指标来分析。

（1）因为资金供应无限制，A、B、C 部门之间独立，此时实际上是各部门内部互斥方案的比选，分别计算 $\triangle IRR$ 如下：

对于 A 部门，由方程：

$-100 + 27.2\ (P/A,\ IRR_{A1},\ 10) = 0$

表 6-13　　　　　　　　　　　混合方案的现金流量　　　　　　　　　　单位: 万元

部门	方案	0 年	1 ~10 年	IRR /%	$\triangle IRR$	部门内选优
A	A_1	-100	27.2	24.05%	$\triangle IRR_{A2-A1} = 20.06\%$	
	A_2	-200	51.1	22.07%		√
B	B_1	-100	12.0	3.46%	不可行	
	B_2	-200	35.4	12%		√
	B_3	-300	45.6	8.44%	$\triangle IRR_{B3-B2} = 0.36\%$	
C	C_1	-100	50.9	50.02%		
	C_2	-200	63.9	29.55%	$\triangle IRR_{C2-C1} = 5.08\%$	
	C_3	-300	87.8	26.47%	$\triangle IRR_{C3-C1} = 13.03\%$	√

$-(200-100)+(51.1-27.2)(\triangle IRR_{A2-A1}, 10) = 0$

解得: $IRR_{A1} = 24.05\% > i_0 = 10\%$, $\triangle IRR_{A2-A1} = 20.07\% > i_0 = 10\%$

所以, A_2 优于 A_1, 应选择 A_2 方案。

对于 B 部门, 同样的方法可求得:

$IRR_{B1} = 3.46\% < i_0 = 10\%$, 故 B_1 是无资格的不可行方案,

$IRR_{B2} = 12\% > i_0$, $\triangle IRR_{B3-B2} = 0.36\% < i_0$

所以 B_2 优于 B_3, 应选择 B_2 方案。

对于 C 部门, 求得 $IRR_{C1} = 50.02\% > i_0 = 10\%$, $\triangle IRR_{C2-C1} = 5.08\% < i_0$, 故 C_1 优于 C_2; $\triangle IRR_{C3-C1} = 13.03\% > i_0$, 所以 C_3 优于 C_1, 应选 C_3 方案。

因此, 在资金没有限制时, 三个部门应分别选择 $A_2+B_2+C_3$, 即 A 与 B 部门分别投资 200 万元, C 部门投资 300 万元。

（2）由于存在资金限制, 三个部门投资方案的选择过程如图 6-17 所示。

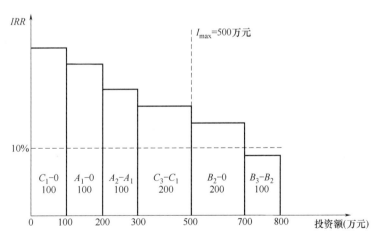

图 6-17　[例 6-20] 的独立方案排序

从图 6-17 可见, 当资金限制在 500 万元之内时, 可接受的方案包括, C_1-0, A_1-0, A_2-A_1, C_3-C_1, 因为这四个增量投资方案的 $\triangle IRR$ 均大于 10%, 且投资额为 500 万元, 因此, 三个部门应选择的方案为 A 部门 A_2 和 C 部门的 C_3。即 A_2+C_3（A 部门投资 200 万元, C 部门投资 300 万元, B 部门不投资）。

五、存在不可避免的混合型项目方案群选优

在实际经济工作中，所研究的问题有时不是单纯的经济问题，应该考虑其他非经济因素，如环境保护、援助性投资等，即使这些项目本身的经济效益很低也要排在优先位置。这部分投资通常称为"不可避免的"。

[例6-21] 某食品企业从贯彻国家节能、减排、降耗的发展方针出发，拟进行三项投资：A为节能改造项目，B为扩建项目，C为废液处理项目。每个项目均有三种方案，如表6-14、表6-15和表6-16所示。

表6-14 节能改造项目的投资额与成本节约额

方案	投资/万元	比改造前节约/（万元/年）
A₁	100	40
A₂	200	70
A₃	300	78

表6-15 扩建项目的投资额与年收益额

方案	投资/万元	年收益额/（万元/年）
B₁	100	5
B₂	200	40
B₃	300	54

表6-16 废液处理项目的投资额和年经营费用

方案	投资/万元	年收益额/（万元/年）
C₁	100	50
C₂	200	25
C₃	300	10

假如：（1）各方案寿命期均为无限长，废液项目必须投资，企业只有400万元资金，基准收益率 $i_0 = 10\%$，应该如何选择投资方案？（2）又如果B项目必须投资，其他条件同（1），应该如何决策？

解：（1）这是一个典型的混合型投资决策问题。三个项目A、B、C之间是相互独立的，项目内部的各方案则是相互排斥的。首先要求出各项目内部各方案之间的差额内部收益率，然后排序，根据资源约束条件求解。因为废液处理设施是必须投资的，至少要投资 C_1 项目，即将100万元投资于 C_1，这是不可避免的，故其他方案的选择只能在 $400 - 100 = 300$ 万元的投资限额内进行。

对于本例，各方案的寿命期均为无限长，分别求出增量内部收益率并排序。

$IRR_{A1} = 40\%$，$\triangle IRR_{A2-A1} = 30\%$，$\triangle IRR_{C2-C1} = 25\%$，$IRR_{B2} = 20\%$，

$\triangle IRR_{C3-C2} = 15\%$，$\triangle IRR_{B3-B2} = 14\%$，$\triangle IRR_{A3-A2} = 15\%$，

根据上述结果和资源约束条件，可作出图6-18，其中 I 为投资额。

根据图6-18，在400万元资金的约束下，同时废液项目必须投资，则只能投资于（A_2，C_2）组合，B项目不投资，即投资200万元节能改造，投资200万元进行废液处理。

（2）因为B项目必须投资，在上述约束条件下，B_1 方案不再是无资格的方案，可以

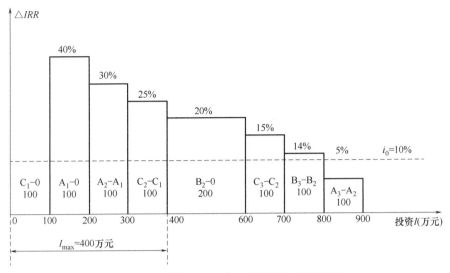

图 6-18　例 6-21 存在不可避免的方案排序

计算出 $IRR_{B1} = 5\%$，$\triangle IRR_{B2-B1} = 35\%$。这样一来，扣除方案 C_1、B_1 的投资之后，仅剩 200 万元资金可用于其他方案的增量投资，重新排序后如图 6-19 所示。

根据图 6-19 可知，应选择项目组合方案（A_1，B_2，C_1），即投资 100 万元进行节能改造，投资 200 万元用于扩大生产能力，投资 100 万元进行废液处理。

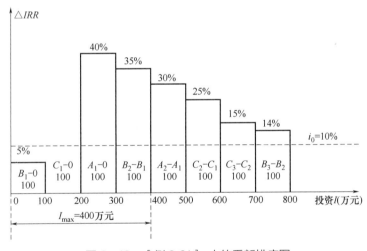

图 6-19　［例 6-21］中的重新排序图

第八节　Excel 在项目动态评价分析中的应用

在经济评价指标和方法的实际运用中，往往遇到这样的难题：即使是简单的问题，计算也比较麻烦，更何况复杂的建设项目问题。计算机的强大功能很好地解决了上述问题，特别是微软公司开发的 Excel 办公软件提供了几百种预定义函数，具有非常强大的数据处理和分析功能。本节主要介绍如何利用 Excel 软件来计算 Tp、NPV、IRR 等经济评价指标。

一、净现值的计算

运用 Excel 软件，能够非常方便地计算给定现金流量的净现值。常用的有两种方法，第一种是利用 Excel 先计算出各年的折现系数，用各年的净现金流量与折现系数相乘，得到折现后的净现金流，然后把折现后的净现金流相加，即得项目的 NPV。第二种是利用 Excel 软件中的 NPV 函数，但是，根据 Excel 软件的定义，函数 NPV 假定投资开始于 Value1 现金流第一年的年末，结束于最后一笔现金流的当期，如果第一笔现金流发生在第一个周期的期初（即第一年的年初），则第一笔现金流应单列出来，加到 NPV 函数运算的结果中，而不应包含在 Value 序列中。

下面以 [例 6-1] 为例来说明 Excel 的运用。步骤如下。

1. 第一种方法

（1）启动 Excel 软件，将年份和各年的现金流输入（或复制）到工作表中，如图6-20所示。

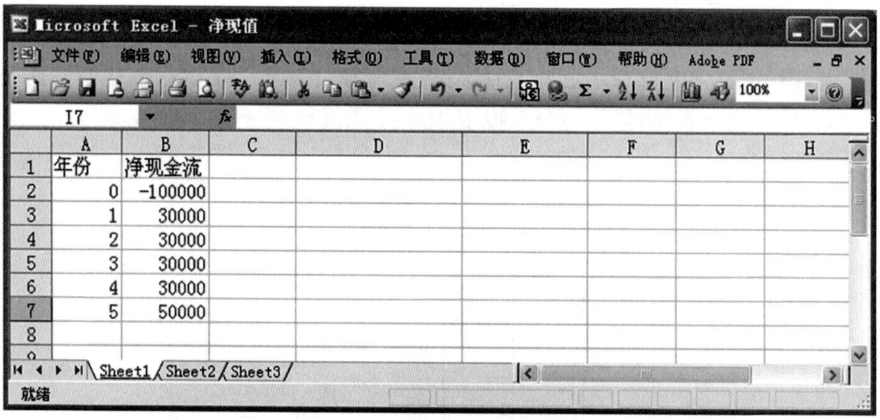

图 6-20 净现值计算步骤1

（2）计算折现系数 在 C2 单元格中输入"=(1+0.1)^(-A2)"回车。如图 6-21 所示。

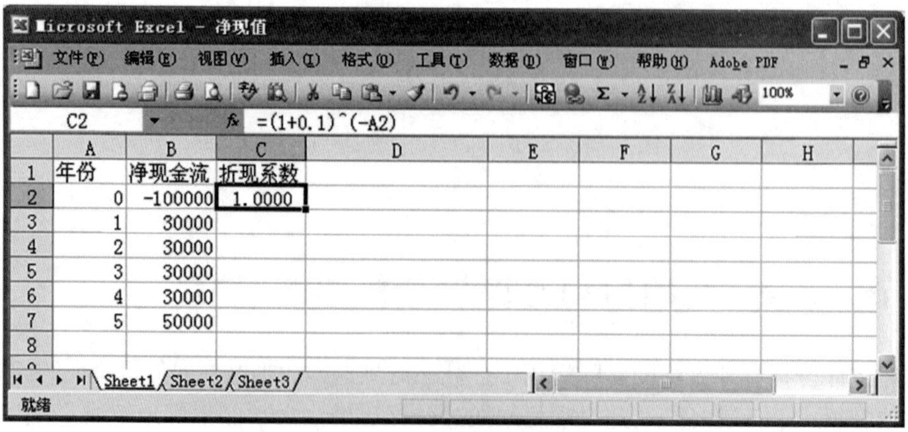

图 6-21 净现值计算步骤2

点击 C2 单元格，当出现黑"+"字时，拖动其右下角的填充柄至单元格 C7，即得到各年的折现系数，如图 6-22 所示。

图 6-22 净现值计算步骤 3

（3）计算各年的折现后的净现金流 将折现系数与各年的净现金流相乘，得各年折现后的净现金流。点击 D2 单元格，在 D2 单元格中输入"=B2*C2"回车。如图 6-23 所示。点击 D2 单元格，当出现黑"+"字时，拖动其右下角的填充柄至单元格 D7，即得到各年的折现后的现金流，如图 6-24 所示。

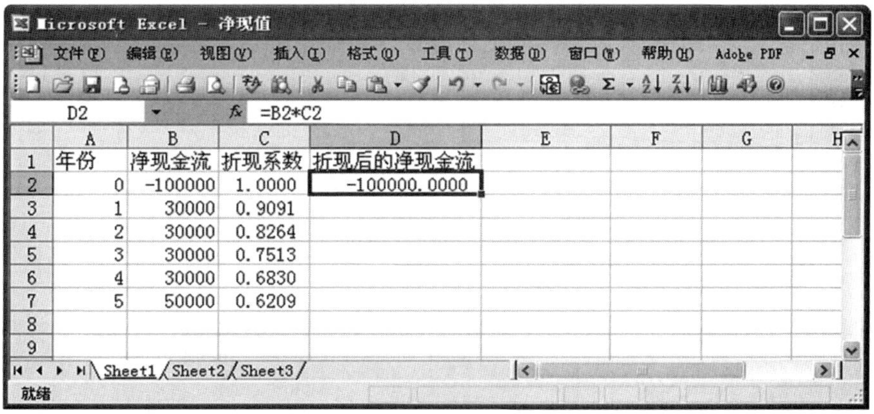

图 6-23 净现值计算步骤 4

（4）计算净现值 NPV 选中 D2-D7，点击图标中的"Σ"或者在 D8 单元格中输入"=SUM（D2：D7）"，得结果 26142.0295 元，如图 6-25 所示，与手工计算结果相符。

2. 第二种方法

（1）启动 Excel 软件，将年份和各年的现金流输入（或复制）到工作表中，如图6-20所示。

（2）在 C2 单元格中输入"=B2+插入函数"，如图 6-26 所示，在全部或财务函数中选择 *NPV* 函数，如图 6-27 所示。

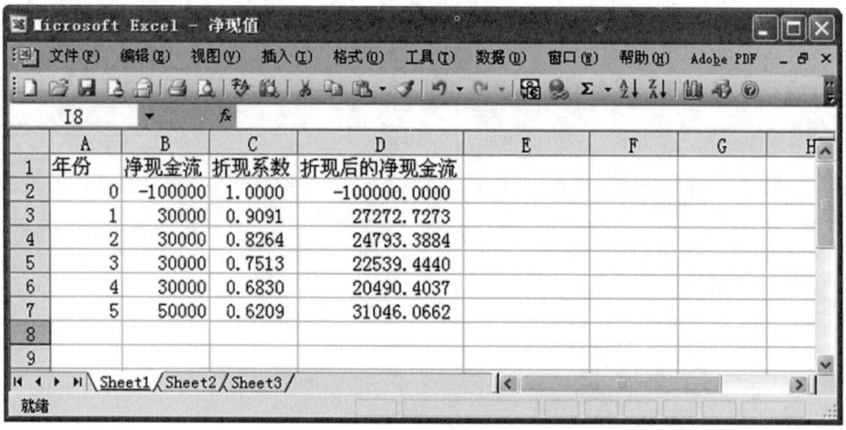

图6-24　净现值计算步骤5

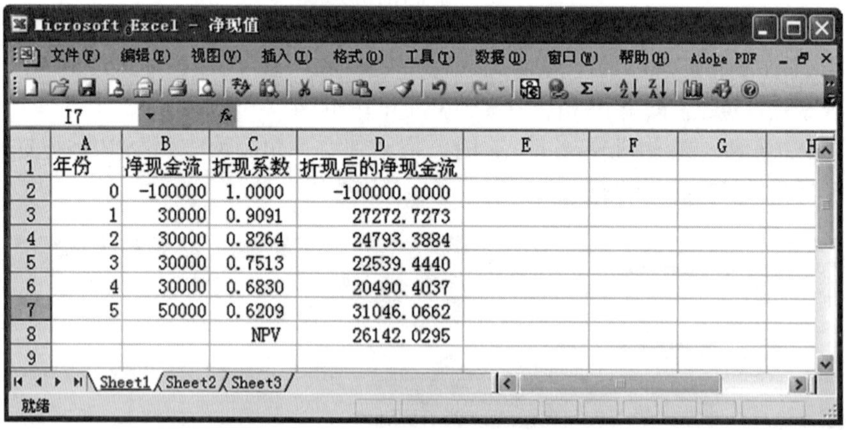

图6-25　净现值计算步骤6

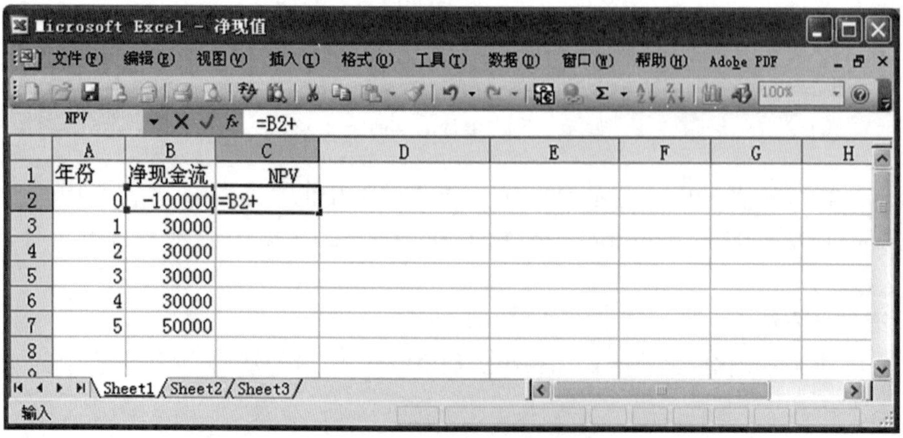

图6-26　函数计算净现值步骤1

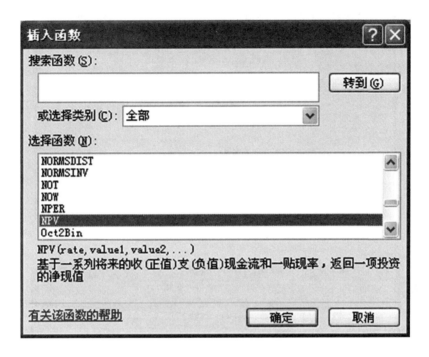

图6-27 函数计算净现值步骤2

（3）点击"确定"按钮，在弹出的NPV函数对话框，如图6-28中，"Rate"栏中键入10%，点击"Value1"右端的图标，弹出"函数参数"选择框，选择B3到B7，再点击右端的图标，回到NPV函数对话框，如图6-29所示。

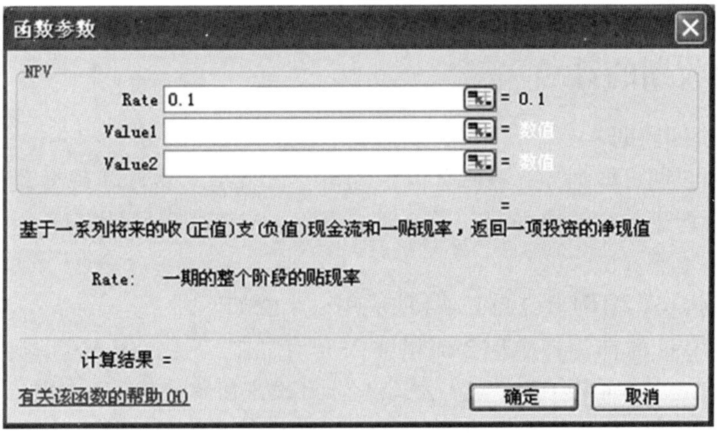

图6-28 函数计算净现值步骤3

（4）最后点击"确定"按钮。最后得到结果26142.0295元，这与第一种方法和手工计算结果是相同的。熟练以后也可以在单元格C2中直接输入"＝B2+NPV（10%，B3：B7）"，可得到同样的结果，如图6-30所示。

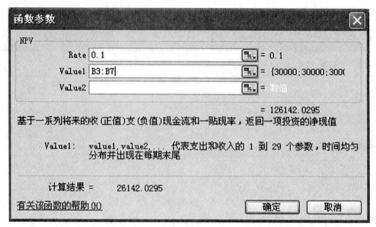

图6-29 函数计算净现值步骤4

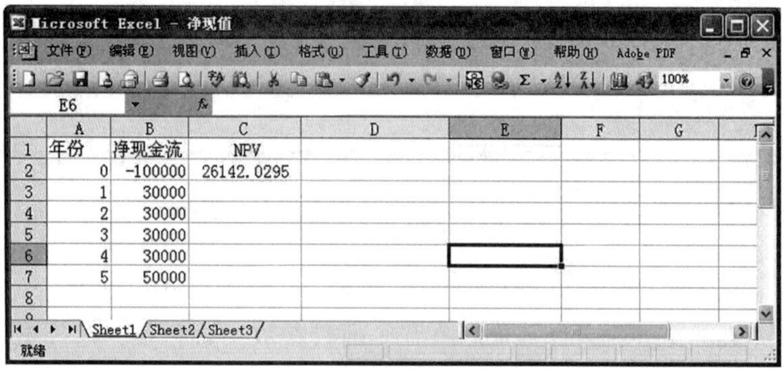

图6-30 函数计算净现值步骤5

二、投资回收期的计算

1. 静态投资回收期

静态投资回收期可根据累计净现金流量求得，也就是求累计净现金流量为零的时刻，此时项目投资所产生的收益恰好回收了前期的投资，应该介于累计净现金流量由负值转为正值的年份中。

下面以［例6-6］为例来说明Excel的应用。步骤如下。

（1）启动Excel软件，将净现金流量输入（或复制）到工作表中，计算累计净现金流量。具体做法是在单元格C2中输入公式："=B2"，在单元格C3中键入公式："=C2+B3"，然后拖动单元格右下角的复制柄（黑"+"字），直到单元格C7，如图6-31所示。

（2）在单元格D2中输入公式"=A6-1-C5/B6"，然后回车。单元格D2中显示的结果3.7年为静态投资回收期，这一结果与手工计算的结果相符，如图6-32所示。

2. 动态投资回收期

动态投资回收期同样用现金流量表中的累计净现金流量求得，只是这里的现金流量要考虑资金的时间价值。

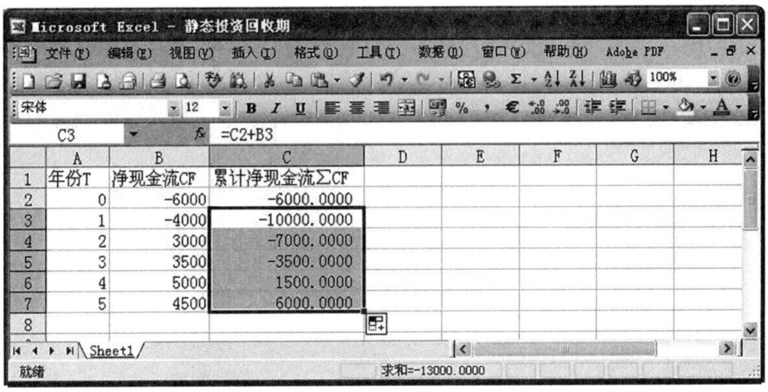

Microsoft Excel - 静态投资回收期

C3　=C2+B3

	A	B	C
1	年份T	净现金流CF	累计净现金流∑CF
2	0	-6000	-6000.0000
3	1	-4000	-10000.0000
4	2	3000	-7000.0000
5	3	3500	-3500.0000
6	4	5000	1500.0000
7	5	4500	6000.0000

求和=-13000.0000

图 6-31　静态投资回收期计算步骤 1

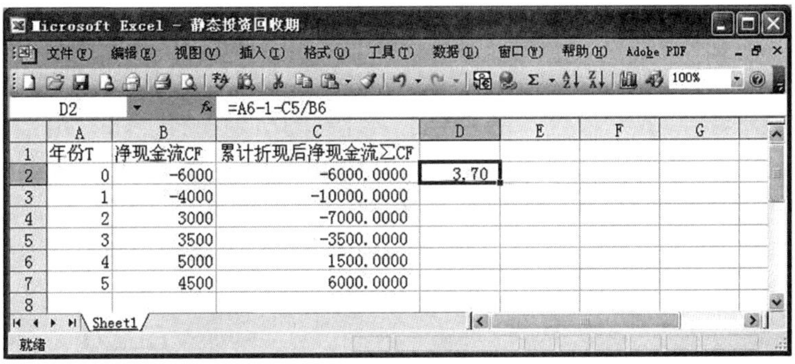

Microsoft Excel - 静态投资回收期

D2　=A6-1-C5/B6

	A	B	C	D
1	年份T	净现金流CF	累计折现后净现金流∑CF	
2	0	-6000	-6000.0000	3.70
3	1	-4000	-10000.0000	
4	2	3000	-7000.0000	
5	3	3500	-3500.0000	
6	4	5000	1500.0000	
7	5	4500	6000.0000	

图 6-32　静态投资回收期计算步骤 2

以［例 6-6］为例，计算项目的动态投资回收期。步骤如下。

（1）启动 Excel 软件，将净现金流量输入（或复制）到工作表中，计算净现金的折现值。具体做法是在单元格 C2 中输入公式：“=(1+0.1)^(-A2)”，然后拖动单元格右下角的复制柄直到单元格 C7，得到相应年份的折现系数。在单元格 D2 中键入公式：“=B2*C2”，拖动单元格右下角的复制柄直到单元格 D7，得各年折现后的净现金流量，如图 6-33。也可在 D2 单元格中直接调用 PV 函数，输入公式：“=*PV*（10%，A2，0，-B2，0）”，拖动单元格右下角的复制柄直到单元格 D7，可得到与图 6-33 同样结果。

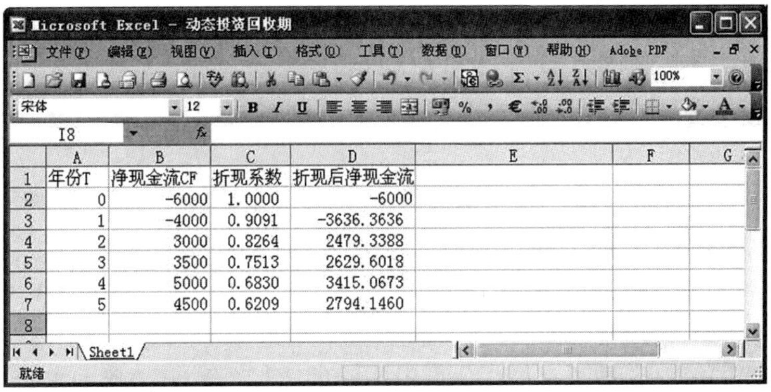

Microsoft Excel - 动态投资回收期

I8

	A	B	C	D
1	年份T	净现金流CF	折现系数	折现后净现金流
2	0	-6000	1.0000	-6000
3	1	-4000	0.9091	-3636.3636
4	2	3000	0.8264	2479.3388
5	3	3500	0.7513	2629.6018
6	4	5000	0.6830	3415.0673
7	5	4500	0.6209	2794.1460

图 6-33　动态投资回收期计算步骤 1

（2）在单元格 E2 中键入公式：“=D2”，在单元格 E3 中键入公式：“=E2+D3”，然后拖动单元格右下角的复制柄，直到单元格 E7，如图 6-34 所示。

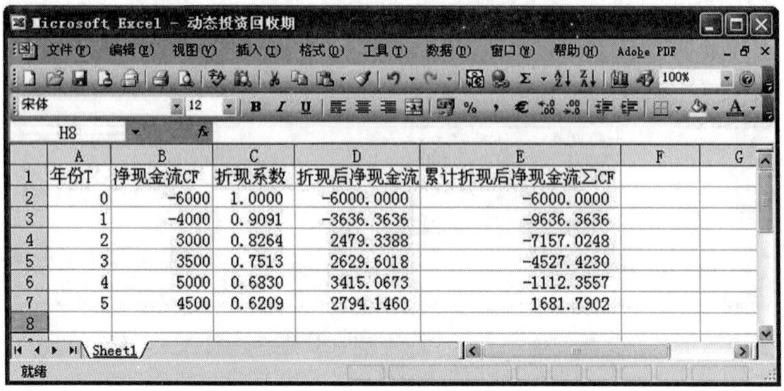

	A	B	C	D	E	F
1	年份T	净现金流CF	折现系数	折现后净现金流	累计折现后净现金流∑CF	
2	0	-6000	1.0000	-6000.0000	-6000.0000	
3	1	-4000	0.9091	-3636.3636	-9636.3636	
4	2	3000	0.8264	2479.3388	-7157.0248	
5	3	3500	0.7513	2629.6018	-4527.4230	
6	4	5000	0.6830	3415.0673	-1112.3557	
7	5	4500	0.6209	2794.1460	1681.7902	

图 6-34　动态投资回收期计算步骤 2

（3）在单元格 F2 中输入公式“=A7-1-E6/D7”，然后回车。单元格 F2 中显示的结果 4.40 年为动态投资回收期，这一结果与手工计算的结果相符，如图 6-35 所示。

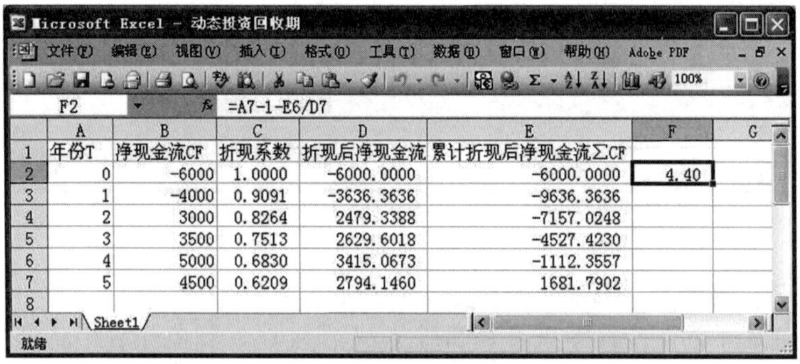

	A	B	C	D	E	F
1	年份T	净现金流CF	折现系数	折现后净现金流	累计折现后净现金流∑CF	
2	0	-6000	1.0000	-6000.0000	-6000.0000	4.40
3	1	-4000	0.9091	-3636.3636	-9636.3636	
4	2	3000	0.8264	2479.3388	-7157.0248	
5	3	3500	0.7513	2629.6018	-4527.4230	
6	4	5000	0.6830	3415.0673	-1112.3557	
7	5	4500	0.6209	2794.1460	1681.7902	

图 6-35　动态投资回收期计算步骤 3

三、内部收益率的计算

从前面的分析我们看到，运用线性插值法计算方案的内部收益率是一件非常复杂的工作，而利用 Excel 软件，就能非常方便地计算内部收益率。它的原理是从某一值开始，进行循环迭代计算，直至结果的精度达到 0.00001% 为止。求解内部收益率通常有两种方法，一是内部收益率函数 IRR，二是单变量求解。以［例 6-7］为例，说明内部收益率的求解。

（1）启动 Excel 软件，将净现金流量输入（或复制）到工作表中，如图 6-36 所示。激活单元格 C2，点击工具栏上的“f_x”按钮，弹出插入函数对话框。在选择类型下拉菜单中选择“全部”或“财务”，然后在下面的“选择函数”栏中选择“IRR”，最后点击对话框下端的“确定”按钮，如图 6-37 所示。

（2）在弹出的 IRR 函数对话框中，点击右端的图标，弹出“函数参数”选择框，拖动 B2 的虚线框到 B7，再点击右端的图标，回到 IRR 函数对话框，如图 6-38 所示。在大

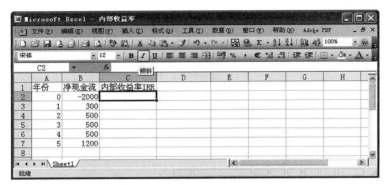

图 6-36　内部收益率计算步骤 1

图 6-37　内部收益率计算步骤 2

图 6-38　内部收益率计算步骤 3

多数情况下，并不需要为函数 IRR 的计算提供 Guess 值。如果省略 Guess，默认它为 0.1（10%）。如果函数 IRR 返回错误值#NUM!，或结果没有靠近期望值，可用另一个 Guess

值再试一次。该步骤也可简化为：直接在单元格 C2 中输入公式："=IRR（B2∶B7）"，然后回车。

（3）最后点击"确定"按钮，输出结果为 12.35%，与手工线性插值计算结果基本一致，如图 6-39 所示。

图 6-39　内部收益率计算步骤 4

下面介绍使用单变量求解的办法来计算内部收益率，具体步骤如下。

（1）启动 Excel 软件，将净现金流量输入（或复制）到工作表中，在单元格 C2 中先输入 10%，在 D2 单元格中输入公式："=（1+$D$2)^（-A2）"，如图 6-40 所示。然后

图 6-40　单变量求解内部收益率计算步骤 1

图 6-41　单变量求解内部收益率计算步骤 2

回车，得各年的折现系数，在 E2 单元格中输入公式"= B2 * D2"回车，当出现黑"+"字时，拖动其右下角的填充柄至单元格 E7，点击求和按钮"Σ"在单元格 E8 中得方案净现值，如图 6-41 所示。

（2）激活单元格 E8，在工具菜单中选择"单变量求解"，弹出单变量求解对话框，目标值为 0，拖动可变单元格右边的按钮选择 $ C $ 2，如图 6-42 所示。

（3）点击"确定"按钮，在 C2 单元格中给出的 12.35% 即为所求的内部收益率，如图 6-43 所示，这与调用 IRR 函数和手工计算的结果是一致的。

图 6-42 单变量求解内部
收益率计算步骤 3

图 6-43 单变量求解内部收益率计算步骤 4

思考与练习

1. 简述并比较动态投资回收期法、净现值法、内部收益率等方法的优缺点。

2. 针对同一投资项目，如何选择不同的指标进行评价？

3. 某技术方案的寿命期为 10 年，经计算其内部收益率恰好等于基准收益率，问该方案的净现值和动态投资回收期各为多少？为什么？

4. 投资方案的评价和选择中，只要方案的内部收益率大于基准贴现率，方案就是可取的，这个结论对吗？为什么？

5. 独立方案与互斥方案决策各有什么特点？

6. 求表 6-17 所列投资方案的静态和动态投资回收期。

7. 某项目各年净现金流量如表 6-18 所示。

（1）试用净现值指标判断项目的经济性；

（2）计算该项目方案的净现值率（i_0 =10%）。

表 6-17　　　　　　　　　　思考与练习 6 的现金流量表　　　　　　　　单位：万元

年份	0	1	2	3	4	5	6
净现金流量	-60	-40	30	50	50	50	50

表 6-18　　　　　　　　　　思考与练习 7 的现金流量表　　　　　　　　　单位：万元

项目 年限（年）	0	1	2	3	4 ~10
投资	30	750	150		
收入				675	1050
其他支出				450	675
净现金流量	-30	-750	-150	225	375

8. 某项目初始投资为 8 万元，在第一年末现金流入为 2 万元，第 2 年末现金流入为 3 万元，第 3、4 年末的现金流入均为 4 万元。计算该项目的净现值、净年值、净现值率、内部收益率、动态投资回收期。

9. 某人欲购置一台家用电冰箱。为满足同样的需要，有两种型号可供选择，已知其各项要素如表 6-19 所示，试选择方案。

表 6-19　　　　　　　　　　思考与练习 9 相关数据资料　　　　　　　　　单位：元

	购置费	年运行费	残值	寿命期
型号 A（A 方案）	2500	900	200	5
型号 B（B 方案）	3500	700	350	5

10. 某农村地区近年开发建设了一座新城。为了解决当地孩子的上学问题，提出了两个建校方案：
A 方案：在城镇中心建中心小学一座；
B 方案：在狭长形的城镇东西两部各建小学一座。
倘若 A、B 方案在接纳入学学生和教育水准方面并无实质差异，而在成本费用方面（包括投资、运作及学生路上往返时间价值等）如表 6-20 所示，应如何选择建校方案？

表 6-20　　　　　　　　　　思考与练习 10 两种方案相关资料　　　　　　　　　单位：万元

项目 年份	0	1 ~20 年
A 方案	1100	900
B 方案	3500	700

11. 某市可以花费 2950 万元设置一种新的交通格局。这种格局每年需要 50 万元的维护费，但每年可节省支付给交警的费用为 200 万元。驾驶汽车的人每年可节约相当于价值为 350 万元的时间，但是汽油费与运行费每年要增加 80 万元。基准收益率为 8%，项目经济寿命期为 20 年，无残值。试用 B-C 法判断该市是否应采用新的交通格局。

12. 表 6-21 为两个互斥方案的初始投资、年净收益及寿命期年限，试在基准折现率为 10% 的条件下选择最佳方案。

折现率 $i_0 = 12\%$ 时，试用内部收益率指标判断该项目在经济效果上是否可以接受。

13. 某项目净现值流量如表 6-22 所示。当基准

表 6-21　　　　　　　　　　思考与练习 12 方案的相关资料

方案	初始投资/万元	年净收益/万元	寿命期/年
A	100	40	4
B	200	53	6

表 6-22　　　　　　　　　　思考与练习 13 的相关资料　　　　　　　　单位：万元

年份	0	1	2	3	4	5
净现金流量	-100	20	30	20	40	40

14. 某企业现有若干互斥投资方案，有关数据如表 6-23 所示。

表 6-23　　　　　　　　　　思考与练习 14 各方案的相关资料　　　　　　　　单位：元

方案	初始投资	年净收益
A	2000	500
B	3000	900
C	4000	1100
D	5000	1380

以上各方案的寿命期均为 7 年，试问：

（1）当基准收益率为 10% 时，资金无限制，哪个方案最优？

（2）基准折现率在什么范围时，B 方案在经济上最佳？

15. 某投资公司计划进行投资，有三个独立方案 A、B、C 可供选择，A、B、C 三方案的投

资额分别为 200 万元、180 万元和 320 万元，净年值分别为 55 万元、40 万元和 73 万元，如果资金有限，不超过 600 万元投资，问如何选择方案？

16. 某制造厂考虑三个投资计划。在 5 年计划期中，这三个方案的现金流量情况如表 6-24 所示，该厂的最低期望收益率为 10%。

表 6-24　　　　　　　　　　思考与练习 16 各方案的相关资料　　　　　　　　单位：万元

方案	初始投资	年净收入（1~5 年）	残值
A	65000	18000	12000
B	58000	15000	10000
C	93000	23000	15000

（1）假如这三个计划是独立的，且资金没有限制，那么应如何选择方案？

（2）在（1）中，假定资金限制在 160000 万元，试选出最好的方案。

（3）假设计划 A、B、C 是互斥的，试用增

量内部收益率法来选出最合适的投资计划。

17. 某企业下属的 A、B、C 三个分厂提出了表 6-25 所列的技术改造方案。各分厂之间是相互独立的，而各分厂内部的技术改造方案是互斥的。

若各方案的寿命期均为 8 年，基准收益率为 12%，试问：

（1）若资金供应没有限制，应如何选择方案？

（2）当企业的投资额在 600 万元以内时，从整个企业角度出发，最有利的选择是什么？

（3）在与（2）同样的条件下，如果 B 分厂的方案必须投资，则如何选择？

表 6-25　　　　　　　　思考与练习 17 各分厂技改方案资料　　　　　　　　单位：万元

分厂	投资方案	初始投资	年净收益
A	A_1	100	40
	A_2	200	70
	A_3	300	90
B	B_1	100	20
	B_2	200	55
	B_3	300	75
	B_4	400	95
C	C_1	200	85
	C_2	300	100
	C_3	400	138

第七章

食品项目的不确定性分析

第一节　投资风险与不确定性概述

一、投资风险与不确定性的含义

技术经济分析评价，除了事后评价之外，绝大部分是对新建、扩建、改建项目的评价。评价的基础数据，大部分都来自于对未来的预测或估算，例如项目的建设期、投产期和生产期、项目的市场能力、产品产量、售价、成本以及投资等。这些估算的数据可能引起项目经济效益评价的不确定性、风险性，甚至造成决策的失误。投资项目的风险与不确定性是客观存在的，实践证明，人们对投资项目的分析与预测不可能与将来的实际情况完全吻合，因为投资活动所处的环境、条件及相关因素是变化发展的。项目评价所采用的数据大部分来自预测和估算，存在一定程度的不确定性。因此，为了提高投资决策的可靠性，减少决策时所承担的风险，就必须对投资项目的风险和不确定性进行正确的分析和评价。

从理论上讲，风险（risk）是指由于随机原因所引起的项目总体的实际价值与预期价值之间的差异。风险是对可能结果的描述，即决策者事先可能知道决策所有可能的结果，以及知道每一种结果出现的概率。因此，风险是可以通过数学分析方法来计量的。不确定性（uncertainty）是指决策者事先不知道决策的所有可能结果，或者虽然知道所有可能结果，但不知道它们出现的概率。技术方案的不确定性分析产生的直接原因是由于方案评价中所采用的各种数据与实际值出现偏差，如项目总投资、年销售收入、年经营成本、产量、设备残值、资本利率、税率等的变化对投资方案经济效益的影响，一般将未来可能变化的因素对投资方案效果的影响分析统称为不确定性分析（uncertainty analysis）。

为了评价项目能否经受各种风险（例如投资超支、建设期延长、生产能力达不到设计要求、生产成本上升、市场需求变化及产品销售价格波动等），需要在对项目经济效益评价的基础上，进一步做不确定性分析。分析不确定因素在什么范围内变化，看这些因素的变化对项目的经济效益影响程度如何。通过综合分析，接受或拒绝投资建议，或对原投资项目进行修改，以做出切合实际的投资决策。

另外，通过不确定性分析可以预测项目投资对不可预见的政治与经济风险的抗冲击能力，从而说明建设项目的可靠性和稳定性，尽量弄清和减少不确定因素对建设项目经济效益的影响，避免投产后不能获得预期利润和收益的情况发生，避免企业出现亏损。

二、技术经济活动中的不确定性因素

技术经济活动按照其操作过程的不同，可以划分为两大类：一类是生产性投资，指导与维护和扩充企业现有生产能力有关的投资行为，如购置生产设备、兴建工厂等；另一类是金融性投资，主要包括股票、债券、票据等求偿权的投资，又称为证券投资。由于这两类投资在实际中所面临的变动因素有所不同，因此其投资风险也有所差别。本部分重点分析企业生产性投资的风险因素，即通常所说的不确定性分析涉及的问题。

产生不确定性因素的原因很多，一般有以下几个方面。

1. 通货膨胀和物价的变动（通胀）

投入和产出的价格是影响投资项目经济效益的最基本的因素。在任何一个国家，货币的价值都不是固定的，它通常是随着时间的增长而降低。而项目寿命一般长达一二十年，投入产出价格不可能固定不变，投资者必然要承担物价上涨、货币贬值的风险。不但项目的工程造价不易确定，而且当项目的产品在今后市场上有激烈的竞争时，还可能引起销售价格的变动。因为，在竞争的市场上，如果不降低销售价格，就可能影响产品销售量，也同样降低项目的经济效益。这样，通货膨胀和物价的变动，就直接影响到项目未来的技术经济效益。对这些因素不加考虑，就必然使评价人员预测的情况与未来实际情况有出入，这是造成不确定性因素的主要原因。

2. 技术装备、生产工艺变革和项目经济寿命的变动（技术）

在预测项目的收益水平时，许多指标都是以项目经济寿命作为计算基础的，如净现值、内部收益率等。在评价项目时，所采用的技术和工艺路线都是现时比较成熟和比较有把握的技术和工艺路线。但随着科学技术的不断进步，生产工艺的不断变革，项目所采用的一些技术、设备很可能提前老化，从而使项目的经济寿命期提前结束。同时，随着生产需求的变化，也会使项目的产品生命周期提前结束，从而缩短项目经济寿命期。项目经济寿命期的缩短，无疑会减少项目的收益。

3. 生产能力和销售量的变动（产能）

在评价项目时，现行《建设项目经济评价方法与参数》要求我们采用设计生产能力进行计算，而在实际生产中，达不到设计生产能力或者超过设计生产能力是经常存在的。由于原材料、动力、生产用水的供应，运输设备的配套，对技术的掌握程度和管理水平高低等因素的影响，项目的生产能力有可能达不到设计能力，从而对项目的经济效益产生影响。如果项目投产后没有可靠的市场销路，那么也达不到设计的生产能力，造成项目的半停工状态。如果建设项目的生产能力达不到预期水平，则产品的成本必然升高，销售收入必然下降，其他各种经济效益当然也就随之改变或达不到预期效果。这样也造成了项目未来的不确定性。

4. 建设资金和工期的变化（资金和工期）

在进行可行性研究和评估项目的过程中，建设资金的估算与筹措对项目经济效益影响较大。目前，存在着过低估算建设资金的现象，以求项目获得国家或地方政府审批、通过、上马。建设资金估算偏低，投资安排不足，就必须延长建设工期，推迟投产时间，增加建设资金和利息。这样，当然就引起总投资增大，经营成本和各种收益的变化。同时，建设工期延长，在计算现金流量时，对项目的经济效益是十分不利的，因为资金的折现系数是逐年递减的。因而，建设资金的估算或工期的变化，是项目评价时的不确定因素。

5. 国家经济政策和法规的变化

经济政策随着国家经济形势的发展和需要，每个时期都有每个时期的政策，变化是不可避免的。这些变化对项目可行性研究或评估人员是无法预测和不能控制的。这些因素的变化，不仅是不确定因素的源泉，而且还可能给项目的建设带来很大的风险。

三、不确定性分析方法的类型与步骤

为了评价不确定性因素对技术方案经济效果的影响，通常采用盈亏平衡分析、敏感性分析和概率分析等分析方法。其中：盈亏平衡分析只用于财务评价，敏感性分析和概率分析可同时用于财务评价和国民经济评价。国家发改委编写的《建设项目经济评价方法与参数》中指出，项目经济评价中应进行盈亏平衡分析和敏感性分析，根据项目特点和实际需要，有条件时应进行概率分析。

不确定性分析的一般步骤如下。

1. 鉴别主要不确定性因素

不同的不确定性因素对投资项目的影响程度是不同的。因此，在开始分析时，首先要从各个变量及其相关因素中，找出不确定程度较大的关键变量或因素。这些变量和因素是不确定性分析的重点。常见的主要不确定性因素有销售收入、生产成本、投资支出和建设工期等。引起它们变化的原因一般为：物价上涨，工艺技术改变导致产品数量和质量变化，达不到设计生产能力，投资超出计划，建设期延长等。

2. 估计不确定性因素的变化范围，进行初步分析

找出主要的不确定性因素，估计其变化范围，确定其边界值或变化率，也可先进行盈亏平衡分析。

3. 进行敏感性分析

对不确定性因素进行敏感性分析，找出方案的敏感性因素，分析其对投资项目的影响程度。

4. 进行概率分析

对不确定性因素发生变动的可能性及其对方案经济效益的影响进行评价。

第二节　盈亏平衡分析

一、盈亏平衡分析概述

项目的盈利和亏损有个转折点，称为盈亏平衡点（break even point，BEP），在这一点上销售收入等于生产成本。盈亏平衡分析是指在一定市场、生产能力和经营管理条件下，依据方案的成本与收益相平衡的原则，确定方案的产量、成本与利润之间变化与平衡关系的方法。当方案的收益与成本相等时（即盈利与亏损的转折点），就是盈亏平衡点。盈亏平衡分析就是要找出方案的盈亏平衡点。盈亏平衡点越低，方案盈利的可能性就越大，亏损的可能性就越小，因而方案有较大的抗经营风险的能力。由于盈亏平衡分析是分析产量（销量）、成本与利润之间的关系，故又称为量本利分析。

盈亏平衡点的表达形式有多种。它可以用绝对量表达：产量、单位产品售价、单位产品可变成本、年总固定成本。也可以用相对值表达：如生产能力利用率（盈亏平衡点率）

等。其中以产量和生产能力利用率表示的盈亏平衡点应用最为广泛。根据生产成本及销售收入与产量（销售量）之间是否呈线性关系，盈亏平衡分析又可分为线性盈亏平衡分析和非线性盈亏平衡分析。

盈亏平衡分析是以下列基本假设条件为前提的。

（1）所采用的数据是投资方案在达到设计生产能力时的数据，这里不考虑资金的时间价值及其他因素；

（2）产品品种结构稳定，否则，随着产品品种结构的变化，收益和成本会相应变化，从而使盈亏平衡点处于不断变化之中，难以进行盈亏平衡分析；

（3）在进行盈亏平衡分析时，假定生产量等于销售量，即产销平衡。

二、线性盈亏平衡分析

1. 线性盈亏平衡分析的前提条件

（1）产量等于销售量；

（2）产量变化，单位产品成本不变，总生产成本是产量的线性函数；

（3）产量变化，销售单价不变，销售收入是销售量的线性函数；

（4）只生产单一产品，或者生产多种产品，但可以换算为单一产品计算。

以上条件满足时，方可进行线性盈亏平衡分析。

2. 销售收入、成本费用与产品产量的关系

（1）销售收入与产量的关系　线性盈亏平衡分析的前提是按销售组织生产，产品销售量等于产品产量。由于其销售价格不变，销售收入与产量之间的关系为：

$$TR = P \times Q \tag{7-1}$$

式中　TR——销售收入；

P——单位产品价格（不含税）；

Q——产品销售量。

（2）成本与产量的关系　方案或项目投产后，生产和销售产品的总成本费用为 TC。为进行盈亏平衡分析，必须将生产成本分为固定成本 F 和可变成本 V 两部分。固定成本是指在一定的生产规模限度内不随产量的变化而变动的费用；可变成本是指随产品产量的变动而变化的费用。需要说明的是，大部分的变动成本与产量是呈正比例关系的；还有一部分变动成本与产量不呈严格的正比例关系，如生产工人工资中的附加工资、某些工艺的能耗费用、运输费、维修费等，这部分变动成本随产量变动的规律一般呈阶梯形曲线，通常称这部分的变动成本为半可变成本。在盈亏平衡分析时，应将半可变成本进一步分解为固定成本和可变成本两部分。

将总成本划分为固定成本和可变成本的原则是：①凡与产量增减呈正比变化的费用，如原材料消耗、直接生产用辅助材料、燃料、动力等应划分为可变成本；②凡与产量增减无关的费用，如折旧及摊销费、修理费、辅助人员工资等应划分为固定成本；③对于某些辅助材料、非直接生产动力消耗、直接生产人员工资等，虽与产量增减有关，但又非呈比例变化的半可变成本，通过适当的方法，近似地将其划分为固定成本和可变成本。因此，总成本费用与产量之间的关系为：

$$TC = F + V = F + C_v \times Q \tag{7-2}$$

式中　TC——总成本费用；

　　　F——固定成本；

　　　C_v——单位可变成本；

　　　Q——产品销售量。

3. 线性平衡分析方法

设 TR 表示销售收入，TC 表示总成本费用，Q 表示产量（销售量），P 表示产品销售单价，F 表示总固定成本，C_v 表示单位可变成本，Q_c 表示设计生产能力。

则表征盈亏平衡的指标主要如下。

（1）盈亏平衡产量 Q^*　根据盈亏平衡点的含义，当项目或方案达到盈亏平衡状态时，总成本费用（TC）等于总销售收入（TR），即：

$$TR = TC \tag{7-3}$$

结合式（7-1）、式（7-2），以 Q^* 表示项目盈亏平衡点的产量，由 $PQ^* = F + C_v Q^*$ 得：

$$Q^* = \frac{F}{P - C_v} \tag{7-4}$$

这是项目必需的最低产量，否则要亏本。值得指出的是，盈亏平衡产量不是一成不变的。若单位产品变动成本提高，或产品售价降低，都会导致盈亏平衡点 BEP 右移，即盈亏平衡产量提高。以上以产量为不确定因素的线性盈亏平衡分析如图 7-1 所示。

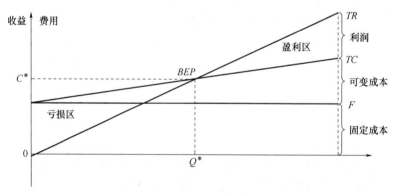

图 7-1　产量线性盈亏平衡图

（2）生产能力利用率 q^*

$$q^* = \frac{Q^*}{Q_c} = \frac{F}{(P - C_v) Q_c} \tag{7-5}$$

$$q^* = \frac{\text{年固定成本}}{\text{按设计生产能力产销的（年销售收入-年总可变成本-年销售税金及附加）}}$$

生产能力利用率应用广泛。以上两种计算方法，更常用的方法是，先计算盈亏平衡产量，再计算生产能力利用率。当未来产品的固定成本、可变成本、售价都与预测相同时，如果生产能力利用率低于 q^*，则项目亏损；高于 q^*，则项目盈利；等于 q^*，则不亏不盈。一般认为，当 $q^* < 70\%$ 时，项目已具备相当的承受风险能力。

（3）盈亏平衡单位产品售价 P^*　如果按照设计生产能力 Q_c 进行生产，则盈亏平衡时的单位产品变动成本为：

$$P^* = C_v + \frac{F}{Q_c} \tag{7-6}$$

显然产量越大，固定成本分摊在每个单位产品上的成本越小，那么产品售价就可以越低。因此按照设计生产能力进行生产时，可以使单位产品总成本做到最低。因此该盈亏平衡价格，也是项目可以容忍的项目最低产品售价。如果单位售价低于 P^*，则项目必定亏损，因为无法继续扩大生产规模以降低成本。若单位售价高于 P^*，则项目盈利；变动前后的收入曲线变化如图 7-2 所示。

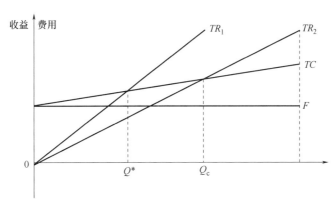

图 7-2　变动前后的收入曲线（TR_1 变动前，　TR_2 变动后）

（4）盈亏平衡单位可变成本 C_v^*　由式（7-6）可得：

$$C_v^* = P - \frac{F}{Q_c} \tag{7-7}$$

同理，C_v^* 为项目可接受的最大"单位产品可变成本"，这是成本曲线斜率的最大可能值。此时的盈亏平衡产量就是设计生产能力 Q_c。若 $C_v < C_v^*$，则项目可以盈利，否则项目亏损。

（5）盈亏平衡固定成本 F^*　同理可得：

$$F^* = (P - C_v) Q_c \tag{7-8}$$

F^* 是项目可以接受的最大固定成本。每个单位的产品销售收入 P 除了弥补 C_v，都用来弥补固定成本 F。那么当产量达到设计生产能力时（也就是最大生产能力），固定成本也达到了能忍受的最大程度 F^*，线性盈亏平衡点的含义见表 7-1。

表 7-1　　　　　　　　　　　线性盈亏平衡点的含义

盈亏平衡点	公式	含义	盈亏平衡点（比值）	（1-比值）的含义
产量 Q^*	$\dfrac{F}{P - C_v}$	可接受最低产量	$\dfrac{Q^*}{Q_c} = \dfrac{F}{(P - C_v) Q_c}$	盈利空间占 Q_c 的百分比
价格 P^*	$C_v + \dfrac{F}{Q_c}$	可接受最低价格	$\dfrac{P^*}{P} = \dfrac{C_v Q_c + F}{P Q_c}$	价格可降低的幅度
单位可变成本 C_v^*	$P - \dfrac{F}{Q_c}$	可接受最高单位可变成本	$\dfrac{C_v^*}{C_v} = \dfrac{P Q_c - F}{C_v Q_c}$	单位可变成本可上升的幅度
固定成本 F^*	$(P - C_v) Q_c$	可接受最高固定成本	$\dfrac{F^*}{F} = \dfrac{(P - C_v) Q_c}{F}$	固定成本可上升的幅度

可见盈亏平衡点（比值）大小各不相同，含义各不相同。

（6）项目安全率 项目安全率可反映投资项目对外部条件变化的风险承受能力。其表达式为：

$$f = \frac{Q - Q^*}{Q} \times 100\% \tag{7-9}$$

式中 f——项目安全率；

Q——项目实际生产量（销售量）；

Q^*——项目盈亏平衡点产量（销量）。

显然，f 值越大，项目的风险承受能力越强。可参考表 7-2 中数值对项目的风险承受能力进行评判。

表 7-2　项目安全率

安全率	≥30%	30%~25%	25%~15%	15%~10%	<10%
安全状况	安全	较安全	不很安全	要谨慎	危险

[例 7-1] 某食品项目方案总产量为 6000t，产品售价为 1468 元/t，其固定成本为 1430000 元，单位变动成本为 930 元/t。假定量本利之间的关系均为线性关系，试求平衡点和允许降低（增加）率。

解：$Q^* = \dfrac{F}{P - C_v} = \dfrac{1430000}{1468 - 930} = 2658$（t）

$q^* = \dfrac{Q^*}{Q_C} = \dfrac{2658}{6000} = 44.30\% < 70\%$，故项目相当安全。

$P^* = C_V + F/Q_C = 930 + 1430000/6000 = 1168.34$（元/t）

$C_v^* = P - F/Q_C = 1468 - 1430000/6000 = 1129.66$（元/t）

$F^* = Q_C(P - C_V) = 6000 \times (1468 - 930) = 3228000$（元）

用相对值表示：

$P^*/P = 1168.34/1468 = 79.59\%$，

$C_v^*/C_v = 1129.66/930 = 121.47\%$

$F^*/F = 3228000/1430000 = 225.73\%$

表 7-3　盈亏平衡点及允许降低（增加）率表

盈亏平衡点	产量	售价	单位变动成本	年固定成本
BEP(用绝对值表示)	2658t	1168.34 元/t	1129.66 元/t	3228000 元
BEP(用相对值表示)	44.30%	79.59%	121.47%	225.73%
允许降低(增加)率	55.70%	20.41%	-21.47%	-125.73%

由表 7-3 可见，当其他条件不变时，产量可允许降低到 2658t，低于这个产量，项目就会发生亏损，即此项目在产量上有 55.70% 的余地。同样在售价上也可降低 20.41% 而不致亏损。单位产品变动成本允许上升到 1129.66 元/t，即可比原来的 930 元/t 上升 21.47%。年固定费用最高允许到 322.8 万元，即可以允许上升 125.73%。

通过上面的分析和相对值比较，可将产量、产品售价、单位产品变动成本、固定成本对项目盈亏的影响程度由大到小排序，结果为：①产品售价；②单位产品变动成本；③产量；④年固定成本。

（7）线性盈亏平衡分析在项目财务评价中的应用　建设项目财务评价中，盈亏平衡点通常根据正常生产年份的：产品产量（销售量）、变动成本、固定成本、产品价格和销售税金及附加等数据计算，用生产能力利用率或产量表示。其计算公式为：

$$盈亏平衡产量 = \frac{年固定总成本}{单位产品价格 - 单位产品变动成本 - 单位产品销售税金及附加}$$

$$盈亏平衡生产能力利用率 = \frac{盈亏平衡产量}{设计生产能力}$$

$$= \frac{年固定总成本}{年产品销售收入 - 年可变总成本 - 年销售税金及附加}$$

盈亏平衡点越低，表明项目适应市场变化的能力越大，抗风险能力越强。

[例7-2]　某食品项目拟年产某产品 10 万箱，销售价格为 800 元/箱，单位产品可变成本为 290 元，年固定成本为 1800 万元，每件产品应缴销售税金及附加 100 元。试进行盈亏平衡分析。

解： BEP（产量）$= \dfrac{1800}{800 - 290 - 100} = 4.39$ 万箱

BEP（生产能力利用率）$= \dfrac{4.39}{10} \times 100\% = 43.9\% < 70\%$，说明项目具有很强的抗风险能力。

（8）考虑税金情况下的盈亏平衡分析　在考虑税金及附加时，设单位产品销售税金及附加为 T，则有：

$$Q^* = \frac{F}{P - C_v - T} \text{ 或 } Q^* = \frac{F}{P(1-r) - C_v} \tag{7-10}$$

式中　T——单位产品销售税金及附加；

　　　r——产品销售税率。

[例7-3]　某食品项目生产某种产品年设计生产能力为 3 万件/年，单位产品价格为 3000 元/件，总成本为 7800 万元，其中固定成本 3000 万元，总变动成本与产销量成正比，销售税率为 5%。求以产量、生产能力利用率、销售价格、单位产品变动成本表示的盈亏平衡点。

解：（1）盈亏平衡点产量，首先计算单位产品变动成本

$$C_v = \frac{TC - F}{Q_c} = \frac{7800 - 3000}{3} = 1600 \text{（元/件）}$$

$$Q^* = \frac{F}{P(1-r) - C_v} = \frac{3000}{3000(1 - 5\%) - 1600} = 2.4 \text{（万件）}$$

（2）盈亏平衡点生产能力利用率为

$$q^* = \frac{Q^*}{Q_c} \times 100\% = \frac{2.4}{3} \times 100\% = 80\%$$

（3）盈亏平衡销售价格

$$P^*(1-r) = C_v + \frac{F}{Q_c} \Rightarrow P^* = \frac{C_v Q_c + F}{Q_c(1-r)} = \frac{1600 \times 3 + 3000}{3(1 - 5\%)} = 2736.8 \text{（元/件）}$$

（4）盈亏平衡点单位产品变动成本

$$C_v^* = P(1-r) - \frac{F}{Q_c} = 3000(1-5\%) - \frac{3000}{3} = 1850 \text{（元／件）}$$

通过以上分析可知，在考虑税金的情况下，只要将无税金时各公式中的 P 换为 $P(1-r)$ 即可。

（9）成本结构与经营风险的关系　销售量、产品价格及单位产品变动成本等不确定因素发生变动时，引起项目赢利额的波动称为项目的经营风险（business risk）。由销售量及单位产品变动成本的变动引起的经营风险与项目固定成本所占的比例有关。

设产销量为 Q_0，年总成本为 TC_0 不变，固定成本与总成本费用的比例为 $S\left(S = \frac{F}{TC_0}\right)$。

此时的单位产品变动成本为 $C_v = \dfrac{TC_0 - F}{Q_0} = \dfrac{TC_0 - TC_0 S}{Q_0} = \dfrac{TC_0(1-S)}{Q_0}$

盈亏平衡产量为 $Q^* = \dfrac{F}{P-C_v} = \dfrac{TC_0 S}{P - \dfrac{TC_0(1-S)}{Q_0}} = \dfrac{Q_0 TC_0}{\dfrac{1}{S}(PQ_0 - TC_0) + TC_0}$

盈亏平衡单位产品变动成本 $C_v^* = P - \dfrac{F}{Q_0} = P - \dfrac{TC_0 S}{Q_0}$

可知，S 越大盈亏平衡产量越高，盈亏平衡单位产品变动成本越低。这些都会导致项目面对不确定因素的变动时发生亏损的可能性增大。

S 提高的过程也可以用图 7-3 表示。依据假设，总成本 TC_0 和总产量 Q_0 不变，而固定成本在总成本中所占的比重 S 增大，成本曲线截距将提高，由 TC_1 变为了 TC_2。很明显，此时的盈亏平衡产量由 Q_1^* 增大到了 Q_2^*，而斜率也就是单位产品可变成本将变小，经营风险随之加大。

设项目的年净收益为 MR，对应于预期的固定成本和单位产品变动成本有：

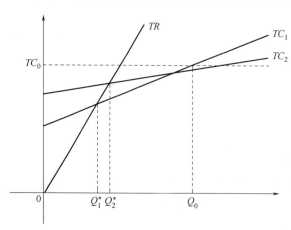

图 7-3　固定成本占总成本比例变化示意图

$$MR = PQ - F - C_v Q = PQ - TC_0 S - \frac{TC_0(1-S)}{Q_0} Q$$

$$\frac{\mathrm{d}(MR)}{\mathrm{d}Q} = P - \frac{TC_0(1-S)}{Q_0} = \left(P - \frac{C_0}{Q_0}\right) + \frac{C_0}{Q_0} S$$

当销售量发生变动时，S 越大，年净收益的变化率越大。也就是说，固定成本的存在扩大了项目的经营风险，固定成本占总成本的比例越大，这种扩大作用越强，这种现象称为经营杠杆效应（operating leverage）。

固定成本占总成本的比例取决于产品生产的技术要求及工艺设备的选择。一般来说，资金密集型的项目固定成本占总成本的比例比较高，因而经营风险也比较大。

三、非线性盈亏平衡分析

在实际工作中常常会遇到产品的年总成本与产量不成线性关系，产品的销售价格会受市场供求变化和批量大小的影响，因而销售收入与产量也不呈线性关系。这时，就要采用非线性盈亏平衡分析法。

造成总生产成本与产量不再保持线性关系的原因有：当生产扩大到某一限度后，用正常价格获得的原料、动力等已不能保证满足供应，必须付出较高的代价才能获得；设备超负荷运行，会带来磨损的加剧、寿命的缩短和维修费用的增加；正常的生产班次已不能完成生产任务，不得不采用加班加点办法，因而会增大劳务费用。这些情况，都会使年总生产成本 C 与产量 Q 的关系由线性变成非线性关系。

当产量、成本和盈利之间为非线性关系时，可能有若干个盈亏平衡点，一般把最大的盈亏平衡产量叫做盈利限制点。意即超过该点就不可能盈利。

比较常见的非线性盈亏平衡分析是二次曲线型。

设　　　　　$\begin{cases} P = g - hQ \\ C_v = a + bQ \end{cases}$　　　　　(7-11)

其经济解释为：①当产量增加时，降低价格渴望薄利多销；②由于产量增加，设备维修费用及运行费用、生产工人累进计件工资会适当增加，进而导致单位变动成本提高。

[**例 7-4**]　某厂生产压力锅，每台单价为 300 元，且每多销售一台则单价降低 0.03 元。固定成本 180000 元。单位产品变动成本为 100 元，且每多生产一台就增加 0.01 元。求盈亏平衡点产销量、最大利润时产销量以及最大利润额？

解：由题意可得 $\begin{cases} P = 300 - 0.03Q \\ C_V = 100 + 0.01Q \end{cases}$ 及 $\begin{cases} 销售收入\ TR = (300 - 0.03Q)Q \\ 总成本\ TC = 18000 + (100 + 0.01Q)Q \end{cases}$

利润总额 $M = TR - TC = (300 - 0.03Q)Q - [18000 + (100 + 0.01Q)Q]$

$\qquad\qquad = -0.04Q^2 + 200Q - 180000$　　（显然这是一个二次曲线）

盈亏平衡时有：$(300 - 0.03Q)Q = 180000 + (100 + 0.01Q)Q$

解得：$Q_1^* = 1175$，$Q_2^* = 3825$，

$$Q_{\text{max}M} = \frac{Q_1^* + Q_2^*}{2} = 2500\ 元$$

即，当产销量为 2500 时利润总额最大。

四、优劣盈亏平衡分析

优劣盈亏平衡分析也叫互斥方案盈亏平衡分析。通常用于多方案费用的比选，现通过例子来说明。

[**例 7-5**]　建设某食品工程项目有三种方案：第一种，从国外引进，固定成本 800 万元，单位可变成本为 10；第二种，采用一般国产自动化装置，固定成本 500 万元，单位可变成本为 12 元；第三种，采用低自动化程度国产设备，固定成本 300 万元，单位可变成本 15 元。试比较不同生产规模下的方案选择。

解：各方案总成本函数为：

$$TC_1 = F_1 + C_{V1}Q = 800 + 10Q$$
$$TC_2 = F_2 + C_{V2}Q = 500 + 12Q$$
$$TC_3 = F_3 + C_{V3}Q = 300 + 15Q$$

可以看出三个方案的总成本都是产量单一变量的函数。各方案的总成本曲线如图7-4所示。

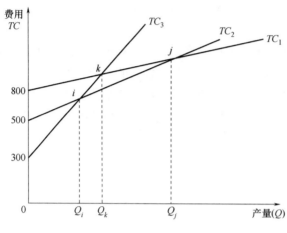

图7-4　三个方案优劣盈亏分析图

三条曲线两两相交于点 i、k、j，对应的产量为 Q_i、Q_j、Q_k

解之得 $Q_i = 66.7$（万件），$Q_j = 150$（万件），所以有：

当产量 $Q > 150$ 万件时，选取方案1；当产量 $66.7 < Q \leqslant 150$ 万件时，选取方案2；当产量 $Q \leqslant 66.7$ 万件时，选取方案3。

[例7-6]　某食品企业为加工一种产品，有 A、B 两种设备可供选用，两台设备及加工费如表7-4所示。试问：

（1）若基准折现率为12%，使用年限均为8年，年产量为多少时选 A 设备？

（2）若基准折现率为12%，年产量均为13000件，设备使用年限多长时，选 A 设备？

表7-4　　　　　　　　　　　A、B 两设备的投资及加工费

设备代号	初始投资/万元	加工费/（元/件）
A	2000	800
B	3000	600

解：（1）当年产量满足下列不等式时选用 A 设备

$$2000 + 0.08Q\ (P/A,\ 12\%,\ 8) < 3000 + 0.06Q\ (P/A,\ 12\%,\ 8)$$

解得 $Q < 10065$，即当年产量小于 10065 件时，选 A 设备有利。

（2）当使用年限满足下列不等式时选用 A 设备

$$2000 + 800 \times 1.3 \times (P/A,\ 12\%,\ n) < 3000 + 600 \times 1.3 \times (P/A,\ 12\%,\ n)$$

解得 $(P/A,\ 12\%,\ n) \leqslant 3.846$，查表利用线性插值可得，$n \leqslant 5.46$。即当使用年限小于5年时，选 A 设备有利。

五、盈亏平衡分析的优缺点

在某些经济数据（如总投资、收益率等）还不易确定的时候，用盈亏平衡分析法粗略地对高度敏感的产量、售价、成本和利润等因素进行分析，会有助于确定项目的各项经济指标，了解项目可能承担风险的程度。

盈亏平衡分析的缺点有两个，一是它建立在生产量等于销售量的基础上，即产品能销完而无积压。二是它所用的一些数据是以类似项目正常生产年份的历史数据修正得出的，

其精确度不高。因此，盈亏平衡分析法最适合用于现有项目的短期分析。由于建设项目是一个长期的过程，所以用盈亏平衡分析法很难得到一个全面的结论。

尽管盈亏平衡分析有上述缺点，但由于它计算简单和可直接对项目的关键因素进行分析，因此，至今仍作为项目不确定性分析的方法之一而被广泛地采用。

第三节　敏感性分析

一、敏感性分析的基本概念

敏感性分析（sensitivity analysis），又称敏感度分析，主要用于分析各不确定性因素对方案经济效果的影响程度。我们把不确定性因素当中对方案经济效果影响程度较大的因素，称之为敏感性因素（sensitivity factor）。

如果一个不确定因素的较大变化所引起的经济评价指标变化幅度并不大，则称其为非敏感性因素；如果某不确定因素的微小变化会引起经济评价指标很大的变化，对项目经济评价的可靠性产生很大的影响，则称其为敏感性因素。敏感性分析的目的就是通过分析与预测影响投资项目经济效果的主要因素，找出其敏感性因素，并确定其敏感程度，判断项目对不确定性因素的承受能力，从而对项目风险的大小进行估计，为投资决策提供依据。

二、敏感性分析的作用

1. 有助于提高项目经济评价的可靠性

通过敏感性分析，找到影响项目经济效益的最主要因素，项目分析人员就可以有针对性的对这些因素进行深入调研，尽可能减少误差，提高项目经济评价的可靠性。

2. 有助于控制项目风险

敏感性因素是项目风险产生的根源，敏感性分析有助于找出这些敏感性因素，从而使决策者全面掌握项目的盈利能力和潜在风险。并在实际执行中对敏感因素加以控制，降低项目的风险。

3. 有助于确定敏感因素的可接受变化范围

对于把握不大的预测数据，如未来价格，可以通过敏感性分析确定其在多大范围内变化，而不至于产生严重影响。

4. 有助于评价项目风险和经济效果

通过敏感性分析，决策者可以掌握各个不确定因素对经济评价指标影响的程度，在对不确定因素变化进行预测、判断的基础上，对项目的经济效果作进一步的判断。同时通过分析项目对不确定因素的承受能力，对项目风险的大小进行估计。

5. 有助于方案比选

敏感性分析的结论可以帮助决策者根据自己对风险程度的偏好，在诸多可行方案中选择经济回报与所要承担的风险相当的投资方案。

三、敏感性分析的步骤

1. 确定分析指标

分析指标，就是指敏感性分析时采用的经济评价指标。一般选取净现值、净年值、内部收益率作为评价指标，必要时对投资回收期或借款偿还期作为评价指标。指标的选取随分析的目的和阶段的不同而不同。

如果主要分析方案投资回收快慢，则可选用投资回收期；如果主要分析产品价格波动对方案超额净收益的影响，则可选用净现值指标；如果主要分析投资大小对方案资金回收能力的影响，则可选用内部收益率指标。

如果是在方案机会研究阶段，深度要求不高，可选用静态的评价指标；如果是在详细可行性研究阶段，则需选用动态的评价指标。

2. 选择不确定因素

我们不可能也没必要对全部不确定因素逐个进行分析。选取敏感性因素时应遵循以下原则：①该因素确有可能对项目的经济效益有较大影响；②该因素确有可能在项目寿命期内发生较大变化；③该因素确实不容易准确预测。

例如，高档消费品，如干酪、名贵烟酒、海鲜等，其销售受市场供求关系变化的影响较大，而这种变化不是项目本身所能控制的，因此销售量是主要的不确定性因素。生活必需品如果处于成熟阶段，产品售价直接影响其竞争力，能否以较低的价格销售，主要决定于方案的变动成本，因此变动成本就作为主要的不确定性因素加以分析。对高耗能产品，燃料、动力等价格是能源短缺地区投资方案或能源价格变动较大方案的主要不确定性因素。

可能的敏感性因素一般有：①销售量；②售价；③经营成本；④项目的建设年限、投产期限及达产期限；⑤折现率；⑥项目投资，包括固定资产投资和流动资金投资。

3. 计算不确定性因素变动对指标的影响程度，寻找敏感性因素

即固定其他不确定因素，变动某一个或某几个因素，计算经济效果指标值。判别敏感因素的方法有以下三种。

（1）相对测定法（变动幅度测定法） 首先令所有因素的取值均与确定性分析时采用的数值一样，然后每次以同样的幅度（增减的百分比）变动（在令某个因素变动时，假定其他因素保持在确定性分析时的取值而不动）一个不确定因素的取值，重新计算经济评价指标值，使经济评价指标值有较大幅度变化的，就是敏感性因素。

（2）绝对值测定法（悲观值测定法） 首先令所有因素的取值均与确定性分析时采用的数值一样，然后每次变动且只变动一个不确定性因素，并取其可能出现的对方案最不利的数值（悲观值），据此计算项目方案的经济效益评价指标，看其是否达到使方案变得无法被接受的程度，若某因素可能出现的最不利的数值会使方案变得不可接受，则表明该因素就是敏感性因素（方案能否接受判断依据是经济效益指标能否达到临界值）。

（3）临界值测定法 首先令所有因素的取值均与确定性分析时采用的数值一样，然后每次变动且只变动一个不确定性因素，使经济评价指标达到临界值（如净现值为零，内部收益率等于基准收益率，投资回收期达到基准投资回收期）。以求得该不确定因素的

最大允许变动幅度，并与其可能出现的最大变动幅度相比较。若某因素可能的变动幅度超过了最大允许变动幅度，则说明该不确定因素是敏感性因素，否则，该不确定性因素不是敏感性因素。

在此基础上，建立不确定因素与分析指标之间的对应数量关系，一般将结果以图或表的形式表示出对应的数量关系，通过对表中因素变动率或图中曲线斜率的分析，判断敏感性因素。敏感性分析图以经济评价指标（通常为内部收益率、净现值）为纵坐标，以不确定因素的变化幅度为横坐标。

图7-5是以净现值为纵坐标的敏感性分析图。三条直线交于该项目的净现值843.4，年销售收入曲线和横坐标轴交于-20%，意味着年销售收入最多只能减少20%。经营成本曲线和横坐标轴交于34%，意味着经营成本最多只能增加34%。否则项目将变得不可行。

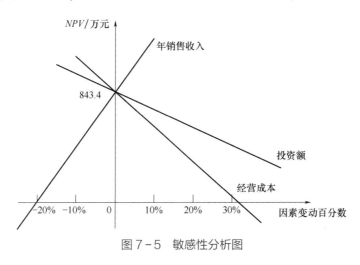

图7-5　敏感性分析图

4. 综合评价，优选方案

根据敏感因素对方案评价指标的影响程度及敏感因素的多少，判断项目风险的大小，结合确定性分析的结果做进一步的综合判断，寻求对主要不确定因素变化不敏感的项目。

四、单因素敏感性分析

[例7-7]　假设某食品项目，初始投资为1000万元，当年建成并投产，预计可使用10年，每年销售收入700万元，年经营费用400万元，设基准折现率为10%。试分别对初始投资和年销售收入、经营成本三个不确定因素，针对净现值指标作敏感性分析。

解： 设初始投资额为K，年销售收入为B，年经营成本为C，用净现值指标评价本项目经济效果，计算公式为：

$$NPV = -K + (B-C)(P/A, 10\%, 10)$$

代入相关数据得：$NPV = -1000 + (700-400) \times 6.1446 = 843.37$（元）

下面用净现值指标分别对初始投资、年销售收入和年经营成本三个不确定性因素进行单因素敏感性分析。

设投资额变动百分比为X，分析投资额对方案净现值影响的计算公式为：

$$NPV=-K(1+X)+(B-C)(P/A,10\%,10)$$

设销售收入变动百分比为 Y，分析销售收入对方案净现值影响的公式为：

$$NPV=-K+[B(1+Y)-C](P/A,10\%,10)$$

设经营成本变动百分比为 Z，分析经营成本对方案净现值影响的公式为：

$$NPV=-K+[B-C(1+Z)](P/A,10\%,10)$$

按照这三个公式，根据原始数据，分别取不同的 X、Y 和 Z 的值，可确定不同幅度下变动的不确定因素所产生的方案净现值，计算结果见表7-5，相应的敏感性分析图如图7-5所示。

表7-5 净现值指标敏感性分析计算表 单位：万元

变动率因素	-20%	-15%	-10%	-5%	0	5%	10%	15%	20%	单位变动的影响
投资额	1043.37	993.37	943.37	893.37	843.37	793.37	743.37	693.37	643.37	-10.0
年销售收入	-16.87	198.19	413.25	628.31	843.37	1058.43	1273.49	1488.55	1703.61	+43.0
年经营成本	1334.94	1212.04	1089.15	966.26	843.37	720.48	597.59	474.70	351.81	-24.6

由表7-5和图7-5可看出，在同样的变动率下，年销售收入对方案净现值影响最大，年经营成本影响程度次之，而投资额影响程度最小。

在前面三个公式中，令 $NPV=0$，则有 $X=84.32\%$，$Y=-19.6\%$，$Z=34.3\%$。即，如果年销售收入和经营成本不变，投资额高于预期值84.32%，方案不可接受。同理，当投资额和年经营成本不变，年销售收入减少19.6%以上时方案不可接受；而若投资额和年销售收入不变，年经营成本增加34.3%以上，方案不可接受，因此年销售收入是最敏感性因素。因此，在方案选择时，必须对年销售收入进行准确的预测，否则，如果年销售收入低于预测的19.6%，则会使投资面临较大的风险。同时，这一分析结果也告诉我们如果实施这一方案，还必须严格控制经营成本，因为降低经营成本，也是提高项目经济效益的重要途径。

五、多因素敏感性分析

实际中，影响方案经济效果的许多因素具有相关性，往往一个因素的变化也带动了其他因素的变化，而并不像单因素分析中可以假定其他因素均不变，仅一个因素发生变动。多因素同时变化对经济效果的影响，并不是单因素敏感性的简单叠加，因此不能忽略参数间相互影响。

[例7-8] 根据例7-7给出的数据进行多因素敏感性分析。

解：考虑投资额与销售收入同时变动时对方案净现值的影响。假设投资额变动比例为 X，销售收入变动比例为 Y，则 $NPV=-K(1+X)+[B(1+Y)-C](P/A,10\%,10)$。

将相关数据代入上式计算得：$NPV=843.37-1000X+4300.8Y$。

取 NPV 的临界值，即令 $NPV=0$，则有 $Y=0.233X-0.196$。

这是一个直线方程，可在直角坐标中描绘出来，见图7-6，此直线为 $NPV=0$ 的临界线，在临界线上，$NPV=0$。在临界线左上方区域 $NPV>0$，在右下方区域 $NPV<0$，也就是说，若投资额与销售收入同时变动，只要不超过临界线左边的区域（包括临界线上的

点），方案都是可接受的。

如果分析投资额、经营成本和年销售收入三个因素同时变动对净现值影响，如［例7-7］，假设投资额变化率为 X，年销售收入变化率为 Y，经营成本变化率为 Z，则有：

$NPV=-K(1+X)+[B(1+Y)-C(1+Z)](P/A,10\%,10)$。

代入有关数据：

$NPV=843.37-1000X+4300.8Y-2457.6Z$。

当 $Z=20\%$ 时，$Y=0.233X-0.082$；

当 $Z=10\%$ 时，$Y=0.233X-0.139$；

当 $Z=-10\%$ 时，$Y=0.233X-0.253$；

当 $Z=-20\%$ 时，$Y=0.233X-0.310$。

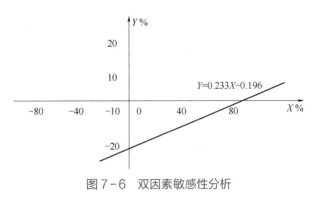

图 7-6 双因素敏感性分析

在坐标图上，这是一组平行线，如图7-7所示。这一组平行线描述了投资额、经营成本和年销售收入三因素变动对净现值的影响程度，可看出经营成本增大，临界线向左上方移动，可行域变小；而若经营成本减少，临界线向右下方移动，可行域增大。

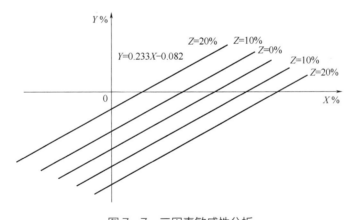

图 7-7 三因素敏感性分析

六、敏感性分析的优缺点

敏感性分析具有分析指标具体，能与项目方案的经济评价指标紧密结合，分析方法容易掌握，便于决策等优点。有助于决策者了解方案的风险，有助于找出影响项目经济效益的敏感因素及其影响程度，使项目评价人员将注意力集中于这些关键因素，并在必要时对关键因素重新估算，对项目重新评价，达到尽量减少投资风险，提高决策可靠性的目的。

但是，敏感性分析没有考虑各种不确定因素在未来发生变动的概率，这可能会影响分析结论的准确性。在进行敏感性分析时，隐含着两个基本假设：一是计算某个特定因素对经济效果的影响时，都假定其他因素固定不变；二是各个不确定因素变动的概率相同。实际上，各种不确定因素在未来发生某一幅度变动的概率一般是有所不同的。可能有这样的情况，通过敏感性分析找出的某一敏感因素未来发生不利变动的概率很小，因而实际上所带来的风险并不大。而另一不太敏感的因素未来发生不利变动的概率却很大，由此则非敏感因素带来的风险比敏感因素还大。这些问题是敏感性分析所无法解决的，只得借助于概率分析和风险分析方法。

第四节　概率分析

概率分析（probability analysis）是对不确定性因素发生变动的可能性及其对方案经济效益的影响进行评价的方法。其基本原理是：假设不确定因素是服从某种概率分布的随机变量，因而方案经济效益作为不确定因素的函数必然是一个随机变量。通过研究和分析这些不确定性因素的变化规律及其与方案经济效益的关系，可以全面地了解技术方案的不确定性和风险，从而为决策者提供可靠的依据。

概率分析主要包括经济效益的期望值分析、标准差分析、离差系数（变异系数）分析以及方案的经济效益达到某种标准和要求的可能性分析。

一、期望值分析

在概率计算中，期望值是以一个概率分布中相应概率为权数计算的各个可能值的加权平均值。投资方案经济效益的期望值是指参数在一定概率分布条件下，投资效果所能达到的加权平均值。其一般表达式为：

$$E(x) = \sum_{i=1}^{n} x_i p_i \tag{7-12}$$

式中　　$E(x)$——随机变量的期望值；

x_i——随机变量 X 的第 i 个观测值（$i=1, 2, \cdots, n$）；

$p_i = P (X=x_i)$——随机变量 X 取 x_i 的概率。

当方案经济效益指标的期望值达到某种标准时，如 $E(NPV) \geqslant 0$ 或 $E(IRR) \geqslant i_0$，则方案可行。多方案比较时，一般情况下，效益类指标越大越好，费用类指标越小越好。

用经济效益期望值表达风险程度只是一种初步的、概略的观察，而且对于一些应作风险程度比较的项目（例如两个方案的期望值相等）仅计算期望值是不够的。

[例 7-9]　在某企业的投资项目中，投资额为 1000 万元，拟定的方案有 A 和 B 两个方案。它们的预计年收益以及预计收益可能出现市场状况的概率如表 7-6 所示。计算两方案的收益期望值，并进行比较。

表 7-6　　　　　　　　　　　方案 A 和 B 的收益和概率数据表

市场状况预计	A 方案年收益额/万元	B 方案年收益额/万元	市场状况发生的概率
好	400	700	0.20
一般	200	200	0.60
差	0	-300	0.20

解：利用式（7-12），可以分别计算出两方案的收益的期望值：

$$E(x)_A = 400 \times 0.2 + 200 \times 0.6 + 0 \times 0.2 = 200（万元）$$

$$E(x)_B = 700 \times 0.2 + 200 \times 0.6 + (-300) \times 0.2 = 200（万元）$$

由此可见，由于两个方案的收益期望值相等，运用期望值分析还不能就此判断两个方案的优劣。

二、标准差分析

方案的风险程度与经济效益的概率分布有着密切的关系。概率分布越集中，经济效益期望值实现的可能性就越大，风险程度就越小。所以，考察方案的经济效益概率的离散程度是有必要的。标准差就是反映一个随机变量实际值与其期望值偏离程度的指标。这种偏离程度可作为度量方案风险与不确定性的一种尺度，标准差越大，表明随机变量可能变动的范围越大，不确定性与风险也越大。在两个期望值相同的方案中，标准差大的方案意味着经济效益存在的风险大。标准差的一般计算公式为：

$$\delta = \sqrt{\sum_{i=1}^{n} \left[X_i - E(x) \right]^2 P_i} \tag{7-13}$$

式中　δ——随机变量 X 的标准差

[例 7-10]　以［例 7-9］的资料，计算 A 和 B 两个方案的标准差，分析两个方案的风险程度。

解：利用式（7-13），计算两个方案的标准差如下：

$$\delta_A = \sqrt{(400-200)^2 \times 0.2 + (200-200)^2 \times 0.6 + (0-200)^2 \times 0.2} = 126.5（万元）$$

$$\delta_B = \sqrt{(700-200)^2 \times 0.2 + (200-200)^2 \times 0.6 + (-300-200)^2 \times 0.2} = 316.2（万元）$$

计算结果表明，A 方案预期收益的标准差比 B 方案的小，即接近期望值的可能性比 B 方案要大些，因而，相对而言，A 方案的风险比 B 方案的风险要小。

三、变异系数分析

标准差虽然可以反映随机变量的离散程度，但它是一个绝对量，其大小与变量的数值及期望值大小有关。标准差表示风险程度也有一定的局限性，当需要对不同方案的风险程度进行比较时，标准差往往不能准确反映风险程度的差异。为此，引入另一个指标——变异系数（离差系数）V，其计算公式为：

$$V = \frac{\delta(x)}{E(x)} \tag{7-14}$$

变异系数是一个相对数，能更好地反映投资方案的风险程度。当对两个投资方案进行比较时，如果期望值相同，那么标准差小的方案风险较低；如果两个方案期望值与标准差均不相同，那么变异系数小的方案风险较低。

[例 7-11]　仍以［例 7-9］的资料，计算 A 和 B 两个方案的变异系数，进一步分析两个方案的风险程度。

解：利用式（7-14），分别计算两个方案的变异系数：

$$V_A = \frac{\delta(x)}{E(x)} = \frac{126.5}{200} = 0.6325; \quad V_B = \frac{\delta(x)}{E(x)} = \frac{316.2}{200} = 1.581。$$

由此可见，由于方案 A 的变异系数小于方案 B 的变异系数，相对来说，A 方案的风险要小于 B 方案。

四、可能性分析

若随机变量 X 服从正态分布，则可将随机变量转化为标准正态分布，并查表计算出经济效益达到某种标准的可能性，即：

$$P(x<x_0) = P\left(Z < \frac{x_0 - E(x)}{\delta(x)}\right) \tag{7-15}$$

[**例 7-12**] 已知某方案的净现值出现的概率呈正态分布，净现值的期望值为 30 万元，标准差为 12 万元，试确定：

（1）净现值大于或等于零的概率；

（2）净现值超过 50 万元的概率。

解：由题意可知：E(NPV)=30 万元，δ（NPV）=12 万元，利用式（7-15）可得：

（1）$P(NPV \geq 0) = 1 - P(NPV < 0)$

$$= 1 - P\left(Z < \frac{0-30}{12}\right) = 1 - P(Z < -2.5)$$

$$= 1 - 0.0062（Excel 中查标准正态分布表）$$

$$= 0.9938$$

（2）$P(NPV \geq 50) = 1 - P(NPV < 50)$

$$= P\left(Z < \frac{50-30}{12}\right) = 1 - 0.9522 = 0.0478$$

五、不确定性决策

不确定性投资决策技术的理论基础是博弈论（game theory）。由于博弈论善于解决不完全信息情况下的决策问题，因此它适合于分析不确定条件下的投资决策。不确定条件下投资决策的难点在于不知道影响投资决策的因素（单一的或组合的）发生的概率，虽然力图通过各种方法来分析和推测投资决策的影响因素发生和作用的概率，但决策者仍然会因为各自对风险的偏好不同而对概率的态度不同。这种对风险发生概率期望的态度和承受能力，将是决定投资者选择决策的依据，因此，不确定投资决策技术将根据不同类型的投资者对风险的偏好提供决策依据。

1. 悲观法

悲观法又称最大最小法则，适合作为"保守型"投资者决策时的行为依据。它认为决策者具有悲观倾向，冒险精神不足，风险承受能力较弱。因而，在决策分析时，从最保守的观点出发，对每一投资方案的评价都是从最不利的状态发生来考虑，然后选择收益值最大的方案。悲观法又被称为瓦尔特标准。

按悲观法进行投资决策，其具体程序可以分为两个步骤：①先估算出各个投资方案的预期收益值，并列出各方案在不同情况下最小的收益值；②将不同方案的收益值排列，依最小值作为比较标准，在最小值中筛选出具有相对最大收益值的方案为最优决策方案。

设方案集 $D = \{A_1, A_2, \cdots, A_m\}$，每个方案有 n 个可能的结果 $A_i = \{a_{i1}, a_{i2}, \cdots, a_{1n}\}$，最优方案记为 A_i^*，则悲观准则的最优方案 A_i^* 满足：

$$u(A_i^*) = \max_{1 \leqslant i \leqslant m}\{u(A_i)\} = \max_{1 \leqslant i \leqslant m} \min_{1 \leqslant j \leqslant n}\{a_{ij}\} \tag{7-16}$$

这种方案的优势在于，由于从投资最坏的结果出发，去争取最大的收益，因而投资所承担的未来风险相对较小。但是对于投资决策者而言，在选择风险较小方案的同时，也就意味着选择了收益也相对较小的方案，这与投资预期最大化的普遍原则是不大一致的。保守投资的决策思路通常在企业财务存在危机时，或外部投资环境较为恶劣的情况下是可行并且有效的。在具体投资方案的确定中，应该综合考虑项目的投资前景，选择风险相对小（不是最小）且能带来很高潜在收益的方案。

2. 乐观法

乐观法也称最大法则，它与悲观法相反，适合作为风险偏好者决策时的行为依据。它假定投资决策者对投资的不确定性持有乐观态度，对每种方案只考虑出现一种可能的结果，而且是最好的结果。决策者一般都是以方案执行最有利的状态发生为依据来考虑收益值最大的方案，因此，这种方案被称为决策选择的乐观标准，也称为逆瓦尔特标准。

以乐观法为依据进行投资决策的基本步骤：①从各个投资方案在不同状态下的收益值中选出一个最大的收益值；②对各方案的收益值进行比较，取其中数值最大的方案为最优决策方案。

乐观准则的最优方案 A_i^* 满足：

$$u(A_i^*) = \max_{1 \leqslant i \leqslant m}\{u(A_i)\} = \max_{1 \leqslant i \leqslant m} \max_{1 \leqslant j \leqslant n}\{a_{ij}\} \tag{7-17}$$

与悲观法一样，该标准在决策时也存在着同样的问题：它只考虑每种方案的一种可能结果，而没有考虑各种可能结果的离散情况，没有充分考虑投资风险的客观必然性。事实上，任何投资项目都具有一定的风险性，当某一方案的收益值最大时，其伴随的风险发生的概率也就相对较高。因此，隐含的风险损失也就较大。这决定了该标准使用的局限性。

3. 折中法

折中法也称为赫维兹法则，它是在考虑到上述两种决策标准的局限的基础上提出的。该方法认为投资决策者在实际选择决策标准时并不绝对地从最有利或最不利的极端角度进行方案的比较选择，也不存在单纯的风险厌恶者或偏好者，而是介于两者之间。当他们面对各种备选方案进行决策时，他们对未来事件的估计总是既看到希望，也存在对不确定性因素的担忧。对于不同的决策者而言，其区别仅仅在于对投资过程和投资前景预期所持的态度是乐观多一点，还是悲观多一点。为此，折中法建议对每个方案的最好结果和最坏结果进行加权平均计算，然后选取加权平均收益最大的方案。用于计算的权数（α）被称为赫维兹系数或乐观系数（$0 < \alpha < 1$）。当决策者对未来持有偏向乐观的看法时，α 的取值在 $0.5 \sim 1$；而当决策者对未来的估计比较悲观时，α 的取值范围在 $0 \sim 0.5$；通常 α 的取值分布在（0.5 ± 0.2）的范围内，而 1 或 0 作为极端值一般不会被选作系数或权数。从一定意义上说，折中系数的取值范围，反映着投资决策者对投资不确定的认知程度。

按折中法进行决策分析的具体步骤如下。

① 确定折中系数的取值范围，利用系数值进行加权平均，求出项目收益的最大值和

最小值。其计算方法是：折中评价值=α×最大收益值+$(1-\alpha)$×最小收益值。

② 对各种方案的折中评价值进行比较，取相对收益值最大的方案为最优方案。

折中准则的最优方案 A_i^* 满足式（7-18）。

$$u(A_i^*) = \max_{1 \leq i \leq m} \{u(A_i)\} = \max_{1 \leq i \leq m} [\alpha \times \max_{1 \leq j \leq n} \{a_{ij}\}] + (1-\alpha) \min_{1 \leq j \leq n} \{a_{ij}\}] \tag{7-18}$$

4. 后悔值法

后悔值法则又称为萨维奇标准。与前三种标准不同的是，在不确定性投资决策中，它并不强调面对各种可能存在的决策选择方案，决策者是持乐观态度还是悲观态度。因为无论决策者持何种态度，都是其主观预期。当决策结果与预期相符时，决策的满意度将达到最大化，而当决策结果与预期有偏误时，满意度将随偏误值的大小而降低，决策者会产生遗憾和后悔。这种因选择了某种方案而放弃了另一种方案所产生的遗憾和后悔，就是决策者为方案选择而付出的机会成本。萨维奇标准实际上是以决策方案中的机会成本为基础，将相关方案的收益值进行对比，两者间的差额即为遗憾值或后悔值。决策者根据遗憾值大小的比较而进行方案选择，因此，萨维奇标准也被称之为遗憾值标准。

按后悔值法进行决策分析的程序是：①创建遗憾值表，即将每种状态下的最大收益减去某一方案的收益值；②比较各方案遗憾值大小，并选出最小的遗憾值，与最小遗憾值相对应的方案即为最优方案。

后悔值法与前面描述的决策标准相比，更接近实际，更有针对性，也更倾向准确，因为它在提供决策者决策参考的依据时，强调了次优化决策方案的机会成本。

记后悔值为 R_{ij}，则 $R_{ij} = \max_{1 \leq j \leq n} (a_{ij}) - a_{ij}$，则后悔值法的最优方案 A_i^* 满足式（7-19）。

$$R(A_i^*) = \min_{1 \leq i \leq m} \{R(A_i)\} = \min_{1 \leq i \leq m} \max_{1 \leq j \leq n} [\max_{1 \leq j \leq n} (a_{ij}) - a_{ij}] \tag{7-19}$$

5. 拉普拉斯标准

拉普拉斯标准也称为贝叶斯—拉普拉斯法则。在投资决策分析中，该标准能够建立是基于这样一个前提假定：当决策者面临不确定性因素的影响时，通常无法预知未来事件发生的概率，在这种情况下，决策者会假定各种状态可能发生的概率是相同的，投资决策者应给予每种情况以相同的概率，并根据相同的概率计算出方案的期望净现值。由于拉普拉斯标准决策法是在相同概率的基础上，通过对收益值的测算比较来优选方案的，因此，拉普拉斯标准也被称为等概率标准。

按拉普拉斯标准进行决策分析的步骤是：①按等概率原则估算各方案的期望净现值，即先根据分析对象的样本数 n，确定每种可能结果的概率为 $1/n$，使概率相加等于 1，以概率为权数对每一方案的各种可能状态进行加权平均，获得方案的平均期望净现值；②根据方案的期望净现值大小决定方案的取舍，以期望净现值最大值为优选方案。计算公式为：

期望收益值 $E(A_i) = \dfrac{1}{n} \sum_{j=1}^{n} a_{ij}$ （$i = 1, 2, \cdots, m, j = 1, 2, \cdots, n$）

最优方案 A_i^* 满足公式（7-20）。

$$E(A_i^*) = \max_{1 \leq i \leq m} \{E(A_i)\} \tag{7-20}$$

拉普拉斯的这种以等概率求净现值的方法，似乎是比较客观的分析，但它实际上暗含了一些不足，例如，等概率是由项目方案执行的可能状态的样本数决定的，而可能状态的设计并不是客观的，是投资者的主观考虑，因此尽管在方案的决策标准中不涉及投资者对风险的偏好，但客观上投资者对风险的不同态度仍然会通过状态的设计而体现出来；再如，在通货紧缩时，投资的成本显然会增大，投资风险趋强，但这并不意味着投资者就一定会有降低竞争性投资的内在冲动，其中也包括了非理性投资行为。这种情况的出现不能从拉普拉斯标准中反映出来，一些非理性投资的决策依据仍然会被证明得非常充分。由此也就引发了第二个问题，即状态设计的可能性是否充分，如果实际存在的结果大于计算结果，那么每种给定的结果概率必然大于实际水平，这种情况会导致计算的期望净现值与实际获得的净现值之间出现误差。当然，在任何情况下，预期与实际结果都存在着一定的误差，只是在不确定条件下，这种误差有被进一步放大的可能。

[**例 7-13**]　某食品公司欲进行一项风险投资，有五种决策方案 A、B、C、D、E 备选，但各方案的预期前景难以把握，可能存在五种状态，即很好、好、一般、较差、差。每种自然状态发生的概率无法预知，经测算，这五种方案在不同的自然状态下的收益值如表 7-7 所示。请问如何进行这项投资方案的决策。

表7-7　　　　　　　　　　　五种方案自然状态下的收益值　　　　　　　　　　单位：万元

状态决策方案	很好	好	一般	较差	差
A	1200	680	320	-200	-880
B	900	590	280	50	-350
C	1500	850	460	-400	-1210
D	1400	920	380	-270	-790
E	1850	1020	460	-660	-1600

解：这是典型的不确定决策问题，在难以准确估计事件发生概率的前提下进行决策，主要取决于决策者对投资风险的偏好，可以根据决策者对风险持有的态度进行五种决策方式的选择。

（1）悲观法　根据初始资料，计算各方案在自然状态下的最小收益值，如表 7-8 所示。

表7-8　　　　　　　　　　　　各方案的最小收益值　　　　　　　　　　　单位：万元

方案	A	B	C	D	E
最小收益值	-880	-350	-1210	-790	-1600

因为 Max（-880，-350，-1210，-790，-1600）= -350，所以最优方案为 B 方案。

（2）乐观法　根据初始资料，计算各方案在自然状态下的最大收益值，如表 7-9 所示。

表7-9　　　　　　　　　　　　各方案的最大收益值　　　　　　　　　　　单位：万元

方案	A	B	C	D	E
最大收益值	1200	900	1500	1400	1850

因为 Max（1200，900，1500，1400，1850）= 1850，所以最优方案为 E 方案。

（3）折中法　设 $\alpha = 0.6$，折中收益值 = $\alpha \times$ 最大收益值 + $(1-\alpha) \times$ 最小收益值，计算各

方案的折中收益值，如表 7-10 所示。

表 7-10 各方案的折中收益值 单位：万元

方案	A	B	C	D	E
最小收益值	368	400	416	524	470

因为 Max（368，400，416，524，470）= 524，所以最优方案为 D 方案。

（4）后悔值法 计算各方案的后悔值，即将每种状态下的最大收益值减去该方案的收益值，如表 7-11 所示。

表 7-11 各方案的后悔值 单位：万元

决策方案	很好	好	一般	较差	差	最大后悔值
A	650	340	140	250	530	650
B	950	430	180	0	0	950
C	350	170	0	450	860	860
D	450	100	80	320	440	450
E	0	0	0	710	1250	1250

因为 Min（650，950，860，450，1250）= 450，所以最优方案为 D 方案。

（5）拉普拉斯法 当决策者不能预知未来事件发生的概率，只能按等概率原则估算各方案可能出现的各种状态，以及这种状态下的收益期望值，结果如表 7-12 所示。

表 7-12 各方案的等概率收益值 单位：万元

方案	A	B	C	D	E
最小收益值	224	294	240	328	214

因为 Max（224，294，240，328，214）= 328，所以最优方案为 D 方案。

结论：从决策方案的选择来看，存在较大的分歧，综合考虑，应选择多种方法中出现较多的方案 D。

六、以概率分析为基础的风险与不确定性决策特点

概率分析方法的优点如下。

（1）概率分析是一种定量分析的方法，有效解决了投资项目不确定因素的量化问题，使投资者借助于现代分析技术工具的基础上，能充分地利用可占有的资料，进行投资决策分析。

（2）使投资者能够借助分析方法，确定与项目有关的各种因素变动对投资效果产生的影响，特别是利用模拟分析方法，通过对项目的随机现金流量模拟获得项目投资效果的概率，推测未来风险发生的可能性及总体趋势。

（3）概率分析方法得到的结果不止一个（如净现值），而且是项目评价指标完整概率分布，有助于决策者寻找到特殊问题的解决方案。例如，当净现值为负值的概率、净现值低于一定限度的概率等。

（4）通过方差与标准差分析，掌握评价指标与期望值的离散趋势与程度，以判断风险发生的概率，并选择在风险条件相同情况下具有高净现值的方案，或在同样净现值的方案中选择离散趋势小的方案。

正因为如此，概率分析作为一种有效的分析方法可以改善不确定条件下或风险条件下投资决策的有效性。但不确定条件下投资决策的难点在于不知道或难以确定影响投资决策的因素（单一的或组合的）的发生的概率，由于博弈论思想善于解决不完全信息情况下的决策问题，以博弈论为理论基础的不确定性投资决策技术适合分析概率分布不清楚的不确定条件下的投资决策。

风险型投资决策的方法，对于不确定因素扰动下的投资评价具有积极意义。因为它提供了解决不确定性投资决策和风险性投资决策的有效方案，包括思维方式、指导性的操作技术和解决问题的途径。但是，这并不意味着这些方法的采用可以完全避免投资风险的产生或影响。风险是客观存在的，就风险发生的过程看，具有一定的随机性。这种随机性表现在风险的发生和传导机制极为复杂，尽管人们研究了大量的分析方法，试图去预测风险发生的时间、状态和影响程度，但只能做到在有限空间和时间内改变风险存在和发生的条件，降低其发生的频率，减少损失程度。我们能做到的是，在大量对风险事件的统计观察和分析的基础上，去逐步认识它的发生机理，寻找其出现的概率，有效地减轻它的破坏力。

第五节　Excel 在不确定性分析中的应用

这部分主要介绍如何利用 Excel 软件来计算项目的盈亏平衡分析和敏感性分析。

一、盈亏平衡分析

盈亏平衡分析是进行项目不确定分析的重要方法，通过盈亏平衡分析，可以找到各个不确定因素使项目处于盈亏平衡状态的临界值，判断当不确定因素发生变化时，项目是处于盈利状态还是亏损状态，提高项目投资决策的科学性和可靠性。

（1）下面以［例 7-1］为例来说明 Excel 在盈亏平衡分析中的应用。步骤如下：

① 启动 Excel 软件，将总产量、固定成本、单位产品售价和单位产品变动成本等数据输入到工作表中，如图 7-8 所示。

② 在单元格 C7、C8、C9、C10 中分别输入如下公式“=C4/（C3-C5）”“=C7/C2”“=C5+C4/C2”“=C3-C4/C2”，得到如图 7-9 所示的结果。

（2）下面在 Excel 中绘制盈亏平衡分析图。步骤如下：

① 建立如图 7-10 所示的工作表。

② 为了作图的需要，应界定销售量的初始值和终止值，设初始值为 0，终止值为 6000。在单元格 C6、D6、E6 中分别输入 0、2658、6000，然后在单元格 C7、C8、C9 中分别输入：C7：=C4*C6；C8：=C2+C3*C6；C9：=C7-C8，得如图 7-11 所示的结果。

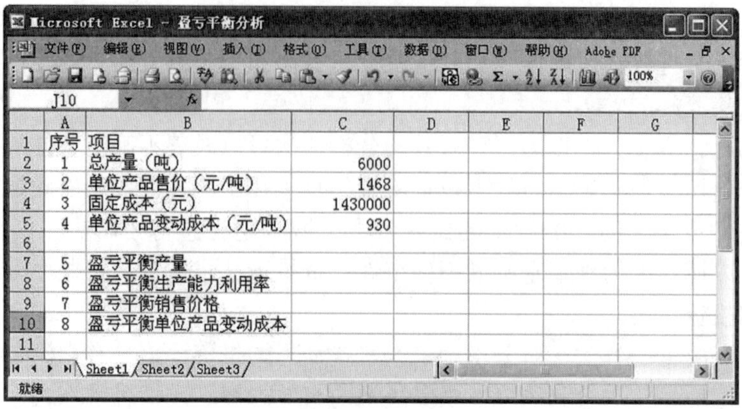

序号	项目	
1	总产量（吨）	6000
2	单位产品售价（元/吨）	1468
3	固定成本（元）	1430000
4	单位产品变动成本（元/吨）	930
5	盈亏平衡产量	
6	盈亏平衡生产能力利用率	
7	盈亏平衡销售价格	
8	盈亏平衡单位产品变动成本	

图 7-8　盈亏平衡计算步骤 1

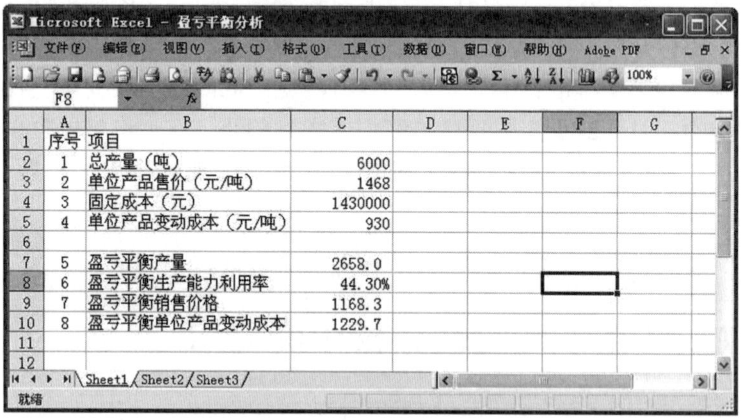

序号	项目	
1	总产量（吨）	6000
2	单位产品售价（元/吨）	1468
3	固定成本（元）	1430000
4	单位产品变动成本（元/吨）	930
5	盈亏平衡产量	2658.0
6	盈亏平衡生产能力利用率	44.30%
7	盈亏平衡销售价格	1168.3
8	盈亏平衡单位产品变动成本	1229.7

图 7-9　盈亏平衡计算步骤 2

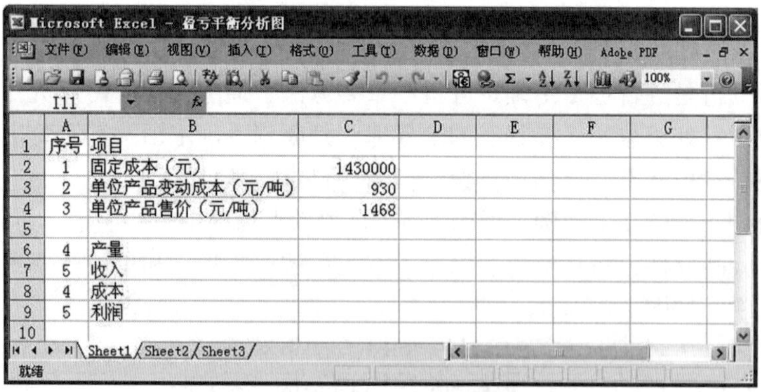

序号	项目	
1	固定成本（元）	1430000
2	单位产品变动成本（元/吨）	930
3	单位产品售价（元/吨）	1468
4	产量	
5	收入	
4	成本	
5	利润	

图 7-10　盈亏平衡分析图步骤 1

③ 选中 C2：C4 区域，然后拖动单元格右下角的复制柄（黑“+”），直到单元格 E4。选中 C6：C9 区域，拖动单元格右下角的复制柄至单元格 E9。这时，D7：E9 区域就出现了与产量 2658 和 6000 相对应的收入、成本和利润，如图 7-12 所示。

④ 选中 B6：E9 区域，单击主菜单上的“插入”命令，然后在下拉菜单中选择“图标”选项（也可直接点击工具栏上的相应图标），弹出“图标向导—4 步骤之 1—图标类

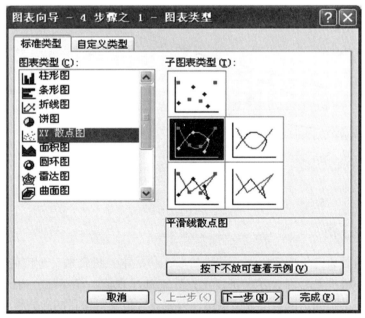

图 7 - 11 盈亏平衡分析图步骤 2

图 7 - 12 盈亏平衡分析图步骤 3

型"对话框,在图标类型中选择"XY 散点图",子图表类型中选择"平滑线散点图",
如图 7-13 所示。

图 7 - 13 盈亏平衡分析图步骤 4

⑤ 点击下一步，在弹出的"图标向导—4 步骤之 2—图标源数据"对话框中，选择系列产生在"行"，如图 7-14 所示。

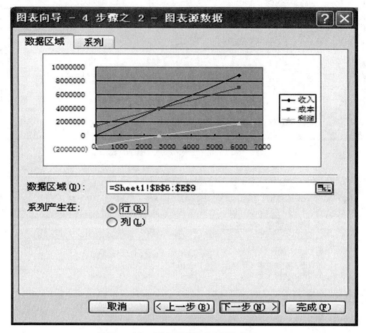

图 7-14　盈亏平衡分析图步骤 5

⑥ 点击下一步，对坐标轴做适当的修正后，得如图 7-15 所示的盈亏平衡分析图。

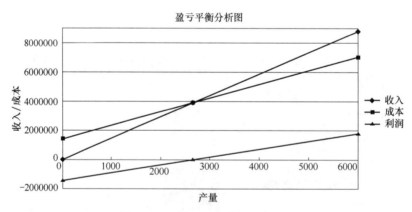

图 7-15　盈亏平衡分析图步骤 6

二、敏感性分析

敏感性分析是研究不确定因素（如销售收入、成本、投资额、生产能力、产品价格、项目寿命期、建设期等）对技术经济评价指标（如净现值、净年值、内部收益率）的影响程度，从众多的不确定因素中找出敏感性因素，分析其对项目的影响程度，了解项目可能出现的风险程度和抗风险能力，重点研究敏感性因素发生变化的可能性，并采取相应的措施和对策，降低投资项目的风险，提高项目决策的可靠性。

下面以［例7-7］为例来说明 Excel 在单因素敏感性分析中的应用。步骤如下：

① 启动 Excel 软件，将初始投资、年销售收入、年经营费用、寿命、折现率等数据输入到工作表中，如图7-16 所示。

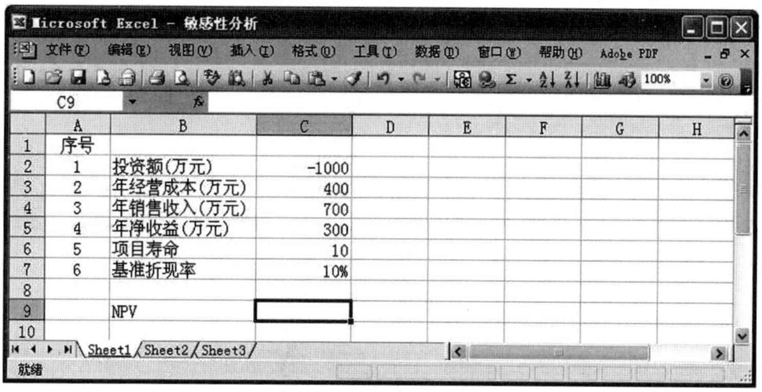

图7-16 敏感性分析步骤1

② 在单元格 C9 中键入公式"=C2-PV（C7，C6，C5，0，0）"，如图7-17 所示。

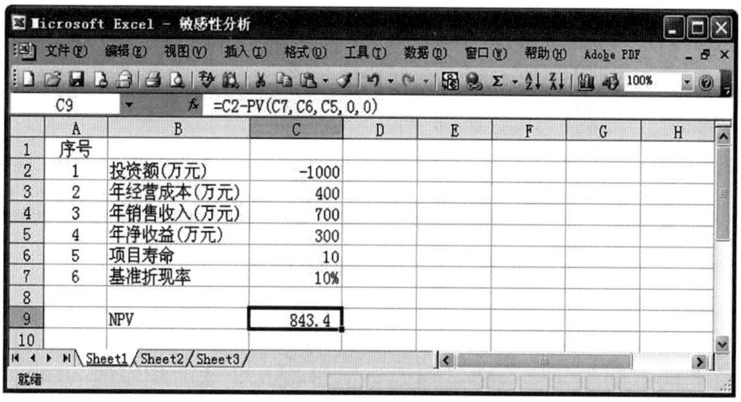

图7-17 敏感性分析步骤2

③ 首先分析投资额的敏感性。在 E2：E10 区域中生成一个初始值为-20%，终值为+20%，步长为5%的数据序列。然后在 F 列生成变动后的投资额的相应数值，在单元格 F2 中输入公式："=-1000*（1+E2）"，拖动其右下角的填充柄直到单元格 F10，如图7-18 所示。在单元格 G2 中输入公式："=F2-PV（\$C\$7，\$C\$6，\$C\$5，0，0)"，拖动其右下角的填充柄直到单元格 G10，即得投资额变动后相应的 NPV 的值，如图7-19 所示。

④ 下面分析年经营成本和年销售收入的敏感性。在单元格 H2 中输入公式："=400*（1+E2）"，拖动其右下角的填充柄直到单元格 H10。在单元格 I2 中输入公式："=\$C\$2-PV（\$C\$7，\$C\$6，700-H2，0，0）"，拖动其右下角的填充柄直到单元格 I10，即得年经营成本变动后相应的 NPV 的值，如图7-20 所示。

在单元格 J2 中输入公式："=700*（1+E2）"，拖动其右下角的填充柄直到单元格

图 7-18　敏感性分析步骤 3

图 7-19　敏感性分析步骤 4

J10。在单元格 K2 中输入公式："= ＄C＄2-PV（＄C＄7，＄C＄6，J2-400，0，0）"，拖动其右下角的填充柄直到单元格 K10，即得年销售收入变动后相应的 NPV 的值，如图7-21 所示。

图 7-20　敏感性分析步骤 5

	E	F	G	H	I	J	K	L
	变动率	投资额变动	NPV	年经营成本变动	NPV	年销售收入变动	NPV	
2	-20%	-800	1043.37	320	1334.94	560	-16.87	
3	-15%	-850	993.37	340	1212.04	595	198.19	
4	-10%	-900	943.37	360	1089.15	630	413.25	
5	-5%	-950	893.37	380	966.26	665	628.31	
6	0%	-1000	843.37	400	843.37	700	843.37	
7	5%	-1050	793.37	420	720.48	735	1058.43	
8	10%	-1100	743.37	440	597.59	770	1273.49	
9	15%	-1150	693.37	460	474.70	805	1488.55	
10	20%	-1200	643.37	480	351.80	840	1703.61	

K2 `=$C$2-PV($C$7,$C$6,J2-400,0,0)`

图7-21 敏感性分析步骤6

	A	B	C	D
	变动率	投资额	年经营成本	年销售收入
2	-20%	1043.37	1334.94	-16.87
3	-15%	993.37	1212.04	198.19
4	-10%	943.37	1089.15	413.25
5	-5%	893.37	966.26	628.31
6	0%	843.37	843.37	843.37
7	5%	793.37	720.48	1058.43
8	10%	743.37	597.59	1273.49
9	15%	693.37	474.70	1488.55
10	20%	643.37	351.80	1703.61
11	单位变动的影响	-10.00	-24.58	43.01

图7-22 敏感性分析步骤7

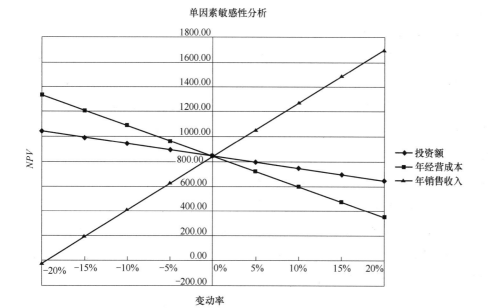

单因素敏感性分析

图7-23 敏感性分析步骤8

⑤ 绘制单因素敏感性分析图。先将有关数据资料整理成如图 7-22 所示的形式，并计算因素单位变动的影响。选中区域 A2：D10，单击主菜单上的"插入"命令，然后在下拉菜单中选择"图标"选项，在弹出的图标类型中选择"XY 散点图"，子图表类型中选择"平滑线散点图"，系列数据产生在"列"，单击完成，即得如图 7-23 所示的单因素敏感性分析图。从图 7-22 和图 7-23 可看出，年销售收入是最敏感的因素，投资额是最不敏感的因素。

思考与练习

1. 什么是不确定分析？ 为什么在项目评价中要进行不确定性分析？ 它的主要方法有哪些？

2. 什么是盈亏平衡分析？ 有哪些种类？ 基本原理是什么？ 有哪些用途？

3. 什么是敏感性分析？ 简述敏感性分析的主要步骤。

4. 如何进行单一因素的敏感性分析？ 它有哪些不足之处。

5. 什么是概率分析，主要内容是什么？

6. 某企业生产某产品，今年的生产销售情况如下：销售价格 500 元/件，固定成本总额为 800 万元，单位产品变动成本为 300 元/件，该厂通过市场调查与预测，发现明年该产品销售量有继续上升的趋势，现有生产能力不能满足市场的需求，因此准备扩大生产规模。 由于要购进专用设备而使固定成本总额上升到 1000 万元，单位产品变动成本下降 5%，若销售量上升到 15 万件，试分析是否应扩大生产规模。

7. 某食品企业生产一种产品，其销售单价为 15 元，单位变动成本为 10 元，全月固定成本为 10 万元，每月销售 4000 件。 由于某些原因其产品单价降到 13.5 元；同时每月还将增加广告费 2 万元。 试计算：（1）盈亏平衡点的变化；（2）销售量增加多少件才能使利润比原来增加 5%？

8. 某产品售价为 750 元/件，单位产品可变动成本为 500 元/件，固定成本总额为 10 万元，按销售收入征税的税率为 20%。 试分析：（1）盈亏平衡点；（2）年利润为 5 万元时的产量及经营安全率；（3）售价降低 10% 时的盈亏平衡点；（4）若所得税税率为 25% 时，完成以上（1）~（3）。

9. 某企业生产和销售甲、乙两种产品，产品的单价分别为：甲产品 5 元，乙产品 2.5 元。 边际贡献率分别为：甲产品 40%，乙产品 30%。 全月固定成本费用 72000 元。 试完成：

（1）假设本月单个产品的预计销售量分别为：甲产品 30000 件，乙产品 40000 件。 计算以下各项指标：①盈亏平衡点的销售量；②甲、乙两种产品的盈亏平衡点的销售量；③用金额表示的安全边际；④本月的预计利润。

（2）设每月增加广告费用 9700 元，可使甲产品的月销售量增加到 40000 件，而乙产品的月销售量将减少到 32000 件，请说明采取这一措施是否合算。

10. 某项目的总投资为 450 万元，年经营成本 36 万元，年销售收入 98 万元，项目的寿命期为 10 年，基准折现率为 13%。

（1）试找出敏感性因素；

（2）试就投资于销售收入同时变动进行敏感

性分析。

11. 已知某工业投资项目的净现值率为正态分布。净现值的期望值为 80 万元，标准差为 36 万元。

　　（1）试确定净现值大于或等于零的概率；

　　（2）试确定净现值大于 50 万元的概率；

　　（3）试确定净现值小于–10 万元的概率。

12. 案例分析

　　在某项目的可行性研究报告中，有关资料汇总如下：建设投资总额 100000 万元，其中，固定资产投资 85000 万元，流动资金 15000 万元。固定资产投资全部形成固定资产，按直线折旧法计提折旧，寿命期为 10 年，期末残值率为 10%。年生产和销售量为 8000 台，单价为 20 万元，固定成本费用为 20000 万元，可变成本 15 万元/台。预计

该项目能产销平衡。

要求对该项目进行相关的分析。

（1）若该项目的寿命期为 10 年，求该项目的静态和动态投资回收期，净现值和内部收益率。

（2）当下列情况发生时，对净现值有何影响，作出相应的分析评判：①材料费用增加 0.5 万元/台；②固定费用增加 10%；③单价下降为 19.5 万元。

（3）进行盈亏平衡分析：①盈亏平衡点的产销量；②当固定费用增加 10% 时的盈亏平衡点产销量；③单价下降到 19.5 万元/台时的盈亏平衡点产销量。

（4）根据上述一系列分析，对该项目作出最终的评价。

第八章

食品项目的财务评价

第一节　食品项目财务评价概述

一、项目和食品项目

1. 项目的定义

项目（project）是临时性、一次性的活动。从广义上讲，项目就是在既定资源、技术经济要求和时间的约束下，以一套独特而相互联系的任务为前提，有效利用资源，为实现一系列特定目标所做的努力。

根据项目的性质不同可划分为基本建设项目和更新改造项目。

（1）基本建设项目　基本建设项目，简称为建设项目，它是指通过增加生产要素的投入，以扩大生产能力（或工程效益）为目的的投资项目。建设项目又可划分为新建项目、扩建项目、改建项目、恢复项目和迁建项目等不同的类型。

（2）更新改造项目　更新改造项目是指以新的设备、厂房、建筑物或其他设施替换原有的部分，或以新技术对原有的技术装备进行改造的投资项目。建设项目与更新改造项目的主要区别在于：前者主要是固定资产的外延扩大再生产，后者主要是固定资产的简单再生产和以内涵为主的扩大再生产。

2. 食品项目

食品是指各种供人食用或者饮用的成品和原料，以及按照传统既是食品又是药品的物品，但是不包括以治疗为目的的物品。食品项目就是以生产加工食品为目标的项目，包括食品原材料生产示范园项目、生鲜食品项目、食品加工项目、生态食品项目等。食品项目的特点主要表现在如下几方面。

（1）原料生产的主体多元性　食品项目主体包括农户、企业、家庭农场、专业合作社和种植大户等，经营主体不相同，给经济评价带来复杂性。

（2）环境综合性　由于农业生产是与大自然打交道，经济再生产过程与自然再生产过程相互交织，植物、动物、微生物生产相互结合，农林牧副渔同时并举，整个农业生产系统中，物质循环与能量转化、环境条件与生产对象、生产对象与生产对象等，相互之间息息相关，牵一发而动全身，因素相当复杂。

（3）目标多重性　食品项目的多重目标性，是指项目的目标不是单一的，而是多方面的（即兼顾经济效益、社会效益和环境效益）。目标的多重性也就决定了项目效果的多样化，这就需要在项目评价时全面地考察和评价项目效益与效果。

（4）效益不确定性　食品项目对土地资源和环境有明显的依赖性，食品项目的效益与费用受经济因素、自然因素的双重影响，同时还存在着经营主体多元性和农户的分散性，数据的来源复杂且准确性较差等特点，导致项目效益费用预测计算的模糊和不准确。

（5）地域差异性　不同农村地区的土地资源、水资源、生物资源、气候条件、劳动力状况、社会历史、文化、风俗习惯、经济条件等都有差异，食品项目运行与这些因素是紧密相关的，同一食品项目在此区域可行，在彼区域就未必可行，也就是说，食品项目带有较强的区域特征。

二、食品项目财务评价概述

1. 食品项目财务评价定义

食品项目财务评价，就是从企业角度，根据国家现行价格和各项现行经济、财政、金融制度的规定，分析测算拟建食品项目直接发生的财务效益和费用，编制财务报表，计算评价指标，考察项目的盈利能力、贷款清偿能力以及外汇效果等财务状况，来判别拟建食品项目的财务可行性。财务评价通常使用市场价格，根据国家现行财税制度和现行价格体系，分析计算项目直接发生的财务效益和费用，编制财务报表，计算财务评价指标，考察项目的盈利能力，清偿能力和外汇平衡等财务状况，借以判别项目的财务可行性。

2. 食品项目财务评价的作用

食品项目的财务评价，无论对项目投资主体，还是对为项目建设和生产经营提供资金的其他机构或个人，均具有十分重要的作用，主要表现在以下几方面：①考察项目的财务盈利能力；②用于制定适宜的资金规划；③为协调企业利益和国家利益提供依据；④为中外合资项目提供双方合作的基础。

3. 食品项目财务评价的特点

（1）评价目标　追求食品项目投资给企业（或投资主体）带来的财务收益（利润）最大化。

（2）评价角度　站在食品项目投资主体或项目系统自身角度进行的经济评价。

（3）费用与效益的识别　财务评价中的费用，是指由于食品项目的实施给投资主体带来的直接费用支出；财务评价中的效益，是指由于食品项目实施给投资主体带来的直接收益。

（4）价格　费用与效益的计算均采用市场价格。

（5）主要参数　利率、汇率、税收及折旧等均按国家现行财税制度规定执行。

4. 食品项目财务评价的原则

（1）效益与费用计算口径一致的原则　只有将投入和产出的估算限定在同一范围内，计算的经济效益才是投入的真实回报。

（2）动态分析为主、静态分析为辅的原则　我国分别于1987年、1993年和2006年由国家发改委（原国家计委）和原建设部发布施行的《建设项目经济评价方法与参数》（以下简称《方法与参数》）第一版、第二版以及第三版，都采用了动态分析与静态分析相结合，以动态分析为主的原则制定出一整套项目经济评价方法与指标体系。

（3）采用预测价格的原则　财务分析是估算拟建项目未来数年或更长年份的效益与费用，因投入物和产出物的未来价格会发生变化，为了合理反映项目的效益和财务状况，财务分析应采用预测价格。

（4）定量分析为主、定性分析为辅的原则。

（5）费用与效益识别的有无对比原则　所谓"有"是指实施项目的将来状况，"无"是指不实施项目的将来状况。在识别项目的效益和费用时，须注意只有"有无对比"的差额部分才是由于项目的建设增加的效益和费用，即增量效益和费用。

三、食品项目财务效益与费用的识别与计算

识别应以食品项目为界，即应以食品项目的直接收入和支出为目标。间接费用和效益不在识别之列，属国民经济评价范围。食品项目的财务效益主要表现为：生产经营的产品销售（营业）收入，项目得到的各种补贴，项目寿命期末回收的固定资产余值和流动资金等。

1. 食品项目的财务效益

（1）销售（营业）收入　由食品数量、食品结构、食品质量与价格决定。其中，食品数量、食品结构、食品质量，可以根据市场调查确定的技术方案、技术装备、原材料来源、资源条件等确定；价格，以现行价格体系为基础的预测价格。

计算销售收入，首先要正确估计各年运营负荷（或称生产能力利用率和开工率）。运营负荷是指项目运营过程中负荷达到设计能力的百分数，它的高低与项目复杂程度、产品生命周期、技术成熟程度、市场开发程度、原材料供应、配套条件、管理因素等都有关系。运营负荷的确定一般有两种方式；一是经验设定法，即根据以往项目的经验，结合该项目的实际情况，粗估各年的运营负荷，以设计能力的百分数表示；二是营销计划法，通过制定详细的分年营销计划，确定各种产出物各年的生产量和商品量。应提倡采用第二种方式。

在项目评价中，产品或服务的价格是一个很重要的因素。确定产品或服务的价格一般可有三种选择办法：选择口岸价格，选择国内市场价格，或根据预计成本、利润和税金确定的价格。

（2）资产回收　寿命期内可回收的固定资产残值（或折余值），回收的流动资金（分析自有资金的效益，除非流动借款已全部还清，否则只有回收的自有流动资金）。

（3）补贴　国家为支持食品项目建设而给予的补贴。若国家对项目的支持已体现在价格、税收等方面，不应再计算补贴。

2. 食品项目的财务费用

（1）投资　包括固定资产投资（含工程费用、预备费用及其他费用）、固定资产投资方向调节税、无形资产投资、建设期贷款利息、流动资金投资及开办费（形成递延资产）等。

（2）销售税包括销售税金及附加。

（3）经营成本。

3. 食品项目的计算期

项目财务效益与费用的估算涉及整个计算期的数据。项目计算期是指对项目进行经济评价应延续的年限，是财务分析的重要参数，包括建设期和运营期。

（1）建设期　评价用的建设期，是指从食品项目资金正式投入起到项目建成投产止所需的时间。建设期的确定应综合考虑项目的建设规模、建设性质（新建、扩建和技术改造）、项目复杂程度、当地建设条件、管理水平与人员素质等因素，并与项目进度计划中的建设工期相协调。

（2）运营期　评价用的运营期应根据多种因素综合确定，包括行业特点、主要装置（或设备）的经济寿命期等。对于中外合资项目还要考虑合资双方商定的合资年限，在按

上述原则估定评价用的运营期后，还要与合资生产年限相比较，再按两者孰短的原则确定。

四、食品项目财务评价的基本内容和步骤

1. 食品项目财务评价的基本内容

食品项目财务评价的内容，应根据项目的性质和目标确定。对于经营性项目，财务评价应通过编制财务分析报表，计算财务指标，分析项目的盈利能力、偿债能力和财务生存能力，判断项目的财务可接受性，明确项目对财务主体及投资者的价值贡献，为项目决策提供依据。对于非经营性项目，财务评价应主要分析项目的财务生存能力。

2. 食品项目财务评价的步骤

食品项目的财务评价，首先要做的是融资前的项目投资现金流量分析，其结果体现项目方案本身设计是否合理，用于投资决策以及方案或项目的比选。这对项目发起人、投资者、债权人和政府部门都是有用的。

如果食品项目融资前分析的结论为可行，则有必要进行融资方案的分析，即进行融资后分析，包括项目资本金现金流量分析、偿债能力分析和财务生存能力分析等。融资后分析是比选融资方案，进行融资决策和投资者最终出资的依据。如果融资前分析结果不能满足要求，可返回对项目建设方案进行修改；若多次修改后分析结果仍不能满足要求，甚至可以做出放弃或暂时放弃项目的建议。

总的来说，食品项目财务评价的步骤主要包括：①选取财务评价基础数据与参数；②计算销售（营业）收入、估算成本费用；③编制财务评价报表。如财务现金流量表、损益和利润分配表、资金来源与运用表、借款偿还计划表；④计算财务评价指标，进行盈利能力、偿债能力和生存能力分析；⑤进行不确定性分析，包括敏感性分析和盈亏平衡分析；⑥编写财务评价报告。

第二节　食品项目财务评价基础数据测算

一、资本性投入基础数据的测算

总成本费用，系指在食品项目运营期内为生产产品提供服务所发生的全部费用，等于经营成本与折旧费、摊销费和财务费用之和。总成本费用可按下列方法估算。

1. 生产成本加期间费用估算法

总成本费用＝生产成本＋期间费用

生产成本＝直接材料费＋直接燃料和动力费＋直接工资＋其他直接支出＋制造费用

（1）制造费用　制造费用指食品项目运营期内为生产产品和提供劳务而发生的各项间接费用，包括生产单位管理人员工资和福利费、折旧费、修理费（生产单位和管理用房屋、建筑物、设备）、办公费、水电费、物料消耗、劳动保护费，季节性和修理期间的停工

损失等。但不包括企业行政管理部门为组织和管理生产经营活动而发生的管理费用。

（2）管理费用　管理费用是指食品项目管理和组织生产经营活动所发生的各项费用，包括项目经费、工会经费、职工教育经费、劳动保险费、待业保险费、董事会费、咨询费、聘请中介机构费、诉讼费、业务招待费、房产税、车船使用税、土地使用税、印花税、矿产资源补偿费、技术转让费、研究与开发费、无形资产与其他资产摊销、职工教育经费、计提的坏账准备和存货跌价准备等。为了简化计算，食品项目评价中可将管理费用归类为管理人员工资及福利费、折旧费、无形资产和其他资产摊销、修理费和其他管理费用几部分。

（3）财务费用　财务费用是指为筹集资金而发生的各项费用，包括食品项目生产经营期间发生的利息净支出及其他财务费用（汇兑净损失等）。

（4）营业费用　营业费用是指销售食品过程中发生的各项费用以及专设销售机构的各项经费，包括应由企业负担的运输费、装卸费、包装费、保险费、广告费、展览费以及专设销售机构人员工资及福利费、类似工程性质的费用、业务费等经营费用。为了简化计算，食品项目评价中将营业费用归为销售人员工资及福利费、折旧费、修理费和其他营业费用几部分。样表如表8-1所示。

表8-1　　　　　　　　按生产成本加期间费用估算法的总成本费用估算表　　　　　单位：万元

序号	项目	合计	计算期					
			1	2	3	4	…	n
1	生产成本							
1.1	直接材料费							
1.2	直接燃料及动力费							
1.3	直接工资及福利费							
1.4	制造费用							
1.4.1	折旧费							
1.4.2	修理费							
1.4.3	其他制造费							
2	管理费用							
2.1	无形资产摊销							
2.2	其他资产摊销							
2.3	其他管理费用							
3	财务费用							
3.1	利息支出							
3.1.1	长期借款利息							
3.1.2	流动资金借款利息							
3.1.3	短期借款利息							
4	营业费用							
5	总成本费用合计（1+2+3+4）							
5.1	其中：可变成本							
5.2	固定成本							
6	经营成本（5-1.4.1-2.1-2.2-3.1）							

注：①本表适用于新设法人项目与既有法人项目的"有项目""无项目"和增量总成本费用的估算；

②生产成本中的折旧费、修理费指生产性设施的固定资产折旧费和修理费；

③生产成本中的工资和福利费指生产性人员工资和福利费。车间或分厂管理人员工资和福利费可在制造费用中单独列项或含在其他制造费中；

④本表其他管理费用中含管理设施的折旧费、修理费以及管理人员的工资和福利费。

2. 生产要素估算法

$$总成本费用=外购原材料、燃料和动力费+工资及福利费+折旧费+$$
$$摊销费+修理费+财务费用(利息支出)+其他费用$$

其中，其他费用包括其他制造费用、其他管理费用和其他营业费用这三项费用。其他管理费用是指由管理费用中扣除工资及福利费、折旧费、摊销费、修理费后的其余部分。其他营业费用是指由营业费用中扣除工资及福利费、折旧费、修理费后的其余部分。

按照生产要素法估算的总成本费用，编制如表8-2所示。

表8-2　　　　　　　　　　按生产要素估算法的总成本费用估算表　　　　　　单位：万元

序号	项目	投产期 3	4	达到设计能力生产期 5	6	…	n	合计
1	外购原材料							
2	外购燃料动力							
3	工资及福利费							
4	折旧费							
5	修理费							
6	维简费							
7	摊销费							
8	利息支出							
9	其他费用							
10	总成本费用（1+2+…+9）							
11	变动成本（1+2）							
12	固定成本（10-10.1）							
13	经营成本（10-4-6-7-8）							

注：　本表适用于新设法人项目与既有法人项目的"有项目""无项目"和增量成本费用的估算。

（1）外购原材料估算　外购原材料（包括其他材料）可按下式估算：

$$外购原材料=\sum(某种原材料的单价×该原材料单耗定额×相关产品的年产量)$$

（2）外购燃料及动力估算　外购燃料及动力的估算可以按照外购原材料的测算方法，按外购油、煤、电给予分别测算。

（3）工资及福利费估算

① 工资的估算：按人均年工资额和全厂职工人员数计算的年工资总额。其计算公式如下：

$$年工资成本=年人均工资额×全厂职工定员数$$

按照不同的工资级别对职工进行划分，分别估算同一级别职工的工资，然后再加以汇总。

② 福利费的估算：福利费的估算一般按照职工工资总额的一定比例提取。计算公式如下：

$$职工福利费=工资总额×14\%$$

（4）折旧费估算　固定资产折旧从固定资产投入使用月份的次月起，按月计提。停止使用的固定资产，从停用月份的次月起，停止计提折旧。

根据国家有关规定，计提折旧的固定资产范围是：企业的房屋、建筑物；在用的机器设备、仪器仪表、运输车辆、工具器具；季节性停用和在修理停用的设备；以经营租赁方式租出的固定资产；以融资租赁方式租入的固定资产。

① 平均年限法：（直线法）其计算公式如下：

$$年折旧额=\frac{固定资产原值×（1-预计净残值率）}{折旧年限}$$

② 工作量法：对于下列专用设备可采用工作量法计提折旧：

交通运输企业和其他企业专用车队的客货运汽车，按照行使里程计算折旧费。其计算公式如下：

$$单位里程折旧额=\frac{原值×（1-预计净残值率）}{总行驶里程}$$

$$年折旧额=单位里程折旧额×年行驶里程$$

大型专用设备，可根据工作小时计算折旧费。其计算公式如下：

$$每工作小时折旧额=\frac{原值×（1-预计净残值率）}{总工作小时}$$

$$年折旧额=每工作小时折旧额×年工作小时$$

③ 加速折旧法：通常采用双倍余额递减法进行折旧。其计算公式如下：

$$年折旧率=\frac{2}{折旧年限}$$

$$年折旧额=年初固定资产账面净值×年折旧率$$

实行双倍余额递减法的固定资产，应当在其固定资产折旧年限前 2 年内，将固定资产净值扣除预计净残值后的净额平均摊销。

[**例 8-1**] 某设备原值 8000 元，使用期限为 4 年，4 年末残值为 100 元。试用双倍余额递减法计算折旧。

$$第1年的折旧费=\frac{2}{4}×（8000-0）元=4000元$$

$$第2年的折旧费=\frac{2}{4}×（8000-4000）元=2000元$$

$$第3年的折旧费=（8000-6000-100）元÷2=950元$$

$$第4年的折旧费=（8000-6000-100）元÷2=950元$$

④ 年数总和法。其计算公式如下：

$$年折旧率=\frac{2×（折旧年限-已使用年数）}{折旧年限×（折旧年限+1）}×100\%$$

$$年折旧额=（固定资产原值-预计净残值）×年折旧率$$

固定资产折旧费估算表见表 8-3。

表 8-3   固定资产折旧费估算表   单位：万元

序号	年份　项目	折旧年限	投产期		达到设计能力生产期			
			3	4	5	6	…	n
1	固定资产合计							
1.1	原值							
1.2	折旧费							
1.3	净值							

（5）无形资产摊销费的估算

无形资产摊销费的估算采用直线法计算，无形资产摊销估算表如表8-4。

表8-4 　　　　　　　　　　　　　　**无形资产摊销估算表** 　　　　　　　　单位：万元

序号	年份 项目	摊销年限	投产期		达到设计能力生产期			
			3	4	5	6	…	n
1	无形资产合计							
1.1	摊销							
1.2	净值							

（6）修理费的估算　固定资产修理费，是指为保持固定资产的正常运转和使用，充分发挥其使用效能，在运营期内对其进行必要修理所发生的费用。按其修理范围的大小和修理时间间隔的长短，可以分为大修理和中、小修理。食品项目评价中修理费可直接按固定资产原值（扣除所含的建设期利息）的一定百分数估算，百分数的选取应考虑行业和项目特点。

（7）财务费用（利息支出）的估算　按照现行财税规定，可以列支于总成本费用的财务费用，是指企业为筹集所需资金等而发生的费用，包括利息支出（减利息收入）、汇兑损失（减汇兑收益）以及相关的手续费等。在项目评价中，一般只考虑利息支出。利息支出的估算包括长期借款利息（即建设投资借款在投产后需支付的利息）、用于流动资金的借款利息和短期借款利息三部分。

二、经营性投入基础数据的测算

1. 经营成本的含义

在食品项目评估中，经营成本是指项目总成本费用扣除折旧费、摊销费和利息支出以后的成本费用，它是生产经营期最主要的现金流出项目之一。

2. 经营成本的估算公式

$$某年经营成本＝总成本费用－折旧费－维简费－摊销费－利息支出$$

经营成本是工程经济学特有的概念，它涉及产品生产及销售、项目管理过程中的物料人力和能源的投入费用，反映项目的生产和管理水平。同类项目的经营成本具有可比性。在项目评价中，它被广泛运用于现金流量分析。

计算经营成本之所以要从总成本费用中剔除折旧费、摊销费和利息支出，主要是基于如下两点理由。第一，现金流量表反映项目在计算期内逐年发生的现金流入和流出。与常规会计方法不同，现金收支何时发生就在何时计算，不作分摊。由于投资已按其发生的时间作为一次性支出被计入现金流出，所以不能再以折旧或提取摊销的方式计为现金流出，否则会发生重复计算。因此，作为经常性支出的经营成本中不包括折旧费和摊销费。第二，项目投资现金流量表居于融资前分析，不考虑投资资金来源和利息，利息支出不作为现金流出；资本金现金流量表中已将利息支出单列，因此，经营成本中也不包括利息支出。

三、项目产出效果基础数据的测算

1. 销售收入的估算

（1）销售收入估算应考虑的因素 产品的销售价格、产品年销售量。

（2）销售收入的估算方法 销售收入=产品销售单价×产品年销售量。

2. 各项税金及附加的估算

（1）税金及附加的含义 主要指食品项目投产后依法交纳给国家和地方的主营业务（销售）税金及附加、增值税和所得税等税费。

（2）主营业务（销售）税金及附加估算方法

① 营业税的估算：考虑的因素包括纳税人，税目、税率，计税的方法（应纳税额=营业额×适应税率），免税、减税的规定。

② 消费税的估算：考虑的因素包括纳税人，税目、税率，计税的方法（实行从价定率办法计算的应纳税额=应税消费品销售额×适应税率，实行从量定额办法计算的应纳税额=应税消费品销售数量×单位税额），免税、减税的规定。

③ 资源税的估算：考虑的因素包括纳税人，税目、税率，计税的方法（应纳税额=应税产品课税数量×单位税额），免税、减税的规定。

④ 城市维护建设税的估算：考虑的因素包括纳税人，税率，计税的方法（应纳税额=（营业税+消费税+增值税）的应纳税额×适应税率）。

⑤ 教育费附加的估算：应纳教育费附加额=实际缴纳的（营业税+消费税+增值税）税额×3%。

（3）增值税的估算 增值税的含义：是对在我国境内销售货物、进口货物以及提供加工、修理修配劳务的单位和个人，就其取得货物的销售额、进口货物金额、应税劳务销售额计算税款，并实行税款抵扣制的一种流转税。考虑的因素包括：①纳税人；②税率；③计税方法：应纳税额=当期销项税额－当期进项税额销项税额=销售额×税率；④出口退税；⑤增值税在项目评估中的处理方式。

（4）关税的估算 关税是以进出口应税货物为纳税对象的税种。食品项目评价中涉及应税货物的进出口时，应按规定正确计算关税。引进技术、设备材料的关税体现在投资估算中，而进口原材料的关税体现在成本中。

3. 利润总额及其分配的估算

（1）利润总额的估算

利润总额=主营业务（销售）收入－主营业务（销售）税金及附加－总成本费用

（2）所得税的估算 考虑的因素包括：①所得税的估算纳税人；②税率；③计税依据；④扣除项目和不能扣除的项目；⑤应纳所得税额的计算方法：应纳所得税额=应纳税所得额×相应税率；⑥减税、免税的规定。

（3）净利润的分配估算

净利润=利润总额－所得税

净利润的分配程序：①提取法定盈余公积金；②提取法定公益金；③提取任意盈余公积金；④向投资者分配利润；⑤未分配利润；⑥项目评估中的净利润分配方法。

第三节　食品项目财务评价指标体系

食品项目财务评价指标体系的构建，可以依据评价内容来确定，具体指标如表 8-5 所示。其中，项目财务评价的盈利能力分析，要计算财务内部收益率、投资回收期等主要评价指标。根据项目的特点及实际需要，也可计算财务净现值、投资利润率、投资利税率、资本金利润率等指标。清偿能力分析要计算资产负债率、借款偿还期、流动比率、速动比率等指标。此外，还可计算其他价值指标或实物指标（如单位生产能力投资），进行辅助分析。如果项目涉及国际贸易的，则还需考察外汇效果。

表 8-5　食品项目的财务评价指标体系

评价内容		基本报表	财务评价指标	
			静态指标	动态指标
融资前分析		项目投资现金流量表	项目静态投资回收期	项目投资财务内部收益率 项目投资财务净现值 项目动态投资回收期
融资后分析	盈利能力分析	资本金现金流量表	—	资本金财务内部收益率
		投资各方现金流量表	—	投资各方财务内部收益率
		利润与利润分配表	总投资收益率（投资利税率）	—
			资本金净利润率	
	清偿能力分析	借款还本付息计划表	偿债备付率	
			利息备付率	
			固定资产投资国内借款偿还期	
		资产负债表	资产负债率	
			流动比率	
			速动比率	
	财务生存能力分析	财务计划现金流量表	净现金流量	
			累计盈余资金	
	不确定性分析	盈亏平衡分析	平衡点产量	—
			平衡点生产能力利用率	
		敏感性分析		财务内部收益率 财务净现值等

一、食品项目财务评价的融资前分析

食品项目的融资前分析，主要考察投资的可行性；而食品项目财务盈利能力分析，则主要是考察投资的盈利水平，两者在评价指标的使用上有一定的共通性。

融资前分析只进行盈利能力分析，即项目投资现金流量分析。项目投资现金流量分析，原称为"全部投资现金流量分析"，是针对项目基本方案进行的现金流量分析。它是在不考虑债务融资条件下进行的融资前分析，是从项目投资总获利能力的角度，考察项目方案设计的合理性，即不论实际可能支付的利息是多少，分析结果都不发生变化，因此可以排除融资方案对决策的影响。项目投资现金流量分析，应以动态分析（项目折现现金流量分析）为主，静态分析（非折现现金流量分析）为辅。可用项目的投资回收期（*Pt*）、项目投资财务内部收益率（*FIRR*）、项目投资财务净现值（*FNPV*）和财务净现值率（*FNPVR*）来分析，具体计算公式请参看前面章节内容。

二、食品项目财务评价的融资后分析和盈利能力分析

项目的融资后分析，是指以设定的融资方案为基础进行的财务分析。融资后分析应以融资前分析和初步的融资方案为基础，考察食品项目在拟定融资条件下的盈利能力、偿债能力和财务生存能力等内容，判断项目方案在融资条件下的可行性。融资后分析是比选融资方案、进行融资决策和投资者最终决定投资的依据。可行性研究阶段必须进行融资后分析，但只是阶段性的。实践中，在可行性研究报告完成之后，还需要进一步深化融资后分析，才能完成最终融资决策。

在食品项目盈利能力的财务评价指标中，资本金财务内部收益率和投资各方财务内部收益率的计算公式，与项目投资财务内部收益率的公式一致，但依据的基本报表不同，分别为资本金现金流量表和投资各方现金流量表。对食品项目盈利能力的财务评价指标可采取总投资收益率（*ROI*）、投资利税率和资本金利润率（*ROE*）。

三、食品项目财务评价的清偿能力分析

食品项目清偿能力分析，主要是考察计算期内各年的财务状况及偿债能力。常用以下指标进行分析。

1. 偿债备付率（debt service coverage ratio，*DSCR*）

偿债备付率又称偿债覆盖率，是指项目在借款偿还期内，各年可用于还本付息的资金与当期应还本付息金额的比值。其表达式为：

偿债备付率＝可用于还本付息的资金÷当期应还本付息的金额×100%

可用于还本付息的资金＝息税前利润加折旧和摊销－企业所得税

$$DSCR=(EBITDA-Tax)\div PD\times 100\% \tag{8-1}$$

式中　可用于还本付息的资金——包括可用于还款的折旧和摊销、成本中列支的利息费用、可用于还款的利润等；

$EBITDA$——息税前利润加折扣和摊销；

Tax——企业所得税；

PD——当期应还本付息利息；

当期应还本付息的金额——包括当期应还贷款本金额及计入成本费用的利息。

2. 利息备付率（interest coverage ratio，*ICR*）

利息备付率也称已获利息倍数，是指食品项目在借款偿还期内各年可用于支付利息的税息前利润与当期应付利息费用的比值。其表达式为：

利息备付率＝税息前利润÷当期应付利息×100%

式中　税息前利润——利润总额与计入总成本费用的利息费用之和，即税息前利润＝利润

总额+计入总成本费用的利息费用；

当期应付利息——计入总成本费用的全部利息。

3. 固定资产投资国内借款偿还期

固定资产投资国内借款偿还期，是指在国家财政规定及项目具体财务条件下，以食品项目投产后可用于还款的资金，偿还固定资产投资国内借款本金和建设期利息（不包括已用自有资金支付的建设期利息）所需要的时间。其表达式为：

$$I_d = \sum_{t=1}^{P_d} R_t \tag{8-2}$$

式中　I_d——固定资产投资国内借款本金和建设期利息之和；

P_d——固定资产投资国内借款偿还期（从借款开始年计算。当从投产年算起时，应予注明）；

R_t——第 t 年可用于还款的资金，包括：利润、折旧、摊销及其他还款资金。

借款偿还期，可由资金来源与运用表及国内借款还本付息计算表直接推算，以年表示。详细计算公式为：

$$借款偿还期 = \left[\begin{array}{c}借款偿还后开始\\出现盈余年份数\end{array}\right] - 开始借款年份 + \frac{当年偿还借款数}{当年可用于还款的资金数}$$

涉及外资的食品项目，其国外借款部分的还本付息，应按已经明确的或预计可能的借款偿还条件（包括偿还方式及偿还期限）计算。当借款偿还期满足贷款机构的要求期限时，即认为项目是有清偿能力的。

4. 资产负债率

资产负债率是反映食品项目各年所面临的财务风险程度及偿债能力的指标。

$$资产负债率 = \frac{负债总额}{资产总额} \times 100\%$$

5. 流动比率

流动比率是反映食品项目各年偿付流动负债能力的指标。

$$流动比率 = \frac{流动资产总额}{流动负债总额} \times 100\%$$

6. 速动比率

速动比率是反映食品项目快速偿付流动负债能力的指标。

$$速动比率 = \frac{流动资产总额 - 存货}{流动负债总额} \times 100\%$$

四、食品项目财务评价的生存能力分析

生存能力分析，是指在食品项目运营期间，确保从各项经济活动中得到足够的净现金流量是项目能够持续生存的条件。

1. 净现金流量

净现金流量是现金流量表中的一个指标，是指一定时期内，现金及现金等价物的流入（收入）减去流出（支出）的余额（净收入或净支出），反映了企业本期内净增加或净减少的现金及现金等价物数额。其基本计算公式为：

$$净现金流量 = 现金流入量 - 现金流出量$$

按照企业生产经营活动的不同类型，现金净流量可分为：经营活动现金净流量，投资活动现金净流量，筹资活动现金净流量。其中投资型净现金流量，是对拟新建、扩建、改建的企业，在建设期，投产期和达产期整个寿命期内现金流入和流出的描述。其计算公式为：

$$投资型净现金流量 = 投资型净现金流入量 - 投资型净现金流出量$$

$$投资型净现金流入量 = 销售收入 + 固定资产余值回收 + 流动资产回收$$

$$投资型净现金流出量 = 固定资产投资 + 注入的流动资金 + 经营成本 + 销售税金及附加 + 所得税 + 特种基金$$

2. 累计盈余资金

其计算公式为：

$$累计盈余资金 = 流动资产总额 - 应收账款 - 存货 - 现金$$

五、食品项目财务评价的外汇效果分析

涉及外汇收支的食品项目，还应进行外汇平衡分析，考察各年外汇余缺程度。对外汇不能平衡的项目，应提出具体的解决办法。凡涉及产品出口创汇及替代进口节汇的项目，还应计算财务外汇净现值，财务换汇成本及财务节汇成本等指标。

1. 财务外汇净现值（FNPV）

财务外汇净现值是分析、评价食品项目实施后对国家外汇状况影响的重要指标，用以衡量项目对国家外汇的净贡献（创汇）或净消耗（用汇）。外汇净现值可通过外汇流量表直接求得，其表达式为：

$$FNPV_F = \sum_{t=1}^{n} (FI - FO)_t (1+i)^{-t} \tag{8-3}$$

式中　FI——外汇流入量；

　　　FO——外汇流出量；

$(FI-FO)_t$——第 t 年的净外汇流量；

　　　i——折现率，一般可取外汇贷款利率；

　　　n——计算期。

2. 财务换汇成本及财务节汇成本

财务换汇成本，是指换取 1 美元外汇所需要的人民币数额。其计算原则是，食品项目计算期内生产出口产品所投入的国内资源的现值（即自出口产品总投入中扣除外汇花费后的现值）与生产出口产品的外汇净现值之比。其表达式为：

$$财务换汇成本 = \frac{\sum_{t=1}^{n} DR_t (1+i)^{-t}}{\sum_{t=1}^{n} (FI - FO)_t (1+i)^{-t}} \tag{8-4}$$

式中　DR_t——项目在第 t 年生产出口产品投入的国内资源（包括投资、原材料、工资及其他投入）。

显然，财务换汇成本越低，表明食品项目财务效益越好。

当有产品替代进口时，应计算财务节汇成本，它等于项目计算期内生产替代进口产品

所投入的国内资源的现值与生产替代进口产品的财务外汇净现值之比，即节约 1 美元外汇所需要的人民币金额。其计算式为：

$$财务节汇成本 = \frac{\sum_{t=1}^{n} DR'_t (1 + i)^{-t}}{\sum_{t=1}^{n} (FI' - FO')_t (1 + i)^{-t}} \quad (8-5)$$

式中　DR'_t——项目在第 t 年为生产替代进口产品投入的国内资源（包括投资、原材料、工资及其他投入），元；

　　　FI'——生产替代进口产品所节约的外汇，美元；

　　　FO'——生产替代进口产品的外汇流出（包括应由替代进口产品分摊的固定生产及经营费用中的外汇流出），美元。

显然，财务节汇成本越低，则食品项目的财务效益越好。

六、不确定性分析

不确定分析包括盈亏平衡分析、敏感性分析，具体分析过程见前面第七章相关内容。

第四节　食品项目财务评价报表

一、财务评价报表的定义和构成

食品项目的财务评价报表，通常包括基本报表和辅助报表，具体来说，有 6 个基本报表 11 个辅助报表。它们分别是：①基本报表：项目财务现金流量表；资本金财务现金流量表；投资各方财务现金流量表；利润与利润分配表；资金来源及应用表；资产负债表。②辅助报表：建设投资（不含建设期利息）估算表；项目总投资估算汇总表；流动资金估算汇总表；投资使用与资金筹措计划表；借款还本付息计划表；外购原材料费用估算表；外购燃料动力费用估算表；固定资产折旧费估算表；无形资产及其他资产摊销费用估算表；总成本费用估算表；销售收入、销售税金及附加和增值税估算表。

上述报表也可归为两类：①为分析项目的盈利能力需编制的主要报表，有：项目财务现金流量表、项目资本金现金流量表、投资各方现金流量表、利润与利润分配表及相应的辅助报表；②为分析项目的偿债能力需编制的主要报表，有：资产负债表、借款还本付息计划表及相应的辅助报表。

二、食品项目融资前分析相关报表

融资前分析排除了融资方案变化的影响，从食品项目投资总获利能力的角度，考察项目方案设计的合理性。融资前分析应以动态分析（折现现金流量）为主，静态分析（非折现现金流量分析）为辅。融资前分析计算的相关指标，可作为初步投资决策的依据和融资方案研究的基础。

融资前动态分析，应以营业收入、建设投资、经营成本和流动资金的估算为基础，考察整个计算期内现金流入和现金流出，编制项目投资现金流量表，利用资金时间价值的原理进行折现，计算食品项目的投资内部收益率和净现值等指标。

在食品项目投资决策中，现金流量是指一个投资项目在整个生命周期内所引起的现金支出和现金收入增加的数量。食品项目财务现金流量分析，是针对项目基本方案进行的现金流量分析，或称为"全部投资现金流量分析"。它是在不考虑债务融资条件下进行的融资前分析，是从项目投资总获利能力的角度，考察项目方案设计的合理性。项目分析的重点就是现金流分析，可以用现金流来度量项目对公司财务的作用。财务报表中的利润和损失不一定能够代表现金流的净增加和减少。食品项目投资现金流量表如表 8-6 所示。

（1）现金流入 营业收入、补贴收入、回收固定资产余值、回收流动资金。在计算期的最后一年，还包括回收固定资产余值（该回收固定资产余值应不受利息因素的影响，它区别于项目资本金现金流量表中的回收固定资产余值）及回收流动资金。

（2）现金流出 建设投资、流动资金、经营成本、营业税金及附加；维持运营投资（运营期内发生的设备或设施的更新费用，如果运营期内需要投入维持运营投资，也应将其作为现金流出）；

（3）调整所得税 所得税后分析还要将所得税作为现金流出（由于是融资前分析该所得税与融资方案无关，其数值区别于其他财务报表中的所得税。该所得税应根据不受利息因素影响的息税前利润乘以所得税税率计算，称为调整所得税，也可称为融资前所得税）。

表 8-6 项目投资现金流量表 单位：万元

序号	项目	合计	计算期					
			1	2	3	4	…	n
1	现金流入							
1.1	营业收入							
1.2	补贴收入							
1.3	回收固定资产余值							
1.4	回收流动资金							
2	现金流出							
2.1	建设投资							
2.2	流动资金							
2.3	经营成本							
2.4	营业税金及附加							
2.5	维持运营投资							
3	所得税前净现金流量（1-2）							
4	累计所得税前净现金流量							
5	调整所得税							
6	所得税后净现金流量（3-5）							
7	累计所得税后净现金流量							

续表

计算指标:
项目投资财务内部收益率（%）（所得税前）
项目投资财务内部收益率（%）（所得税后）
项目投资财务净现值（所得税前）（i_c=%）
项目投资财务净现值（所得税后）（i_c=%）
项目投资回收期（年）（所得税前）
项目投资回收期（年）（所得税后）

　　注：① 本表适用于新设法人项目与既有法人项目的增量和"有项目"的现金流量分析；

　　② 调整所得税为以息税前利润为基数计算的所得税，区别于"利润与利润分配表""项目资本金现金流量表"和"财务计划现金流量表"中的所得税。

　　项目投资现金流量表中的"所得税"，应根据息税前利润（*EBIT*）乘以所得税率计算，称为"调整所得税"。原则上，息税前利润的计算应完全不受融资方案变动的影响，即不受利息多少的影响，包括建设期利息对折旧的影响（因为这些变化会对利润总额产生影响，进而影响息税前利润）。但如此将会出现两个折旧和两个息税前利润（用于计算融资前所得税的息税前利润和利润表中的息税前利润）。为简化起见，当建设期利息占总投资比例不是很大时，也可按利润表中的息税前利润计算调整所得税。

三、食品项目融资后分析相关报表

　　融资后分析，应以融资前分析和初步的融资方案为基础，考察食品项目在拟定融资条件下的盈利能力、偿债能力和财务生存能力，判断项目方案在融资条件下的可行性。融资后分析用于比选融资方案，帮助投资者做出融资决策。融资后的盈利能力分析应包括动态分析和静态分析两种。

1. 融资后盈利能力动态分析

　　（1）动态分析指标　动态分析是通过编制财务现金流量表，根据资金时间价值原理，计算财务内部收益率、财务净现值等指标，分析食品项目的获利能力。

　　食品项目资本金现金流量分析，需要编制项目资本金现金流量表见表8-7，该表包括：

　　① 现金流入：包括营业收入（必要时还可包括补贴收入），在计算期的最后一年，还包括回收固定资产余值及回收流动资金；

　　② 现金流出：主要包括建设投资和流动资金中的项目资本金（权益资金）、经营成本、营业税金及附加、还本付息和所得税；

　　③ 所得税：这里的所得税应等同于利润和利润分配表等财务报表中的所得税，而区别于项目财务现金流量表中的调整所得税。如果计算期内需要投入维持运营投资，也应将其作为现金流出（通常设定维持运营投资由企业自有资金支付）。

　　可见该表的净现金流量包括了项目（企业）在缴税和还本付息之后所剩余的收益（含投资者应分得的利润），也即企业的净收益，又是投资者的权益性收益。

　　按照我国财务分析方法的要求，一般可以只计算项目资本金财务内部收益率一个指标，其表达式和计算方法同项目投资财务内部收益率，只是所依据的表格和净现金流量的内涵不同，判断的基准参数也不同。

　　食品项目资本金财务内部收益率的基准参数，应体现项目发起人（代表项目所有权益投资者）对投资获利的最低期望值（最低可接受收益率）。当项目资本金财务内部收益率大于或等于最低可接受收益率时，说明在该融资方案下，项目资本金获利水平超过或达到了要求，该融资方案是可以接受的。

表8-7　　　　　　　　　　　项目资本金现金流量表　　　　　　　　　　单位：万元

序号	项目	合计	计算期					
			1	2	3	4	…	n
1	现金流入							
1.1	营业收入							
1.2	补贴收入							
1.3	回收固定资产余值							
1.4	回收流动资金							
2	现金流出							
2.1	项目资本金							
2.2	借款本金偿还							
2.3	借款利息支付							
2.4	经营成本							
2.5	营业税金及附加							
2.6	所得税							
2.7	维持运营投资							
3	净现金流量（1-2）							

计算指标：
资本金财务内部收益率（%）

注：①项目资本金包括用于建设投资、建设期利息和流动资金的资金；
②对外商投资项目，现金流出中应增加职工奖励及福利基金科目；
③本表适用新设法人项目与既有法人项目"有项目"的现金流量分析。

（2）投资各方现金流量表　对于某些食品项目，为了考察投资各方的具体收益，还需要编制从投资各方角度出发的现金流量表，计算相应的财务内部收益率指标。

投资各方现金流量表中的现金流入和现金流出科目，需根据项目具体情况和投资各方因项目发生的收入和支出情况选择填列，见表8-8。依据该表计算的投资各方财务内部收益率指标，其表达式和计算方法与项目投资财务内部收益率相同，只是所依据的表格和净现金流量内涵不同，判断的基准参数也不同。投资各方财务内部收益率，是一个相对次要的指标。在按股本比例分配利润和分担亏损和风险的原则下，投资各方的利益一般是均等的，可不计算投资各方财务内部收益率。只有投资各方有股权之外的不对等的利益分配时，投资各方的收益率才会有差异，如其中一方有技术转让方面的收益，或一方有租赁设施的收益，或一方有土地使用权收益的情况。另外，不按比例出资和进行分配的合作经营项目，投资各方的收益率也可能会有差异。计算投资各方的财务内部收益率可以看出各方收益的非均衡性是否在一个合理的水平上，有助于促成投资各方在合作谈判中达成平等互利的协议。

① 实分利润是指投资者由食品项目获得的利润。

② 资产处置收益分配是指对有明确的合营期限或合资期限的项目，在期满时对资产余值按股比或约定比例的分配。

表 8-8 投资各方现金流量表 单位：万元

序号	项目	合计	计算期					
			1	2	3	4	…	n
1	现金流入							
1.1	实分利润							
1.2	资产处置收益分配							
1.3	租赁费收入							
1.4	技术转让或使用收入							
1.5	其他现金流入							
2	现金流出							
2.1	实缴资本							
2.2	租赁资产支出							
2.3	其他现金流出							
3	净现金流量（1-2）							

计算指标：
投资各方财务内部收益率（%）

注：① 本表可按不同投资方分别编制；

② 投资各方现金流量表既适用于内资企业也适用于外商投资企业，既适用于合资企业也适用于合作企业；

③ 投资各方现金流量表中现金流入是指出资方因该项目的实施将实际获得的各种收入，现金流出是指出资方因该项目的实施将实际投入的各种支出。表中科目应根据项目具体情况调整。

③ 租赁费收入是指出资方将自己的资产租赁给项目使用所获得的收入，此时应将资产价值作为现金流出，列为租赁资产支出科目。

④ 技术转让或使用收入是指出资方将专利或专有技术转让或允许该项目使用所获得的收入。

2. 融资后盈利能力静态分析

静态分析是不采取折现方式处理数据，主要依据利润与利润分配表，并借助现金流量表计算相关盈利能力指标。

利润与利润分配表，反映项目计算期内各年营业收入、总成本费用、利润总额等情况，以及所得税后利润的分配，用于计算总投资收益率、项目资本金净利润率等指标，见表 8-9。

表 8-9 利润与利润分配表 单位：万元

序号	项目	合计	计算期					
			1	2	3	4	…	n
1	营业收入							
2	营业税金及附加							
3	总成本费用							
4	补贴收入							
5	利润总额（1-2-3+4）							
6	弥补以前年度亏损							
7	应纳税所得额（5-6）							

续表

序号	项目	合计	计算期					
			1	2	3	4	…	n
8	所得税							
9	净利润（5-8）							
10	期初未分配利润							
11	可供分配的利润（9+10）							
12	提取法定盈余公积金							
13	可供投资者分配的利润（11-12）							
14	应付优先股股利							
15	提取任意盈余公积金							
16	应付普通股股利（13-14-15）							
17	各投资方利润分配：							
	其中：×× 方							
	×× 方							
18	未分配利润(13-14-15-17)							
19	息税前利润（利润总额+利息支出）							
20	息税折旧摊销前利润（息税前利润+折旧+摊销）							

注：① 对于外商出资项目由第 11 项减去储备基金、职工奖励与福利基金和企业发展基金后，得出可供投资者分配的利润；

② 法定盈余公积金按净利润计提。

3. 融资后偿债能力分析相关报表

偿债能力分析，主要需编制借款还本付息计划表和资产负债表。

（1）借款还本付息计划表 借款还本付息计划表：反映食品项目计算期内各年借款本金偿还和利息支付情况，用于计算偿债备付率和利息备付率指标，见表8-10。

表8-10 借款还本付息计划表 单位：万元

序号	项目	合计	计算期					
			1	2	3	4	…	n
1	借款 1							
1.1	期初借款余额							
1.2	当期还本付息							
	其中：还本							
	付息							
1.3	期末借款余额							
2	借款 2							
2.1	期初借款余额							
2.2	当期还本付息							
	其中：还本							
	付息							
2.3	期末借款余额							
3	债券							
3.1	期初债券余额							

续表

序号	项目	合计	计算期					
			1	2	3	4	…	n
3.2	当期还本付息							
	其中：还本							
	付息							
3.3	期末债券余额							
4	借款和债券合计							
4.1	期初余额							
4.2	当期还本付息							
	其中：还本							
	付息							
4.3	期末余额							
计算 指标	利息备付率 偿债备付率							

注：① 本表与财务分析辅助表"建设期利息估算表"可合二为一；

② 本表直接适用于新设法人项目，如有多种借款或债券，必要时应分别列出；

③ 对于既有法人项目，在按有项目范围进行计算时，可根据需要增加项目范围内原有借款的还本付息计算；在计算企业层次的还本付息时，可根据需要增加项目范围外借款的还本付息计算；当简化直接进行项目层次新增借款还本付息计算时，可直接按新增数据进行计算；

④ 本表可另加流动资金借款的还本付息计算。

表8-10中的债券，是指通过发行债券来筹措建设资金，因此债券的性质应当等同于借款。两者之间的区别是，通过债券筹集建设资金的食品项目，项目是向债权人支付利息和偿还本金，而不是向贷款的金融机构支付利息和偿还本金。

（2）资产负债表 用于综合反映食品项目计算期内各年末资产、负债和所有者权益的增减变化及对应关系的一种报表，可用于计算资产负债率。

资产负债表的编制：资产＝负债+所有者权益

资产负债表见表8-11。

表8-11 资产负债表 单位：万元

序号	项目	计算期					
		1	2	3	4	…	n
1	资产						
1.1	流动资产总额						
1.1.1	货币资金						
1.1.2	应收账款						
1.1.3	预付账款						
1.1.4	存货						
1.1.5	其他						
1.2	在建工程						
1.3	固定资产净值						
1.4	无形及其他资产净值						

续表

序号	项目	计算期					
		1	2	3	4	…	n
2	负债及所有者权益（2.4+2.5）						
2.1	流动负债总额						
2.1.1	短期借款						
2.1.2	应付账款						
2.1.3	预收账款						
2.1.4	其他						
2.2	建设投资借款						
2.3	流动资金借款						
2.4	负债小计（2.1+2.2+2.3）						
2.5	所有者权益						
2.5.1	资本金						
2.5.2	资本公积金						
2.5.3	累计盈余公积金						
2.5.4	累计未分配利润						
计算指标： 资产负债率（%）							

注：① 对外商投资项目，第2.5.3项改为累计储备基金和企业发展基金；

② 对于既有法人项目，一般只针对法人编制，可按需要增加科目，此时表中资本金是指企业全部实收资本，包括原有和新增的实收资本，必要时，也可针对"有项目"范围编制。此时表中资本金仅指"有项目"范围的对应数值；

③ 货币资金包括现金和累计盈余资金。

4. 融资后的生存能力分析相关报表

财务分析中应根据财务计划现金流量表，综合考虑项目计算期内各年的投资活动、融资活动和经营活动所产生的各项现金流入和流出，计算净现金流量和累计盈余、资金，分析项目是否有足够的净现金流量维持正常运营。因此，生存能力分析也可称为资金平衡分析。财务计划现金流量见表8-12。

表 8-12　　　　　　　　　　　　　财务计划现金流量表　　　　　　　　　　　单位：万元

序号	项目	计算期					
		1	2	3	4	…	n
1	经营活动净现金流量（1.1-1.2）						
1.1	现金流入						
1.1.1	营业收入						
1.1.2	增值税销项税额						
1.1.3	补贴收入						
1.1.4	其他流入						
1.2	现金流出						
1.2.1	经营成本						
1.2.2	增值税进项税额						
1.2.3	营业税金及附加						

续表

序号	项目	计算期					
		1	2	3	4	…	n
1.2.4	增值税						
1.2.5	所得税						
1.2.6	其他流出						
2	投资活动净现金流量（2.1-2.2）						
2.1	现金流入						
2.2	现金流出						
2.2.1	建设投资						
2.2.2	维持运营投资						
2.2.3	流动资金						
2.2.4	其他流出						
3	筹资活动净现金流量（3.1-3.2）						
3.1	现金流入						
3.1.1	项目资本金投入						
3.1.2	建设投资借款						
3.1.3	流动资金借款						
3.1.4	债券						
3.1.5	短期借款						
3.1.6	其他流入						
3.2	现金流出						
3.2.1	各种利息支出						
3.2.2	偿还债务本金						
3.2.3	应付利润（股利分配）						
3.2.4	其他流出						
4	净现金流量（1+2+3）						
5	累计盈余资金						

注： ① 对于新设法人项目， 本表投资活动的现金流入为零；

② 对于既有法人项目， 可适当增加科目；

③ 必要时， 现金流出中可增加应付优先股股利科目；

④ 对外商投资项目应将职工奖励与福利基金作为经营活动现金流出。

　　财务生存能力分析应结合偿债能力分析进行，如果拟安排的还款期过短，致使还本付息负担过重，导致为维持资金平衡必须筹措的短期借款过多，可以调整还款期，减轻各年还款负担。通常因运营期前期的还本付息负担过重，故应特别注重运营期前期的财务生存能力分析。

　　通常通过以下相辅相成的两个方面可具体判断食品项目的财务生存能力。

　　（1）拥有足够的经营净现金流量是财务可持续的基本条件，特别是在运营初期。一个食品项目具有较大的经营净现金流量，说明项目方案比较合理，实现自身资金平衡的可能性大，不会过分依赖融资来维持运营；反之，一个食品项目不能产生足够的经营净现金流量，或经营净现金流量为负值，说明维持项目正常运行会遇到财务上的困难，项目方案缺乏合理性，实现自身资金平衡的可能性小，有可能要靠短期融资来维持运营；或者是非经营项目本身无能力实现自身资金平衡，提示要靠政府补贴。

（2）各年累计盈余资金不出现负值是财务生存的必要条件。在整个运营期间，允许个别年份的净现金流量出现负值，但不能容许任一年份的累计盈余资金出现负值。一旦出现负值时应适时进行短期融资，该短期融资应体现在财务计划现金流量表中，同时短期融资的利息也应纳入成本费用和其后的计算。较大的和较频繁的短期融资，有可能导致以后的累计盈余资金无法实现正值，致使食品项目难以持续经营。

四、其余报表的编制

下面详细介绍几种余下报表的编制方法。

1. 资金来源与应用表

资金来源与应用表见表 8-13，该表能全面反映食品项目资金活动全貌。编制该表时，首先要计算项目计算期内各年的资金来源与资金运用，然后通过资金来源与资金运用的差额，反映项目各年的资金盈余或短缺情况。

表 8-13　　　　　　　　　　　资金来源与应用表　　　　　　　　单位：万元

序号	项目	合计	计算期			
			1	2	…	n
1	资金来源					
1.1	利润总额					
1.2	折旧费					
1.3	摊销费					
1.4	长期借款					
1.5	流动资金借款					
1.6	其他短期借款					
1.7	自有资金					
1.8	其他					
1.9	回收固定资产余值					
1.10	回收流动资金					
2	资金运用					
2.1	建设投资（含投资方向调节税）					
2.2	建设期利息					
2.3	流动资金					
2.4	所得税					
2.5	应付利润					
2.6	长期借款本金偿还					
2.7	流动资金借款本金偿还					
2.8	其他短期借款本金偿还					
3	盈余资金					
4	累计盈余资金					

（1）项目资金来源　利润、折旧、摊销、长期借款、短期借款、自有资金、其他资金、回收固定资产余值、回收流动资金等；

（2）项目资金运用　固定资产投资、建设期利息、流动资金投资、所得税、应付利润、长期借款还本、短期借款还本等。项目的资金筹措方案和借款及偿还计划应能使表中各年度的累计盈余资金额始终大于或等于零，否则，项目将因资金短缺而不能按计划顺利运行。

资金来源与运用表反映项目计算期内各年的资金盈余或短缺情况，用于选择资金筹措方案，制定适宜的借款及偿还计划，并为编制资产负债表提供依据。

（1）利润总额、折旧费、摊销费数据，分别取自利润与利润分配表、固定资产折旧费估算表、无形及递延资产摊销估算表。

（2）长期借款、流动资金借款、其他短期借款、自有资金及"其他"项的数据均取自投资计划与资金筹措表。

（3）回收固定资产余值及回收流动资金，参见全部投资现金流量表编制中的有关说明。

（4）固定资产投资、建设期利息及流动资金数据取自投资计划与资金筹措表。

（5）所得税及应付利润数据取自利润与利润分配表。

（6）长期借款本金偿还额，为借款还本付息计算表中本年还本数；流动资金借款本金一般在项目计算期末一次偿还；其他短期借款本金偿还额为上年度其他短期借款额。

（7）盈余资金等于资金来源减去资金运用。

（8）累计盈余资金各年数额为当年及以前各年盈余资金之和。

2．建设投资估算表

按照费用归集形式，建设投资可按概算法或按形成资产法分类。

（1）按概算法分类，建设投资由工程费用、工程建设其他费用和预备费三部分构成。

（2）按形成资产法分类，建设投资由形成固定资产的费用、形成无形资产的费用、形成其他资产的费用和预备费四部分组成。①固定资产费用：系指项目投产时将直接形成固定资产的建设投资，包括工程费用和工程建设其他费用中按规定将形成固定资产的费用，后者被称为固定资产其他费用；②无形资产费用：是指将直接形成无形资产的建设投资，主要是专利权、非专利技术、商标权、土地使用权和商誉等；③其他资产费用：是指建设投资中除形成固定资产和无形资产以外的部分，如生产准备及开办费等；④为了与以后的折旧和摊销计算相协调，在建设投资估算表中通常可将土地使用权直接列入固定资产其他费用中。

3．投资计划与资金筹措计划表

投资计划与资金筹措计划表见表 8-14。

表 8-14　　　　　　　　　　　　投资计划与资金筹措表　　　　　　　　　　　单位：万元

序号	项目	计算期			
		1	2	…	n
1	总投资				
1.1	建设投资				
1.2	建设期利息				
1.3	流动资金				

续表

序号	项目	计算期			
		1	2	...	n
2	资金筹措				
2.1	项目资本金				
2.1.1	用于建设投资				
2.1.2	用于流动资金				
2.1.3	用于建设期利息				
2.2	债务资金				
2.2.1	用于建设投资				
2.2.1.1	信贷融资				
(1).	银行贷款				
2.2.1.2	债券融资				
2.2.2	用于建设期利息				
2.2.3	用于流动资金				
2.3	其他资金				

思考与练习

1. 融资前分析与融资后分析有何区别?

2. 如何进行食品项目的财务生存能力分析?

3. 食品项目的财务评价涉及哪些报表?

4. 食品项目的盈利能力分析如何进行?

5. 怎样编制资金来源与应用表?

6. 如何编制投资各方现金流量表?

7. 总成本费用表应该怎样编制?

8. 食品项目的财务评价指标体系包括哪些内容? 每一项指标应如何具体计算?

第九章

食品项目的国民经济评价

第一节 概述

一、食品项目国民经济评价的含义和作用

1. 食品项目国民经济评价的含义

食品项目的国民经济评价是指，按照资源合理配置的原则，从国家整体角度考察食品项目的效益和费用，用货物影子价格、影子工资、影子汇率和社会折现率等经济参数，分析、计算项目对国民经济带来的净贡献，评估项目的经济合理性，为项目的投资决策提供依据。

2. 食品项目国民经济评价的作用

食品项目国民经济评价的作用主要表现在以下几方面：①是宏观上合理配置资源的需要；②是真实反映食品项目对国民经济净贡献的需要；③有利于食品项目投资决策科学化；④是政府审批或核准项目的重要依据；⑤有助于实现企业利益、地区利益与全社会利益有机地结合和平衡。

二、项目国民经济评价与财务评价之间的关系

1. 共同之处

①都是经济效果评价，都使用基本的经济评价理论和方法，都要寻求以最小的投入获得最大的产出，都要考虑资金的时间价值，采用内部收益率、净现值等经济盈利性指标进行经济效果分析；②两种评价都要在可行性研究内容的基础上进行。

2. 主要区别

项目的财务评价和国民经济评价区别见表9-1。

表9-1　　　　　　　　　项目的财务评价和国民经济评价关系表

	财务评价	国民经济评价
1. 角度和基本出发点不同	站在项目的层次上，从项目的财务主体、投资者、未来的债权人角度，分析项目的财务效益和财务可持续性，投资各方的实际收益或损失，投资或贷款的风险及收益	国民经济评价则是站在国家的层次上，从全社会的角度分析评价比较项目对社会经济的效益和费用
2. 项目效益和费用的含义和范围划分不同	根据项目直接发生的财务收支，计算项目的直接效益和费用	直接的效益和费用，间接的效益和费用。项目税金和补贴、国内银行贷款利息等不能作为费用或效益
3. 价格体系	预测的财务收支价格	影子价格体系
4. 内容不同	进行盈利能力分析，偿债能力分析，财务生存能力分析	只有盈利性的分析，即经济效率分析
5. 基准参数不同	最主要：财务基准收益率	社会折现率
6. 计算期可能不同	计算期可能短于国民经济评价	计算期可能长于财务分析

3. 两者之间的联系

在很多情况下，国民经济评价是在财务分析基础之上进行，利用财务分析中的数据资料，以财务分析为基础进行调整计算。国民经济评价也可以独立进行，即在项目的财务分析之前进行国民经济评价。对于财务评价结论和国民经济评价结论都可行的食品项目，可予以通过；反之应予否定。对于国民经济评价结论不可行的项目，一般应予否定；对于关系公共利益、国家安全和市场不能有效配置资源的经济和社会发展的项目，如果国民经济评价结论可行，但财务评价结论不可行，应重新考虑方案，必要时可提出经济优惠措施的建议，使项目具有财务生存能力。

三、食品项目国民经济评价的适用范围

1. 确定适用范围的原则

（1）市场自行调节的食品行业项目一般不必进行国民经济评价。

（2）市场配置资源失灵的食品项目需要进行国民经济评价。市场配置资源的失灵主要体现在以下几类项目：①具有自然垄断特征的项目，例如电力、电信、交通运输等行业的项目；②产出具有公共产品特征的项目，即具有"消费的非排他性"和"消费的非竞争性"特征的项目；③外部效果显著的项目；④涉及国家战略性资源开发和关系国家经济安全的项目；⑤受过度行政干预的项目。

2. 需要进行国民经济评价的具体项目类别

（1）政府预算内投资用于关系国家安全、国土开发和市场不能有效配置资源的公益性项目和公共基础设施建设项目、保护和改善生态环境项目、重大战略性资源开发项目。

（2）政府各类专项建设基金投资用于交通运输、农林水利等基础设施、基础产业建设项目。

（3）利用国际金融组织和外国政府贷款，需要政府主权信用担保的建设项目。

（4）法律法规规定的其他政府性资金投资的建设项目。

（5）企业投资建设的涉及国家经济安全、影响环境资源、公共利益、可能出现垄断、涉及整体布局等问题，需要政府核准的建设项目。

第二节　食品项目国民经济评价费用——效益识别

一、识别的基本要求

（1）对经济效益与费用进行全面的识别。考虑关联效果，对食品项目涉及的所有社会成员的有关效益和费用进行全面识别。

（2）遵循有无对比的原则。

（3）遵循效益和费用识别和计算口径对应一致的原则。

（4）合理确定经济效益与费用识别的时间跨度。应足以包含食品项目所产生的全部

重要效益和费用，不完全受财务分析计算期的限制。

（5）正确处理"转移支付"。将不新增加社会资源和不增加社会资源消耗的财务收入与支出视作社会成员之间的"转移支付"，在国民经济评价中不作为经济效益与费用。

（6）遵循以本国社会成员作为分析对象的原则。对于跨越国界的项目，应重点分析食品项目给本国社会成员带来的效益和费用，项目对国外社会成员所产生的效果应予以单独陈述。

二、食品项目国民经济效益的确定

1. 食品项目国民经济效益的概念

食品项目国民经济效益，是指食品项目对国民经济所作的贡献。即项目的投资建设和投产为国民经济提供的所有经济效益，它一般包括直接效益和间接效益。

2. 食品项目国民经济效益的识别

（1）直接效益的识别　直接效益是指由食品项目产出物生成或直接生成，并在项目范围内用影子价格计算的经济效益。具体来说，包括：①增加该产出物或服务的数量以满足国内需求的效益；②替代效益较低的相同或类似企业的产出物或服务，使被替代企业减产（停产）以致减少国家有用资源耗费或者损失的效益，其价值是对这些资源意愿支付的价格；③增加出口或减少进口从而增加或节支的外汇等。

（2）间接效益的识别　间接效益是指由食品项目引起的、而在直接效益中未得到反映的那部分效益，是由于项目的投资兴建、经营，使配套项目和相关部门因增加产量和劳务量而获得的效益。间接效益在食品项目的产出中无法反映。

三、食品项目费用的确定

1. 食品项目国民经济费用的概念

食品项目国民经济费用，是指国民经济为食品项目所付出的代价，它分为直接费用和间接费用以及转移支付。

2. 食品项目国民经济费用的识别

（1）直接费用的识别，是指食品项目使用投入物所产生的、并在项目范围内用影子价格计算的经济费用。包括：①其他部门为供应本项目投入物而扩大生产规模所耗用的资源费用；②减少对其他项目的投资；③增加进口（或减少出口）所耗用（或减少）的外汇等。

（2）间接费用的识别，是指由项目引起而在直接费用中未得到反映的那部分费用。

（3）对转移支付的处理。转移支付是指，在国民经济内部各部门发生的，没有造成国内资源的真正增加或耗费的支付行为，即直接与食品项目有关而支付的国内各种税金，国内借款利息、职工工资等。在国民经济评价中，对下述转移支付应予以剔除：

① 税金：是调节分配的一种手段，从国民经济角度看，税收实际上并未花费国家任何资源，它只是企业和税收部门之间的一项资金转移。

② 补贴：是货币在政府和项目之间的转移，是转移支付，应剔除。

③ 利息：食品项目支付的国内借款利息，是国民经济内部企业与银行之间的资金转移，并不涉及社会资源的增减变化，是转移支付，应剔除。国外借款的利息由国内向国外转移，应列为费用。

④ 土地费用：为食品项目建设征用土地（主要是可耕地或已开垦土地）而支付的费用，是由项目转移给地方、集体或个人的一种支付行为，故在国民经济效益评价时不列为费用。（作为转移支付）应列为费用的是被占用土地的机会成本和使国家新增的资源消耗（如拆迁费用等）。

⑤ 工资：录用劳动力所支付的实际工资是企业转移给职工的，不应列为国民经济评价中的费用支出。列为支出的费用应是劳动力的机会成本，以及社会为安排劳动力而付出的其他代价。

在进行国民经济评价时，应认真地复核是否已从食品项目原效益和费用中剔除了这些转移支付及以影子费用（价格）形式，作为项目费用的计算上是否正确。

四、食品项目效益和费用的具体识别方法

1. 直接效益与直接费用

直接效益与直接费用的概念与表现方式如表 9-2 所示。

表 9-2　　　　　　　　　　　　费用、效益和转移支付一览表

	概念	表现方式
直接效益	项目直接效益是指由项目产出物产生的并在项目范围内计算的经济效益，一般表现为项目为社会生产提供的物质产品、科技文化成果和各种各样的服务所产生的效益	1. 项目产出物满足国内新增加的需求时，表现为国内新增需求的支付意愿； 2. 当项目的产出物替代其他厂商的产品或服务时，使被替代者减产或停产，从而使国家有用资源得到节约，这种效益表现为这些资源的节省； 3. 当项目的产出物使得国家增加出口或减少进口，这种效益表现为外汇收入的增加或支出的减少； 4. 不可能体现在财务分析的营业收入中的特殊效益，例如交通运输项目产生的体现为时间节约的效果，教育项目、医疗卫生和卫生保健项目等产生的体现为对人力资本、生命延续或疾病预防等方面的影响效果
直接费用	在项目范围内计算，项目使用投入物所产生的经济费用，一般表现为投入项目的人工、资金、物料、技术以及自然资源等所带来的社会资源的消耗	1. 社会扩大生产规模以满足项目对投入物的需求，项目直接费用表现为社会扩大生产规模所增加耗用的社会资源价值； 2. 当社会不能增加供给时，导致其他人被迫放弃使用这些资源来满足项目的需要，项目直接费用表现为社会因其他人被迫放弃使用这些资源而损失的效益； 3. 当项目的投入物导致进口增加或减少出口时，项目直接费用表现为国家外汇支出的增加或外汇收入的减少
转移支付	社会经济内部成员之间的"转移支付"，即接受的一方所获得的效益和付出方所发生的费用相等，从社会经济角度看，并没有造成资源的实际增加或减少，不应计作经济效益或费用	1. 项目（企业）向政府缴纳的大部分税费（除体现资源补偿和环境补偿的税费外）； 2. 政府给予项目（企业）的各种补贴； 3. 项目向国内银行等金融机构支付的贷款利息和获得的存款利息。在财务评价基础上调整进行国民经济评价时，注意从中剔除这部分效益和费用

2. 食品项目的间接效益与间接费用

外部效果是指项目的产出或投入给他人（生产者和消费者之外的第三方）带来了效益或费用，但项目本身却未因此获得收入或付出代价。习惯上也把外部效果分为间接效益（外部效益）和间接费用（外部费用）。

间接效益和间接费用，就是由于食品项目的外部性所导致的项目对外部的影响，而项目本身并未因此实际获得收入或支付费用。在进行食品项目的国民经济评价时，应把握以下几点。

（1）明确两者的概念

① 间接效益是指由食品项目引起，在直接效益中没有得到反映的效益；

② 间接费用是指由食品项目引起，而在项目的直接费用中没有得到反映的费用。

（2）食品项目的间接效益和间接费用的识别通常可以考察以下几个方面

① 环境及生态效果：一般用环境价值评估方法。

② 技术扩散效果：一般只做定性说明。

③ "上、下游"企业相邻效果：项目对"上、下游"企业的相邻效果可以在项目的投入和产出物的影子价格中得到反映，不再计算间接效果。也有些间接影响难以反映在影子价格中，需要作为项目的外部效果计算。

④ 乘数效果：是指食品项目的实施使原来闲置的资源得到利用，从而产生一系列的连锁反应，刺激某一地区或全国的经济发展。须注意不宜连续扩展计算乘数效果。

（3）识别计算项目的外部效果不能重复计算。

（4）可以采用调整项目范围的办法，解决项目外部效果计算上的困难。

（5）项目的外部效果，往往体现在对区域经济和宏观经济的影响上，对于影响较大的项目，需要专门进行经济影响分析，同时可以适当简化经济费用效益分析中的外部效果分析。

第三节　食品项目国民经济评价指标及参数

一、食品项目国民经济评价指标

1. 评价指标

如果食品项目的经济费用和效益能够进行货币化，应在费用效益识别和计算的基础上，编制经济费用效益流量表，计算下列经济费用效益分析指标，分析项目投资的经济效率。

（1）经济净现值（ENPV）　指食品项目按照社会折现率将计算期内各年的经济净效益流量折现到建设期初的现值之和，应按下式计算：

$$ENPV = \sum_{i=1}^{n}(B-C)_t(1+i_s)^{-t} \tag{9-1}$$

式中　B——经济效益流量；

  C——经济费用流量；

 $(B-C)_t$——第 t 期的经济净效益流量；

  i——社会折现率；

  n——项目计算期。

  在经济费用效益分析中，如果经济净现值等于或大于 0，表明项目可以达到符合社会折现率的效率水平，认为该项目从经济资源配置的角度可以被接受。

  （2）经济内部收益率（$EIRR$） 指食品项目在计算期内经济净效益流量的现值累计等于 0 时的折现率，应按下式计算：

$$\sum_{t=1}^{n}(B-C)_t(1+EIRR)^{-t}=0 \tag{9-2}$$

  如果经济内部收益率等于或者大于社会折现率，表明项目资源配置的经济效率达到了可以被接受的水平。

  （3）经济效益费用比（R） 指食品项目在计算期内效益流量的现值与费用流量的现值之比，应按下式计算：

$$R_{BC}=\dfrac{\sum\limits_{t=1}^{n}B_t(1+i_s)^{-t}}{\sum\limits_{i=1}^{n}C_t(1+i_s)^{-t}} \tag{9-3}$$

式中 B_t——第 t 期的经济效益；

  C_t——第 t 期的经济费用。

  如果经济效益费用比大于 1，表明食品项目资源配置的经济效率达到了可以被接受水平。

2. 相关报表

  使用前述评价指标，进行食品项目国民经济评价时，有关的经济费用和经济效益指标将来源于下列分析报表及辅助报表。

  经济费用效益流量表的编制有下述两种方法。

  （1）直接进行经济费用效益流量的识别和编制步骤：

  ① 对于项目的各种投入物，应按照机会成本的原则计算其经济价值；

  ② 识别项目产出物可能带来的各种影响效果；

  ③ 对于具有市场价格的产出物，以市场价格为基础计算其经济价值；

  ④ 对于没有市场价格的产出效果，应按照支付意愿及接受补偿意愿的原则计算其经济价值；

  ⑤ 对于难以进行货币量化的产出效果，应尽可能地采用其他量纲进行量化，难以量化的进行定性描述，以全面反映项目的产出效果。

  （2）在财务分析基础上进行经济费用效益流量的识别和编制步骤（此法采用较多）：

  ① 剔除财务现金流量的通货膨胀因素，得到以实价表示的财务现金流量；

  ② 剔除运营期财务现金流量中不反映真实资源流量变动状况的转移支付因素；

  ③ 用影子价格和影子汇率调整建设投资各项组成，并剔除其费用中的转移支付项目；

  ④ 调整流动资金，将流动资产和流动负债中不反映实际资源耗费的有关现金、应收、应付、预收、预付款项，从流动资金中剔除；

⑤ 调整经营费用，用影子价格调整主要原材料、燃料及动力费用、工资及福利费等；

⑥ 调整营业收入，对于具有市场价格的产出物，以市场价格为基础计算其影子价格；对于没有市场价格的产出效果，以支付意愿或接受补偿意愿的原则计算其影子价格；

⑦ 对于可货币化的外部效果，应将货币化的外部效果计入经济效益费用流量；对于难以进行货币化的外部效果，应尽可能地采用其他量纲进行量化，难以量化的进行定性描述，以全面反映项目的产出效果。

表 9-3～表 9-8 列出了食品项目国民经济评价常用的报表。

表 9-3　　　　　　　　　　项目投资经济费用效益流量表　　　　　　　　单位：万元

序号	项目	合计	计算期					
			1	2	3	4	…	n
1	效益流量							
1.1	项目直接效益							
1.2	资产余值回收							
1.3	项目间接效益							
2	费用流量							
2.1	建设投资							
2.2	维持运营投资							
2.3	流动资金							
2.4	经营费用							
2.5	项目间接费用							
3	净效益流量(1-2)							

计算指标：

经济内部收益率/%

经济净现值/(=%)

表 9-4　　　　　　　　经济费用效益分析投资费用估算调整表　　　　　　　单位：万元

序号	项目	财务分析			经济费用效益分析			
		外币	人民币	合计	外币	人民币	合计	
1	建设投资							
1.1	建筑工程费							
1.2	设备购置费							
1.3	安装工程费							
1.4	其他费用							经济费用效益分析比财务分析增减
1.4.1	其中：土地费用							
1.4.2	专利及专有技术费							
1.5	基本预备费							
1.6	涨价预备费							
1.7	建设期利息							
2	流动资金合计(1+2)							

注：若投资费用是通过直接估算得到的，本表应略去财务分析的相关栏目。

表 9-5　　　　　　　　　　　　经济费用效益分析经营费用估算调整表　　　　　　　　　　单位：万元

序号	项目	单位	投入量	财务分析		经济费用效益分析	
				单价/元	成本	单价/元	费用
1	外购原材料						
1.1	原材料 A						
1.2	原材料 B						
1.3	原材料 C						
1.4	……						
2	外购燃料及动力						
2.1	煤						
2.2	水						
2.3	电						
2.4	重油						
2.5	……						
3	工资及福利费						
4	修理费						
5	其他费用						
	合计						

注： 若经营费用是通过直接估算得到的， 本表应略去财务分析的相关栏目。

表 9-6　　　　　　　　　　　　　　项目直接效益估算调整表　　　　　　　　　　　　单位：万元

	产出物名称	投产第一期负荷/%				投产第二期负荷/%				…	正常生产年份/%			
		A 产品	B 产品	…	小计	A 产品	B 产品	…	小计		A 产品	B 产品	…	小计
年产出量	计算单位													
	国内													
	国际													
	合计													
财务分析	国内市场　单价（元）　现金收入													
	国际市场　单价（美元）　现金收入													
经济费用效益分析	国内市场　单价（元）　直接效益													
	国际市场　单价（美元）　直接效益													
合计（万元）														

注： 若直接效益是通过直接估算得到的， 本表应略去财务分析的相关栏目。

表9-7 项目直接费用估算表 单位：万元

序号	项目	合计	计算期					
			1	2	3	4	…	n
1								
2								
3								
4								
5								
6								

表9-8 项目间接效益估算表 单位：万元

序号	项目	合计	计算期					
			1	2	3	4	…	n
1								
2								
3								
4								
5								
6								

二、食品项目国民经济评价参数

所谓国民经济评价参数，是指按一定的经济评价理论方法和要求而测定的，用于计算衡量食品项目经济效果的经济数值。

参数按功能可分为：计算参数和判别准则参数。计算参数，是数量量度标准，如基准收益率、影子价格、影子汇率、贸易费用率等；判别准则参数，是价值判别标准，如社会折现率、行业基准收益率等。

1. 社会折现率、影子价格和影子汇率的含义

（1）社会折现率 社会折现率，指项目国民经济评价中衡量经济内部收益率的基准值，也是计算项目经济净现值的折现率，是项目经济可行性和方案必选的主要判据。社会折现率应根据国家的社会经济发展目标、发展战略、发展优先顺序、发展水平、宏观调控意图、社会成员的费用效益时间偏好、社会投资收益水平、资金供给状况、资金机会成本等因素综合测定。

社会折现率存在的基础，是不断增长的社会扩大再生产。可以认为社会折现率是资金的影子价格，它反映了资金占用的费用。

关于食品项目社会折现率的确定，有多种理论和方法。包括：

① 取银行利率加点的办法作为项目的社会折现率；

② 取资本的边际生产力作为社会折现率；

③ 将部门投资收益率的加权平均当作社会折现率。

（2）影子价格 影子价格又称为最优计划价格、机会成本，是指当社会经济处于某

种最优状态时，能够反映社会劳动消耗、资源稀缺程度和对最终产品需求情况的价格。影子价格是为实现一定的经济发展目标而人为确定的、比交换价格更为合理的价格，这里所说的"合理"的标志，从定价原则来看，应该能更好地反映产品的价值，反映市场供求状况，反映资源稀缺程度；从定价的效果来看，应该能使资源配置到最优的方向。它是资源在最优利用情况下，单位效益增量价值。

（3）影子汇率　指能正确反映国家外汇经济价值的汇率。食品项目国民经济评价中，项目的进口投入物和出口产出物，应采用影子汇率换算系数调整计算进出口外汇收支的价值。影子汇率可通过影子汇率换算系数得出。影子汇率换算系数系指影子汇率与外汇牌价之间的比值。影子汇率应按下式计算：

$$影子汇率=外汇牌价×影子汇率换算系数$$

根据我国外汇收支、外汇供求、进出口结构、进出口关税、进出口增值税及出口退税补贴等情况，影子汇率换算系数通常为 1.08。

在实际工作中，测算精确合理的影子价格是比较困难的。在应用影子价格体系时，一般把投入品和产出品分为外贸货物、非外贸货物和特殊投入品三大类，分别考虑用国际市场价格来代替其影子价格。

2. 外贸货物影子价格的确定

如果食品项目的投入物或产出物是外贸货物，在完善的市场条件下，国内市场价格应等于口岸价格（假定市场就在口岸，进口货物为到岸价格，出口货物为离岸价格）。原因在于，如果市场价格高于到岸价格，消费者宁愿进口，而不愿购买国内货物；如果国内市场价格低于离岸价格，生产者宁愿出口，而不愿以较低的国内市场价格销售。因此口岸价格就反映了外贸货物的机会成本或消费者的支付意愿。在实际的市场条件下，由于关税、限额、补贴或垄断等原因，存在供需偏差，国内市场价格可能会高于或低于口岸价格。因此，在食品项目的国民经济评价中，要以口岸价格为基础来确定外贸货物的影子价格。

（1）投入物的影子价格计算

① 直接进口产品的影子价格：通常是由于国内生产不足、产品质量不过关或其他原因，食品项目的投入物靠进口解决。计算公式为：

$$影子价格=CIF(到岸价格)×影子汇率+项目到口岸的国内运费和贸易费用$$

② 间接进口产品的影子价格：国内厂家向原有用户提供某种商品，由于食品项目上马需要投入这种商品而使生产厂家原来的用户转向进口，解决自己的需求。计算公式为：

$$影子价格=CIF(到岸价格)×影子汇率+口岸到原用户的运输费用和贸易费用-$$
$$供应厂到用户的运输费用和贸易费用+供应厂到项目的运输费用和贸易费用$$

③ 减少出口产品的影子价格：原生产厂家生产的某种货物可以出口，而食品项目上马后要投入这种货物，使出口量减少了。计算公式为：

$$影子价格=FOB(离岸价格)×影子汇率-供应厂到口岸的运输费用和贸易费用+$$
$$供应厂到项目的运输费用和贸易费用$$

（2）产出物的影子价格计算

① 直接出口产品的影子价格：影子价格=FOB（离岸价格）×影子汇率-项目到口岸的运输费用和贸易费用

② 间接出口产品的影子价格：影子价格=FOB（离岸价格）×影子汇率-原供应厂到口

岸的运输费用和贸易费用+原供应厂到用户的运输费用和贸易费用−项目到用户的运输费用和贸易费用

③ 替代进口产品的影子价格：影子价格＝CIF（到岸价格）×影子汇率+口岸到用户的运输费用和贸易费用−项目到用户的运输费用和贸易费用

（3）口岸价格与贸易费用的选取　外贸货物影子价格的基础是口岸价格，可根据《海关统计》对历年的口岸价格进行回归分析和预测，或根据一些国际组织机构提供的信息，分析一些重要货物的国际市场价格趋势。

在确定口岸价格时，要注意剔除倾销、暂时紧缺、短期波动等因素的影响，同时还要考虑质量价差。贸易费用是指物资系统、外贸公司等部门花费在生产资料流通过程中的以影子价格计算的费用。它包括货物的经手装卸、短距离倒运、储存、再包装、保险、检验等所有流通环节上的费用支出，还包括流通过程中的货物损耗，以及按社会折现率12%计算的资金回收费用，但不包括长途运输费用。

$$进口货物贸易费用＝到岸价×影子汇率×贸易费用率$$
$$出口货物贸易费用＝（离岸价×影子汇率−国内运费）÷（1+贸易费用率）×贸易费用率$$
$$非外贸货物的贸易费用＝影子价格×贸易费用率$$

不经商贸部门流转而由生产厂家直供的货物，不计算贸易费用。

3. 非外贸货物影子价格的确定

（1）投入物影子价格的确定

① 通过原有企业挖潜来增加供应：若食品项目所需的某种原料，只要发挥原有生产能力即可满足供应，不必新增投资。这说明这种货物原有生产能力过剩，可对它的可变成本进行分解，得到货物出厂的影子价格，加上运输费用和贸易费用，就是项目使用该货物的影子价格。

② 通过新增生产能力来增加供应：若食品项目所需的投入物必须通过投资扩大生产规模才能满足项目需求，这说明这种货物的生产能力已经充分利用，可对它的全部成本进行分解，得到货物出厂的影子价格，加上运输费用和贸易费用，就是项目使用该货物的影子价格。

③ 无法通过扩大生产能力来供应：食品项目需要的某种投入物，原有生产能力无法满足，又不可能新增生产能力（减少原用户的供应量），只有去挤占其他用户的用量才能得到。此时影子价格取市场价格、国内统一价格加补贴中的较高者。

（2）产出物影子价格的确定

① 增加国内供应数量满足国内需求者：食品项目产出物影子价格从以下价格中选取：计划价格、计划价格加补贴、市场价格、协议价格及同类企业产品的平均分解成本。选取的依据是供求状况，供求基本均衡，取上述价格中低者；供不应求，取上述价格中高者；无法判断供求关系，取低者。

② 替代其他企业的产出：某种货物的国内市场原已饱和，食品项目产出这种货物并不能有效增加国内供给，只是在挤占其他生产同类产品企业的市场份额，使这些企业减产甚至停产。在这种情况下，如果产出物在质量、花色、品种等方面并无特色，应该分解被替代企业相应产品的可变成本作为影子价格。如果质量确有提高，可取国内市场价格为影子价格；也可参照国际市场价格定价，但这时该产出物可能已转变成可实现进口替代的外

贸货物了。

（3）成本分解法

① 概述：成本分解法和价格分解法的差别在于，成本是指各种消耗的总和，不含利润在内；加上利润之后，就变成了价格，因此，成本分解和价格分解的本质是一致的。

进行成本分解时，剔除了原生产费用要素中的利息和折旧两项，而代之以流动资金的资金回收费用和固定资产投资的资金回收费用。在计算资金回收费用时，使用社会折现率。

成本分解法是对某种货物的成本按照制定影子价格的货物类型（外贸货物、非外贸货物、特殊投入物、资金、外汇）进行分解，通过分解后的成本计算货物的影子价格。

② 成本分解的步骤

a. 数据准备：列出该货物按生产费用要素计算的单位财务成本表，主要项目有：原材料、燃料和动力、工资、提取的职工福利费、折旧费、修理费、流动资金利息支出以及其他支出。

对其中重要的原材料、燃料和动力，要详细列出价格、耗用量和耗用金额。列出单位货物所占用的固定资产原值或固定资产投资额，以及占用的流动资金数额，调查确定或设定货物生产厂的建设期限、建设期各年投资比例、经济寿命期限、经济寿命期终了时的固定资产余值以及固定资产形成率。

b. 计算重要原材料、燃料、动力、工资等投入物的价格及单位费用：对于在该种货物生产费用构成中占比例较大的原材料、燃料和动力，应根据它们属于外贸货物还是非外贸货物来计算各自的影子价格。

计算时，可直接套用国家发展和改革委员会颁布的影子价格或价格换算系数，然后用影子价格计算该货物的单位费用。这一数值可称为投入物对货物的经济单位费用，以区别于财务价格计算的财务单位成本。重要的原材料、燃料和动力中，有些可能属于非外贸货物，而且找不到现成的影子价格，必要时，可以对其进行第二次分解。对财务成本中的工资和提取的福利费，用工资换算系数把它们调整为影子工资。对财务成本中单列的运费，用运费换算系数进行调整。

c. 对固定资产投资进行调整和等值计算。根据建设期各年投资比例，把调整后的单位固定资产投资额分摊到建设期各年。

d. 用固定资金回收费用取代财务成本中的折旧费。在财务成本中扣除折旧费，代之以固定资金回收费用。

e. 用流动资金回收费用取代财务成本中的流动资金利息。

f. 完成上述调整后，各项费用重新计算的总额，即为非外贸货物的影子价格。

第四节　国民经济评价参数应用

在实际的食品项目国民经济评价中，参数的应用还应遵循以下要点。

（1）经济效益的计算应遵循支付意愿原则和（或）接受补偿意愿原则；经济费用的计算应遵循机会成本原则。

① 支付意愿原则：食品项目产出物的正面效果的计算，遵循支付意愿（WTP）原则，用于分析社会成员为项目所产出的效益愿意支付的价值。

② 受偿意愿原则：食品项目产出物的负面效果的计算，遵循接受补偿意愿（WTA）原则，用于分析社会成员为接受这种不利影响所得到补偿的价值。

③ 机会成本原则：食品项目投入的经济费用的计算，应遵循机会成本原则，用于分析项目所占用的所有资源的机会成本。机会成本应按资源的其他最有效利用所产生的效益进行计算。

（2）经济效益和经济费用可直接识别，也可通过调整财务效益和财务费用得到。经济效益和经济费用应采用影子价格计算。

（3）对于非外贸货物，其投入或产出的影子价格应根据下列要求计算：如果食品项目处于竞争性市场环境中，应采用市场价格作为计算项目投入或产出的影子价格的依据；如果项目投入或产出的规模很大，项目的实施将足以影响其市场价格，导致"有项目"和"无项目"两种情况下市场价格不一致，在项目评价中，取二者的平均值作为测算影子价格的依据。

① 影子价格中流转税（如消费税、增值税、营业税等）宜根据产品在整个市场中发挥的作用，分别计入或不计入影子价格。处理原则如下：

对于产出品，增加供给满足国内市场供给的，影子价格按支付意愿确定，含流转税；顶替原有市场供应的，影子价格按机会成本确定，不含流转税。

对于投入品：用新增供应来满足食品项目的，影子价格按机会成本确定，不含流转税；挤占原有用户需求来满足食品项目的，影子价格按支付意愿确定，含流转税。

② 在不能判别产出或投入是增加供给还是挤占（替代）原有供给的情况下，可简化处理为：产出的影子价格一般包含实际缴纳流转税，投入的影子价格一般不含实际缴纳流转税。

（4）如果食品项目的产出效果不具有市场价格，应遵循消费者支付意愿和（或）接受补偿意愿的原则，按下列方法测算其影子价格：

① 采用"显示偏好"的方法，通过其他相关市场价格信号，间接估算产出效果的影子价格。

② 利用"陈述偏好"的意愿调查方法，分析调查对象的支付意愿或接受补偿的意愿，推断出项目影响效果的影子价格。

（5）如果食品项目的产出效果表现为对人力资本、生命延续或疾病预防等方面的影响，应根据项目的具体情况，测算人力资本增值的价值、可能减少死亡的价值，以及对健康影响的价值，并将量化结果纳入项目经济费用效益分析的框架之中。如果货币量化缺乏可靠依据，应采用非货币的方法进行量化。

（6）效益表现为费用节约的食品项目，应根据"有无对比"分析，计算节约的经济费用，计入项目相应的经济效益。

（7）外部效果，系指食品项目的产出或投入无意识地给他人带来费用或效益，且项目却没有为此付出代价或为此获得收益。为防止外部效果计算扩大化，一般只应计算一次相关效果。

（8）环境及生态影响的外部效果，是经济费用效益分析必须加以考虑的一种特殊形式的外部效果，应尽可能对食品项目所带来的环境影响的效益和费用（损失）进行量化和货币化，将其列入经济现金流。

（9）在完成经济费用效益分析之后，应进一步分析对比经济费用效益与财务现金流量之间的差异，并根据需要对财务分析与经济费用效益分析结论之间的差异进行分析，找出受益或受损群体，分析食品项目对不同利益相关者在经济上的影响程度，并提出改进资源配置效率及财务生存能力的政策建议。

（10）对于效益和费用，可以货币化的项目应采用上述经济费用效益分析方法；对于效益难于货币化的项目，应采用费用效果分析方法；对于效益和费用均难于量化的项目，应进行定性经济费用效益分析。

思考与练习

1. 哪些食品项目需要进行国民经济评价？

2. 项目的财务评价和国民经济评价有何异同？

3. 食品项目国民经济评价的费用和效益应如何识别？

4. 怎样确定非外贸食品货物的影子价格？

5. 为什么要采用影子价格？土地的影子价格该如何确定？

第十章

食品项目可行性研究

第一节　可行性研究概述

一、可行性研究及其作用

所谓可行性研究是指运用多种科学手段（技术、社会学、经济学、管理学）对拟建项目的必要性、可行性、合理性进行技术经济论证的综合科学。其基本任务是通过广泛的调查研究，论证一个项目在技术上是否先进可靠、在经济上是否合理、财务上是否盈利，为投资决策提供科学依据。在投资项目的管理中，可行性研究具有以下作用。

（1）作为项目投资决策的依据；

（2）作为向银行等金融组织和金融机构申请贷款、筹集资金的依据；

（3）作为编制设计及进行建设工作的依据；

（4）作为供环保部门审查的依据和向项目建设所在地政府、规划部门申请建设执照的依据；

（5）作为签订有关合同、协议的依据；

（6）作为建设工程的基础资料；

（7）作为企业组织管理、机构设置、劳动定员和职工培训工作安排的依据。

二、可行性研究的工作阶段

联合国工业发展组织编写的《工业可行性研究手册》规定：投资前期的可行性研究工作分为机会研究（投资机会鉴定）、初步可行性研究（预可行性研究）、详细可行性研究（最终研究，或称可行性研究）、项目评估与决策四个阶段。项目可行性研究的阶段划分及内容深度比较如表 10-1 所示。

表 10-1　　　　　　　　　　　　　项目可行性研究的阶段划分

项目　　工作阶段	机会研究	初步可行性研究	详细可行性研究	项目评估与决策
工作性质	项目设想	项目初选	项目拟定	项目评估
工作内容	鉴别投资方向，寻找投资机会（地区、行业、资源和项目的机会研究）提出项目投资建议	对项目专题辅助研究，广泛分析、筛选方案，确定项目的初步可行性	对项目进行深入细致的技术经济论证，重点对项目进行财务效益和经济效益分析评价，作多方案比较，提出项目投资的可行性和选择依据	综合分析各种效益、对可行性研究报告进行评估和审核，分析判断项目可行性研究的可靠性和真实性，对项目作出最终决策
工作成果及作用	提出项目建议，作为制定经济计划和编制项目建议书的基础，为初步选择投资项目提供依据	制定初步可行性研究报告，制定是否有必要进行下一步详细可行性研究，进一步判明建设项目的生命力	编制可行性研究报告，作为项目投资决策的基础和重要依据	提出评估报告，为投资决策提供最后决策依据，决定项目取舍和选择最佳投资方案

续表

工作阶段 项目	机会研究	初步可行性研究	详细可行性研究	项目评估与决策
估算精度/%	30	20	10	10
费用占总投资的百分比/%	0.2~1.0	0.25~1.25	大项目 0.8~1.0 小项目 1.0~3.0	—
需要时间/月	1~3	4~6	8~12 或更长	—

在实践中，可行性研究的工作阶段和内容可以根据项目规模、性质、要求和复杂程度的不同，进行适当的调整和简化。一般大中型项目要求完成全部阶段研究，小型和简单项目只做初步可行性研究、详细可行性研究、项目评估与决策三个阶段。

三、可行性研究的基本工作程序

可行性研究的基本工作程序可以概括为：①签订委托协议；②组建工作小组；③制定工作计划；④市场调查与预测；⑤方案研制与优化；⑥项目评价；⑦编写可行性研究报告。

第二节　食品项目可行性研究报告

一、食品项目可行性研究报告编制依据

1. 国家有关法律、法规、政策、规划

项目建设必须遵守国家法律、法规，国家和地方国民经济和社会发展规划，国家关于一定时期优先发展产业的相关政策等。我国产业政策集中体现在《产业结构调整指导目录》，它是引导投资方向，政府管理投资项目，制定和实施财税、信贷、土地、进出口等政策的重要依据。

2. 项目建议书

项目建议书是项目投资决策前的总体构想，主要论证项目建设必要性、可能性。基础性和公益性项目只有经过国家主管部门核准并列入建设前期工作计划之后，才可以开展可行性研究各项工作。

3. 委托方意图

承担单位要充分了解委托方拟建设项目背景、设想，听取委托方对可行性研究工作基本要求。

4. 有关基础条件

进行项目建设地点的自然、地理、气候、经济和社会等基础数据。

5. 有关技术经济规范、标准、定额等指标

有关食品项目管理机构发布的工程建设方面的标准、规范、定额；有关经济评价的基

本参数和指标。

二、食品项目可行性研究报告内容

食品项目可行性研究报告是为进行食品项目的评定，根据研究项目的性质、规模和复杂性，以及机会研究、详细可行性研究和项目建议书所提出的正式报告。根据国家发展和改革委员会的有关规定，非公益性可行性研究报告编写内容包括以下几方面。

1. 食品项目总论

（1）项目背景　主要内容：项目名称、项目承办单位、可行性研究报告编制依据、项目提出理由与过程。

（2）项目概况　主要内容：拟建设地点、建设规模与目标、主要建设条件、项目总投资及效益情况，项目的主要技术经济指标。

（3）存在的问题与建议。

2. 项目产品市场分析

（1）产品市场供应预测　主要内容为：国内外市场供应现状、国内外市场供应预测。

（2）产品市场需求预测　主要内容为：国内外市场需求现状、国内外市场未来需求预测。

（3）产品目标市场分析　主要内容为：产品市场定位、目标市场确定、市场份额分析。

（4）产品价格分析　主要内容为：产品国内外市场销售价格、产品价格变动预测分析。

（5）市场竞争力分析　主要内容为：行业主要竞争对手情况、产品竞争力优劣势、产品营销策略。

（6）市场风险分析　主要内容为：行业变化可能出现的生产风险、融资风险、消费风险。

3. 项目资源开发条件评价

（1）资源可以利用量　主要内容为：土地资源、水电资源、农产品原料加工资源。

（2）资源禀赋及开发利用价值　主要内容为：项目建设所需要原料资源利用现状、开发利用的价值。

4. 项目产品规划方案

（1）建设规模　主要内容为：食品项目建设规模确定、不同规模方案比选。

（2）产品方案　主要内容为：产品方案构成、产品方案比选、方案推荐理由。

5. 厂址选择

（1）厂址所在位置现状　主要内容为：项目厂址拟建设地点、厂址土地权属、土地面积、土地利用现状。

（2）厂址建设条件　主要内容为：地形、地貌、地震情况，气候条件，城镇规划及社会环境，水、电、汽、生活福利等公用设施条件，防洪、防汛、排涝设施条件，环境保护条件、征地、拆迁、移民安置和施工条件。

（3）厂址比选　主要内容为：厂址建设条件、建设投资、运行成本、交通条件、地理位置等。

6. 技术方案、设备方案和工程方案

（1）技术方案　主要内容为：项目产品生产工艺流程、技术来源、生产方法。

（2）设备方案　主要内容为：产品生产主要设备选型、设备供货商、拟选设备的采购清单。

（3）工程方案　主要内容为：主要建筑物、构筑物结构方案及面积，扩建工程方案；建筑安装工程方案、主要建筑物、构筑物工程建设清单。

7. 项目主要原材料、燃料供应及节能、节水措施

（1）主要原材料供应　主要内容为：食品项目主要原材料品种、质量、年需求量；主要辅助材料品种、质量与年需求量；原材料、辅助材料的供应商数量、运输方式。原料价格现状、原料价格预测。替代性原材料供应现状及价格预测。

（2）燃料供应　主要内容为：电、汽等燃料品种、年需求量、供应来源于运输方式、燃料价格现状及价格预测。

（3）节能、节水措施　主要内容为：节能措施、能耗指标分析，节水措施、水消耗指标分析。

8. 总图、运输与公用辅助工程

（1）总图布置　主要内容为：项目总平面布置图、单项工程的生产能力、占地面积、流程顺序和布置方案；项目竖向布置方案、场地标高、原有建筑物、构筑物利用情况。

（2）场外运输　主要内容为：场外运输量及运输方式、场内运输量及运输方式、场内运输设施及设备。

（3）公用辅助工程　主要内容为：给水工程方案设计，包括用水负荷、水质要求和给水方案；排水工程设计，包括排水总量、排水方式、管网设施；供电工程设计，包括供电负荷、电压设备确定、电压等级、供电输变电方式；通信设施建设，包括通信方式、通信线路及设施；供热设施建设，包括制热制冷设施；维修设施和仓储设施建设。

9. 环境影响评价

环境影响评价主要内容为：厂址环境条件，项目建设产生污染物对周边环境影响，环境保护措施及环境保护投资、环境影响评价。

10. 组织结构与人力资源配置

（1）组织机构　主要内容为：项目管理组织机构建设方案、组织机构分工和专业化设置。

（2）人员配备　主要内容为：项目建设需要劳动定员数量、专业、岗位、职工福利待遇、劳动生产率分析、员工招聘、培训计划。

（3）劳动安全　主要内容为有毒有害物质危害、危害性作业安全措施保障、危险场所防护措施、火灾隐患分析。

11. 项目实施进度

主要内容为：项目建设工期、项目实施进度安排、项目生产能力达成的安排。

12. 项目的投资估算与融资方案

（1）投资估算依据。

（2）建设投资估算　主要内容为：建筑工程费用、设备及工器具购置费、安装工程

费、工程建设其他费用、基本预备费、涨价预备费、建设期利息。

（3）流动资金估算　项目所需流动资金，具体估算方法见前面相关章节。

（4）投资估算表　主要内容为：编制项目总投资估算表、投资分年计划表、流动资金估算表。

（5）融资方案　主要内容为：资本金筹措、债务资金筹措、融资方案分析。

13. 财务评价

项目财务评价主要内容为：确定财务评价基础数据与参数，包括价格、计算期与生产负荷、财务基准收益率；销售收入估算，包括销售产品种类、数量、价格；成本费用估算，包括经营成本、总成本费用估算；财务评价报表编制，包括项目投资现金流量表、利润与利润分配表、借款还本付息计划表、资产负债表；财务盈利能力分析，包括项目财务内部收益率、财务净现值、投资回收期、总投资收益率计算；项目偿债能力分析，包括利息备付率、偿债备付率和资产负债率。以上表和指标计算请参看第八章相关内容。

14. 国民经济评价

（1）确定影子价格和评价参数。

（2）效益费用范围调整　主要对投资、流动资金、销售收入和经营费用进行调整，涉及转移支付的不进行调整。

（3）国民经济效益费用分析表及辅助表　主要编制项目投资经济费用效益流量表、经济费用效益分析投资费用估算调整表、经济费用效益分析经营费用估算调整表、项目直接费用估算调整表、项目间接费用估算表、项目间接效益估算表。具体表格编制方法请参看第九章相关内容。

（4）国民经济评价指标计算　主要包括经济净现值、经济内部收益率、经济效益费用比。

（5）国民经济评价结论。

15. 不确定性分析与风险分析

（1）不确定性分析　主要内容为：盈亏平衡分析，包括盈亏平衡点、盈亏平衡分析图；敏感性分析，包括单因素敏感性分析表、绘制敏感性分析图。

（2）风险分析　主要内容为：项目风险因素识别、风险程度分析、降低风险防范措施。

16. 研究结论与建议

主要内容为：项目评价总体结论，包括项目建设方案优点、存在问题、主要改进建议。

17. 附件

主要内容：包括编制可行性研究报告相关政策文件、投资与融资估算表、财务评价估算表、国民经济估算表、总平面布置图。

思考与练习

1. 可行性研究的作用？

2. 可行性研究报告的主要内容有哪些？

3. 可行性研究的目的是什么？有哪些可行性需要研究？

4. 设计一个食品开发项目的前期成本为 5 万元，寿命为 3 年。 未来 3 年的每年收益预计为 22000 元，24000 元，26620 元。 银行年利率为 10%。 试对此项目进行成本效益分析，以决定其经济可行性。

5. 某企业拟建设一个生产性项目，以生产国内某种急需的产品。 该项目的建设期为 2 年，运营期为 7 年。 预计建设期投资 800 万元(含建设期贷款利息 20 万元)，并全部形成固定资产。 固定资产使用年限 10 年，运营期末残值 50 万元，按照直线法折旧。

该企业于建设期第 1 年投入项目资本金为 380 万元，建设期第 2 年向当地建设银行贷款 400 万元(不含贷款利息)，贷款年利率 10%，项目第 3 年投产。 投产当年又投入资本金 200 万元，作为流动资金。

运营期，正常年份每年的销售收入为 700 万元，经营成本 300 万元，产品销售税金及附加税率为 6%，所得税税率为 33%，年总成本 400 万元，行业基准收益率 10%。

投产的第 1 年生产能力仅为设计生产能力的 70%，为简化计算这一年的销售收入、经营成本和总成本费用均按照正常年份的 70%估算。 投产的第 2 年及其以后的各年生产均达到设计生产能力。

问题:

（1）计算销售税金及附加和所得税。

（2）依照表 10-2 格式，编制全部投资现金流量表。

（3）计算项目的动态投资回收期和财务净现值。

（4）计算项目的财务内部收益率。

（5）从财务评价的角度，分析说明拟建项目的可行性。

表 10-2　　　　　　　　　某拟建项目全部投资现金流量表　　　　　　　　单位:万元

序号	项目	建设期		投产期						
		1	2	3	4	5	6	7	8	9
	生产负荷			70%	100%	100%	100%	100%	100%	100%
1	现金流入									
1.1	销售收入									
1.2	回收固定资产余值									
1.3	回收流动资产									
2	现金流出									
2.1	固定资产投资									
2.2	流动资金投资								1	
2.3	经营成本									
2.4	销售税金及附加									
2.5	所得税									
3	净现金流量									
4	折现系数 i_c =10%	0.9091	0.8264	0.7513	0.6830	0.6209	0.5645	0.5132	0.4665	0.4241
5	折现净现金流量									
6	累计折现净现金流量									

第十一章

食品安全中的经济理论及智能技术应用

第一节 食品安全中的经济理论及智能技术应用

民以食为天，食以安为先，食品安全事关人民群众身体健康和生命安全，事关经济发展与社会和谐。随着人们生活品质的不断提升，广大民众在追求物质满足的同时也更加关注于各种生活物质的品质。食品安全问题不仅仅是生物、卫生检疫等自然科学方面的问题，更是经济学、管理学、社会学、心理学以及政治学所面临的问题。从经济学角度分析食品安全的经济理论基础，可以更好了解企业、消费者、政府等不同主体在食品行业中的生产经营行为、消费行为和安全监管行为，做好顶层设计，提高我国食品质量安全水平。

一、食品安全产生的经济理论

食品安全问题的发生与传播，不仅给人类的身体和健康带来重大损害或构成严重威胁，也给消费者和食品相关产业造成了巨大的经济损失。影响食品安全的因素主要可以分为环境因素（土壤、大气、水等）、操作方式（农药、化肥、激素等投入物的不当使用、不合理的加工和运销方式等）和技术因素（转基因等）等。这些安全隐患存在于整个食品供应链中，食品供应链链条越长、环节越多，发生食品污染的概率越大。在产前环节主要是产地环境问题，表现为土壤的重金属含量超标、水体污染和大气污染；在生产、加工和运销环节主要是操作方式不当导致的食品安全问题，表现为生产环境中农药、化肥和植物生长激素等投入物不规范的使用造成食品中农药残留、硝酸盐、重金属等含量超标，加工和流通过程中发生的食品微生物和化学污染。所有这些供应链中的问题可以从信息不对称理论、柠檬市场理论、交易费用理论和供应链管理理论来进行深入分析。

1. 信息不对称理论

食品具有"搜寻品、经验品和信任品"三重特性，"搜寻品"是指消费者在消费之前已经了解了农产品的外在特征（包括品牌、标签、包装、销售场所、价格、产地等）和内在特征（包括颜色、光泽、大小、形状、成熟度、新鲜程度等）；"经验品"是指消费者在消费之后才能判断其质量或其他安全特征，如口感、味道和鲜嫩等；"信任品"是指消费者即使在购买后，自己也没有能力了解有关农产品质量安全的信息，如食品中的药物残留、重金属残留和微生物含量超标等。由此看来，食品的本性就是"信任品"的特性。食品行业涉及食品生产供给方——企业、需求方——消费者和食品安全监管方——政府。信息不对称发生在食品产业链上各个参与主体之间，从"产地到餐桌"整个食品供应过程中的每个环节都存在不同程度的信息不对称问题，表现为：生产资料供应商与生产者之间，生产者、加工商、批发零售商与消费者之间，生产经营者与政府之间，消费者与政府之间等存在信息不对称。信息不对称会产生食品市场上的"逆向选择"——安全性差的食品把安全性好的食品驱逐出市场和"道德风险"——生产者隐藏或歪曲和误导食品安全信息等机会主义行为问题。买方难以确定卖方的产品质量，交易双方在食品质量信息上的不对称使得食品产业中形成"柠檬市场"，食品交易质量不断下降，形成市场失灵，此时政府监管成为弥补食品市场失灵的有效手段。信息不对称理论为食品安全问题的政府规制提供了"理由"。政府通过制定和实施相关政策来影响生产者和消费者行为，最大限度地降低食品风险。

2. 柠檬市场理论

1970 年，美国经济学家 GeorgeA. Akerlof 将有关信息经济学理论应用于对次品市场的分析，提出了著名的"柠檬"市场理论。经济学上把这种劣质商品充斥的市场称为"柠檬"市场。"柠檬"市场的基本特征是：信息不对称、不完全，市场上产品质量高低不同。该理论认为，在只有卖家了解产品品质而买家不了解产品品质的情况下，买卖双方对产品品质的信息存在不对称现象，该现象进而导致逆向选择行为，使得高品质的产品在市场的价格竞争中难以生存，次品对优质品产生"市场挤出"现象，信息不对称导致产生"柠檬"市场。在信息不对称条件下，优质、安全的食品并不能通过市场自发调整供给，优质食品被劣质食品挤出市场。如果消费者获得的信息有限，那么优质食品的供给数量和价格将会严重地受到劣质食品的影响，导致优质食品无法保证优质优价甚至失去市场竞争力，从而影响生产经营者生产和供应优质食品的积极性，最终使得劣质食品将优质食品赶出消费市场，形成"劣币驱逐良币"现象。

食品"柠檬"市场的形成主要是由于优质食品不能将其"经验品"和"信任品"的质量信号传递给消费者，而消费者在购买食品时缺乏获取有用信息的途径。解决食品市场信息不对称最直接和可靠的办法就是完善食品质量认证体系，所以通过完善质量认证体系，鼓励优势企业实施品牌战略，形成品牌差异化竞争优势，理顺各监管部门的管理职责和规范部门的运行程序来提高监管效率，加强对消费者的食品安全知识宣传和食品安全意识教育，从而提高公众在食品市场上的信息优势和食品品质鉴定能力，可以缓解食品市场买卖双方的信息不对称情况，打破"柠檬"市场格局。

3. 交易费用理论

交易费用理论是由科斯在 1937 年提出。交易费用是指企业用于寻找交易对象、订立合同、执行、洽谈交易和监督交易等方面的费用与支出，主要由搜索成本、谈判成本、签约成本与监督成本构成。按照科斯提出的交易费用理论，涉及食品安全有关的交易费用主要包括：信息搜寻成本、交易谈判成本、执行成本、监督成本和交易后成本。在食品安全领域，影响交易费用大小的因素多种多样，其影响因素主要体现在利益主体的有限理性、不确定性、普遍的机会主义、资产专用性程度、市场交易频率等。现实中由于"经济人"特性而往往不存在完全理性，通常表现为有限理性，在有限理性之下，不存在完全契约。大多数的食品生产企业，缺乏搜寻相关信息的手段和途径，注重眼前利益，在缔结契约时的理性更加有限。由于信息不对称，消费者不容易获取有关食品安全的信息，在交易时自然也不可能完全理性。机会主义是指通过随机应变、投机取巧为自身谋取利益最大化行为。例如，食品企业为缩短产品生产周期、延长保质期而使用法律禁止使用的添加剂和其他化学试剂。机会主义行为容易导致食品市场存在假冒劣质产品，影响食品行业整体质量安全水平。资产专用性是指为了某次交易进行的耐久性投资。这种耐久性投资具有专门用途，一旦交易过早结束或者终止，容易形成沉没成本。资产专用性越强，机会主义成本就越高，带来的资产专用性收益具有更多不确定性和高风险性。

4. 供应链管理理论

供应链管理的核心思想是广泛引入和利用各种社会资源和力量，改"末端治理"为

"源头控制"，对"从田间到餐桌"的整个食品供应链进行综合管理。供应链管理的行为主体一般有三个：政府行政管理、中介组织（包括横向联合组织，如零售商联合、农民销售合作组织以及行业协会等）管理和生产经营企业的内部管理。他们各司其职，共同履行食品安全的质量管理职责。政府行政管理职能集中在食品质量标准的供给、食品安全政策制定、食品流通的基础设施环境建设等方面。中介组织作为独立的法人行为主体和机构，以公正、公平、诚信的服务为宗旨，向社会提供有资信的质量管理服务，如质量标准认证体系的注册管理、推广宣传质量标准认证体系、实施农产品质量检验等。生产经营的企业是整个供应链管理中最基础的环节，是质量控制和防范的各种标准、规范、措施得以有效实施的基本载体。

二、食品安全规制的成本和收益评估

为了使政府制定规制和企业实施规制的效率达到最优，各国政府和学者们大都对食品安全规制进行了绩效评估，其中广为采用的一种方法就是成本收益分析法。实施食品安全规制，一般应考虑三种成本。

（1）真实资源遵从成本　是指生产者为改进食品安全采取各种措施引致的直接成本，如购买、运作、维护新设备和改变生产过程或投资培训雇员等；

（2）社会福利损失　包括为生产和管理更安全产品而付出的更高代价（如规制管理机构的执行和监督成本）带来的消费者剩余和生产者剩余的减少；

（3）过渡的社会成本　指转向其他市场的资源或由于不能满足食品安全规制要求而导致的公司倒闭等。

测算实施食品安全规制成本的方法主要有：会计法、经济工程法和经济计量法。

食品安全规制实施后可能会带来经济、健康、环境等方面的收益，这些收益可分为社会收益、消费者收益和企业收益三个部分。社会收益包括社会看护费用的减少和对弱势群体的保护。消费者收益是指由于避免食用被微生物病菌和其他有害物质污染的食品所产生的死亡或患病风险的降低。测算方法主要有：支付意愿（Willingness to Pay，WTP）法、COI 法及其与 WTP 法的综合模型、（Value of Statistical，VOS）法和社会会计矩阵模型（Social Accounting Matrix Model，SAM）。企业收益包括产品加工设计过程的改进、生产过程中组织运作效率的增进、产品货架寿命的延长、进入新市场的可能性和保留老顾客等。

目前成本收益分析法对食品安全规制的评估是建立在不确定性的基础上，因为我们无法列出所有规制带来的成本和收益，而且很多成本和收益也无法量化，因此现有的评估结果是对成本和收益的一种估算而已。成本收益分析法虽然不是评价规制政策和效果的唯一有效的科学方法，但是该法为提高政府规制的有效性提供了一个思考问题的角度和途径。

三、提高食品质量安全治理措施

1. 建立并完善食品市场准入制度

食品市场准入制度可以有效解决信息不对称问题。通过职业许可、颁发营业执照、申报审批等办法来审查生产企业和经营者的资格，通过培训提高从业人员的整体素质和职业道德，对拟进入市场的食品通过认证、检测和包装标识等手段实现产品信息的公开，确保安全农产品的供应，从源头上提高食品质量安全水平。

2. 进一步完善食品质量安全溯源机制

食品质量安全溯源机制是指建立一个从原料来源到经营销售过程的质量保证系统，能够通过从后向前追踪以确保系统的有效运作。溯源机制要保证食品生产和经营各环节涉及产品质量的所有数据实现可查可追踪，发现问题后可以据此启动一系列的法律程序，以确保能使溯源机制中的上游企业承担相应法律责任。

3. 提高食品企业生产经营规模化、标准化和专业化程度

政府可在政策允许范围内或进一步完善政策以支持生产经营者提高企业规模化生产经营能力，使其进行标准化和专业化的生产和经营，企业在食品质量声誉上所进行的专业化投资越大，消费者将能够更有效地将其同偏好生产不安全食品的企业分离开。政府应进一步建立和完善食品质量认证体系、食品安全标准体系、食品安全信息体系等，并在其中发挥主导作用，为食品生产经营企业提高质量声誉提供良好的外部环境支持。

4. 建立完善的监管体系

完善相应的法律法规，规定明确严厉的法律责任，加大对不安全食品生产经营企业的处罚力度。理顺各食品安全监管机构的职责，加强完善过程管理制度。打破部门间的条块分割，进一步整合监管资源，采用政府部门监管和民间机构监管相配合的形式，多部门参与建立的多元化、多层次的监管体系。通过建立各类信息平台，及时发布食品安全信息，强化信息披露机制，实现监管机构与消费者的直接对话，通过新闻媒体、网络等进行及时信息披露，曝光食品违法问题，增加监管的透明度，使得食品安全问题能更多地"暴露在阳光下"。

第二节 食品安全中智能技术应用概述

食品的安全和营养是人们对食品的基本要求，而食品安全则是指食品本身对食用者的安全性，以及被污染食品中的有毒有害物质对人体的影响。随着经济全球化进程的不断加快和科学技术的进步，食品安全问题并没有减少的趋势，食品安全也不再是某个国家需要单独面对的问题，而是成为一个全球性问题。2019年4月，美国提出了"更智慧的食品安全新时代"这一倡议，旨在纳入新的技术、工具和方法，帮助消费者更好地免受食源性疾病的侵害。分布式账本、区块链、人工智能（AI）等新技术在食品行业的应用潜力巨大，食品安全智慧新时代实现食品安全生产和管理更加数字化、可追溯和更透明。

一、人工智能技术在食品行业的应用

1. 人工智能（AI）技术含义

AI是研究、开发用于模拟、延伸和扩展人类智能的理论、方法、技术及应用系统的一门新的技术科学，该领域的研究包括：自然语言处理（natural language processing），即

接收知识、理解知识；知识表示（knowledge representation），即存储知识；自动推理（automated reasoning），即运用存储的信息回答问题并得出结论；机器学习（machine learning），即与现有知识的连结，长期、持续地适应新变化；计算机视觉（computer vision），即感知外界；机器人学习（robotics），即操纵移动对象及与外界的交互等。简而言之，人工智能就是指让机器像人一样思考、决策和行动。人工智能技术善于收集、分析与阐释大量的数据，而如此体量的数据是人类穷极一生都无法完成的，所以有人称"人工智能将引领人类第四次工业革命——智能化"。

人工智能技术在食品行业中的应用包含从食品原材料到消费者手中的供应链流程各环节，可围绕从原料采购、食品生产加工、物流运输、销售等环节经常出现的问题展开监测——通过先进的传感器技术与大量数据分析软件的结合运用，利用人工智能的智能检索、图像识别、语音识别，自然语言处理、模式识别、机器学习等技术，实现如食品原材料分拣、食品加工储运全过程的实时动态检测和质量控制，优化供应链个性化食品配方研发以及个性化营养定制等单调、频繁和重复的长时间、个性化要求高的工作。与传统人工操作相比，人工智能技术可以明显提高食品行业的产品质量和生产效率，使食品行业更具创造力、个性化的同时，降低企业的生产成本，提高其市场竞争力，在保障食品安全的同时还能迎合消费者的喜好。因此，人工智能在食品工业及食品安全监管中的应用具有重大实践意义。

2. 人工智能在食品生产中的应用

（1）AI 在食品分拣和供应链管理中的应用　在传统食品行业中，往往采用人工方法筛选病果、虫果和异物，但这种做法效率较低，而且有可能造成食品的二次污染。人工智能在优化生产流程中的应用主要体现在计算机视觉方面，即通过采集目标图像进行图像处理和识别，实现对产品品质检测、产品分类等功能。基于计算机视觉检测技术的食品分拣系统——利用照相机和近红外传感器拍摄照片，通过图像识别技术实现筛选次品与异物，同时应用机器人技术实现物品的自动分拣与包装。通过对食品加工生产全过程进行监测，采集多个传感器的数据，构造出基于学习功能的生产过程监测器。该监测器主要通过机器学习、语音识别、视觉识别等方式来分析、调节和改进生产过程中的参数，预测产品质量，从而改进自动设置和调整加工过程的参数。人工智能在供应链的应用中还可以用来准确预测食品库存，便于管理定价或食品溯源——跟踪产品"从农场到餐桌"的全过程，保证食品供应链的透明度。此外，对供应链的智能管理还有利于提升企业经营效率，降低企业库存和供应链成本。

（2）AI 在食品安全监管中的应用　食品安全监管工作量巨大、食品安全事故频发且原因多变，因此依赖人工的传统监管模式难以实现对食品安全问题的即时预警和全面有效的监控。人工智能监管模式能适应复杂多变的形式，通过智能检索、智能代理、专家系统等先进技术可完善对食品安全事件的预警监测，提升政府的监管效率，落实企业食品安全主体责任，保障食品安全。构建食品安全智能监管信息平台，可快速高效地收集和共享食品安全信息，如实现食品溯源、促进食品全流程监管等；可以加强舆情监测，建立重大舆情收集、分析，推进快速响应机制的建立，完善食品安全事件预警监测；可以增强信息透明度，提升监管效率。智能监管系统能自动辨识并发现后厨的食品安全风险点，预防不可预估的食品安全风险，并针对风险提供解决策略，从而提高监管效率。

二、区块链技术在食品安全溯源中的应用

1. 区块链技术含义

2008 年 NakamotoS 发表了白皮书 *Bitcoin：A peer-to-peer electronic cash method*，该论文首次提到了区块链技术。区块链的分布式存储、去信任、公开透明、可集体维护等特性，结合各种加密技术，采用联盟链的形式引入监管部门和相关组织构建基于区块链的食品安全溯源方法。该方法可以降低监管成本、交易的复杂度和交易风险，提高食品的安全性、信息记录的可信度。保证记录在系统内的信息真实可靠、保证食品的安全可追溯，针对性解决当前食品溯源方法存在的信息采集不标准、数据的存储过程存在安全隐患、中心化的方法容易遭受攻击、企业之间信息不共享等问题。区块链技术具有可追溯和不可篡改的特性，应用于食品溯源领域是一个天然的契机。基于区块链的食品安全溯源方法可以很好避免数据被恶意篡改的情况。2017 年京东、沃尔玛、IBM 共同签署成立中国首个食品区块链溯源联盟的协议，为保障消费者的食品安全。目前沃尔玛食品溯源系统已经在猪肉试点成功，未来还会应用到更多的商品上。从 2017 年底开始，区块链技术开始变得炙手可热，受到了社会各界人士的广泛关注，很多创业公司和高校的专家学者也开始研究区块链技术，开发基于区块链技术的去中心化应用。

2. 区块链技术在食品生产安全溯源中的应用

目前食品溯源采用的方法主要有：传统方法溯源、物理技术溯源、化学方法溯源和生物方法溯源。传统溯源方法主要是采用纸质账本记录食品的生产加工情况、销售情况和库存情况。物理技术溯源主要是采用条形码技术或者二维码技术进行溯源。条形码技术溯源是将食品的成分及含量、种类、生产日期、保质期、加工方式和流通环节等重要信息记录在条形码，通过扫描条形码获取相关信息。二维码技术是目前使用比较广泛的一种溯源方式，二维码技术和条形码技术相似，但是比条形码能够存储更多的信息，安全性更高、纠错能力更强，二维码还可以对语音、文字等信息进行编码转换。化学方法溯源主要是采用同位素溯源方法，通过分析食品的某一种或多种同位素的含量判断食品的具体来源信息从而达到溯源的目的。生物溯源方法主要有 DNA 技术溯源，利用 DNA 的特性可以准确对动植物性食品进行溯源，如医学常用的 DNA 亲子鉴定技术，但是这种溯源成本比较高，技术含量要求高。由于目前食品溯源大多采用中心化存储方式存储数据，这种方式存在存储空间受限、供应链环节无法实现信息共享、信息安全性得不到保证和信息容易被篡改等问题。中心化的溯源系统从产品的生成到销售所有过程都是由单一企业进行核心数据的采集、录入、存储和管理。在这种情况下，如果企业为了利益，改变包装产品的生产日期，欺骗消费者的行为也是不可避免的。

通过区块链技术，农牧场或农户的畜禽、瓜果和蔬菜等农产品的出栏信息、食品企业的出厂信息、监管部门的检验信息、超市的进货和上架信息，消费者都可以实时查询，实现溯源。另外，原产地认证信息、有机食品认证、生产许可证等信息都可以放置区块链网络中，利用区块链不可篡改的特点，保证查询到信息的真实性。区块链系统拥有数字脚印——从数据的上传到每一次修改再到最终的分享都能追溯到人，从而最大限度地避免造假的可能。此外，区块链系统能够自动获取数据，并不需要人为操作，即采用传感技术、

射频识别技术（RFID）技术等就能实现数据的自动获取。区块链系统能够让食品安全更加数字化的同时将错误的概率最小化，并进一步增加数据的透明度，从而有助于食品安全问责。

三、大数据在食品安全生产管理中的应用

1. 大数据特点

随着信息时代的到来，大数据迅速发展，逐渐成为科技界和企业界甚至全国关注的热门话题。互联网和各产业数据的爆炸式增长，使得大数据、云计算等概念越来越广泛。大数据概念的兴起为人们打开了一个新视角，为了更大程度的发挥大数据的价值，大数据挖掘成为了人们的关注热点。食品安全从原料生产到消费，涉及食品链的各个环节，产生了大量的数据。食品安全大数据作为大数据的一种，符合大数据的典型 4V 特征，即量大（volume）、多样（variety）、高速（velocity）和价值大（value）。处理与分析数据量大、数据结构复杂的食品安全大数据，传统的技术手段很难满足要求，因此实现食品安全和大数据产业的融合，增强食品安全大数据的分析具有重要意义。食品安全大数据特征表现在以下几方面。

（1）数据容量大　来自食品安全监测点的数据、各个地方上报的食品污染物数据、食品安全环境监测数据和其他食品企业自身生产的数据，这些数据聚集在一起就形成了十分庞大的数据库。

（2）更新速度迅速　食品安全信息中包含大量的在线或实时数据分析和处理要求。

（3）种类多　食品安全数据包含各种结构化数据、非（半）结构化数据和其他多种数据存储形式。

（4）成本低、价值大　食品安全大数据中存在着大量无用的、冗余的信息，但这些信息具有很大的挖掘和应用价值，与个人生活、食品行业、国民经济息息相关。

2. 食品安全大数据处理技术

食品安全可追溯系统涉及多个行为主体，因此建立一个可靠的食品可追溯系统的前提是对数据进行整合——构建各行为主体的信息共享机制和食品安全信息数据库，实现从原料到最终产品过程的追踪及反向追踪，以及消费者、企业、政府之间的信息共享。基于信息共享的食品可追溯系统主要由中央控制平台、区域平台、企业端管理信息系统和用户信息查询平台这四部分构成。在技术使用方面，目前比较成熟的技术包括条码技术、射频识别技术、GS1 系统、物流跟踪技术、动植物 DNA 条形码技术等。

思考与练习

1. 食品安全规制的成本有哪些？　　　　　2. 提高食品安全治理的措施有哪些？

第十二章

食品项目后评价

第一节　食品项目后评价概述

一、食品项目后评价的定义

食品项目后评价，是指对已经完成的项目或规划的目的、执行过程、效益、作用和影响所进行的系统的客观的分析。通过对投资活动实践的检查总结，确定投资预期的目标是否达到，食品项目或规划是否合理有效，项目的主要效益指标是否实现，通过分析评价找出成败的原因，总结经验教训，并通过及时有效的信息反馈，为未来项目的决策和提高完善投资决策管理水平提出建议，同时也为食品项目实施运营中出现的问题提出改进建议，从而达到提高投资效益的目的。

二、食品项目后评价的作用

1. 改善决策和管理

后评价是在项目投资完成以后，通过对项目目的、执行过程、效益、作用和影响所进行全面系统地分析，总结正反两方面的经验教训，使项目的决策者、管理者和建设者学习到更加科学合理的方法和策略，提高决策、管理和建设水平。

2. 监督项目实施单位

项目后评价以项目业主对日常的监测资料和项目绩效管理数据库、项目中间评价、项目稽查报告、项目竣工验收的信息为基础，以调查研究的结果为依据进行分析评价，通常应由独立的咨询机构来完成，能够较有效的监督项目实施单位的运作。

3. 具有检验前评估的功能

通过后评价，评价人员在对项目执行情况与前评估报告中的相关内容进行对比和分析的基础上，可以对前评估的准确度做出初步的判断，并分析产生误差的原因，以便今后提高评估的质量。

第二节　食品项目后评价方法

一般而言，进行食品项目后评价的主要分析方法，是定量分析和定性分析相结合的方法。在项目后评价的实际过程中，最基本也是最重要的方法有以下三种。

一、主要指标前后对比法

前后对比法，是将食品项目实施前即项目可行性研究和评估时，所预测的效益和作用与项目竣工投产运行后的实际结果相比较，以找出变化和原因。这种对比是进行后评价的基础，特别是在对项目财务评价和工程技术的效益分析时是不可缺少的。

许多的食品项目，在实施以前的项目可行性研究报告及项目前评估报告中，都具体设计与规定了项目完成以后的数量化的项目区经济发展目标（如项目人均收入、作物亩产等）、项目财务效益目标（如项目内部收益率、投资利润率等）、环境指标（农药残留、水土流失等）等。主要指标对比法就是将项目完成以后，以项目实际发生的数据为基础而计算的这些指标值与项目前所预估的指标值进行对比分析，包括评价指标的绝对值对比分析、百分比及指标完成度分析等。

在进行项目主要指标的对比分析时，一般用有无项目对比或项目前后对比方法。有无项目对比是将食品项目实际发生的情况与若无项目可能发生的情况进行比较，是指同一时间、同一区域的两种不同状态（有、无项目）时的相关指标对比，以度量项目的真实效益、作用。然而实际上，当项目在某一区域实施时，该区域的无项目状态就已经不存在了。因此，实际工作中常常采用一些方法来估测该项目区无项目时的状况。

（1）固定法　假定项目区如果不开展项目建设，无项目状况稳定不变；

（2）历史推算法　即利用项目区历史资料（5 年以上），根据历史发展趋势，考虑未来科技发展等的影响，推算出项目区无项目状态时的发展状况；

（3）相同或相似的无项目点作为对照点，以对照点的自然发展状况作为无项目状况的参照。

二、逻辑框架法

逻辑框架法（Logical framework approach，LFA），是美国国际开发署在 1970 年开发并使用的一种设计、计划和评价的工具。是目前在许多国家采用的一种行之有效的方法。这种方法从确定待解决的核心问题入手，向上逐级展开，得到其影响及后果，向下逐层推演找出其产生的原因，得到所谓的"问题树"。将问题树进行转换，即将问题树描述的因果关系转换为相应的手段——目标关系，得到所谓的目标树。目标树形成之后，进一步的工作要通过"规划矩阵"来完成。

逻辑框架法把从投入到目标达成的项目过程中的因果关系划分为四个层次（包括宏观目标）或三个层次（不包括宏观目标）。

（1）总目标　指高层次的宏观目标，一般是指超越了项目范围的国家、地区、部门或投资组织的整体目标。其目标的确定和指标的选择一般由国家或行业部门负责；

（2）项目目标　指项目直接的效果与作用，是具体项目要达到的目标。一般考虑项目为受益目标群带来什么，主要是社会和经济方面的成果和作用；

（3）产出或成果　是指为了实现项目目标所开展的活动的结果，一般要提供项目可计量的直接后果；

（4）投入和活动　指项目的实施过程及内容，主要包括资源的投入量和时间等。

上述的垂直逻辑分清了评价项目的层次关系，每个层次的水平方面的逻辑关系则由验证指标、验证方法和重要的假定条件所构成。

（1）客观验证指标　各层次目标尽可能地有客观的可度量的验证指标，包括数量、质量、时间和人员。后评价时，一般每项指标至少具有三个数据，即原来的预测值、实际完成值、预测值和实际完成值之间的变化和差值；

（2）验证方法　包括主要资料来源（监测和监督）和验证所采用的方法；

（3）重要的假设条件　指可能对项目的进展或成果产生影响，而项目管理者又无法控制的外部条件，即风险。包括项目区的特定自然环境及其变化，政府在政策、计划、发展战略等方面的失误或变化，项目的管理体制等。

三、综合评价法

综合评价是在各部分评价的基础上进行的。由于客观事物的复杂性，科学技术、经济和社会的发展目标的多元性和层次性，食品项目评价需要在综合的基础上进行全面评价，以对项目完成情况有一个整体的概念。一般步骤为：①确定评价系统；②选定评价指标体系；③项目评价中常常遇到不可量化指标，对这类指标的处理往往采用专家打分的方法，因此需要选定专家组；④指标权重的确定，一般用层次分析法；⑤收集相关的资料；⑥选择适合的综合评价方法模型具体进行评价。

第三节　食品项目后评价程序及内容

一、食品项目后评价程序

1. 接受后评价任务、签定工作合同或评价协议

食品项目后评价单位接受后评价任务委托后，首要任务就是与业主或上级签订评价合同或相关协议，以明确各自在后评价工作中的权利和义务。

2. 成立后评价小组、制定评价计划

食品项目后评价合同或协议签订后，后评价单位就应及时任命项目负责人，成立后评价小组，制订后评价计划。项目负责人必须保证评价工作客观、公正，因而不能有业主单位的人兼任；后评价小组的成员必须具有一定的后评价工作经验；后评价计划必须说明评价对象、评价内容、评价方法、评价时间、工作进度、质量要求、经费预算、专家名单、报告格式等。

3. 拟定后评价计划、聘请有关专家

计划是评价的基础，评价计划是整个调查工作的行动纲领，它对于保证调查工作的顺利进行具有重要的指导作用。一个设计良好的后评价计划不但要有调查内容、调查计划、调查方式、调查对象、调查经费等内容，还应包括科学的调查指标体系，因为只有用科学的指标才能说明所评项目的目标、目的、效益和影响。每个食品项目都有其自身的专业特点，评价单位不可能事事依靠内部专家，还必须从社会上聘请一定数量的专家参加调查评价工作。最后，后评价的工作进度、人员分工等都应该被合理安排。

4. 阅读文件、收集资料

对于一个在建或已建项目来说，业主单位在评价合同或协议签定后，都要给评价单位

提供材料，这些材料一般称为项目文件。评价小组应组织专家认真阅读项目文件，从中收集与未来评价有关的资料。如项目的建设资料、运营资料、效益资料、影响资料，以及国家和行业有关的规定和政策等。

5. 开展调查、了解情况

在收集食品项目资料的基础上，为了核实情况、进一步收集评价信息，必须去现场进行调查。一般地说，去现场调查需要了解项目的真实情况，不但要了解项目的宏观情况，而且要了解项目的微观情况。宏观情况是项目在整个国民经济发展中的地位和作用，微观情况是项目自身的建设情况、运营情况、效益情况、可持续发展以及对周围地区经济发展、生态环境的作用和影响等。

6. 分析资料、形成报告

在阅读文件和现场调查的基础上，要对已经获得的大量信息进行消化吸收，形成概念，写出报告。需要形成的概念是，项目的总体效果如何，是否按预定计划建设或建成，是否实现了预定目标，投入与产出是否成正函数关系；项目的影响和作用如何，对国家、对地区、对生态、对群众各有什么影响和作用；项目的可持续性如何；项目的经验和教训如何等。

7. 提交后评价报告、反馈信息

后评价报告草稿完成后，送项目评价执行机构高层领导审查，并向委托单位简要通报报告的主要内容，必要时可召开小型会议研讨有关分歧意见。项目后评价报告的草稿经审查、研讨和修改后定稿。正式提交的报告应有"项目后评价报告"和"项目后评价摘要报告"两种形式，根据不同对象上报或分发这些报告。

二、食品项目后评价内容

食品项目后评价的内容包括项目决策与建设过程评价、项目效益后评价、项目管理后评价、项目影响后评价。

食品项目决策与建设过程评价，是食品项目竣工后对可研、立项、决策、勘测、设计、招投标、施工、竣工验收等不同阶段，从经历程序、遵循规范、执行标准等方面对项目进行评价；食品项目效益后评价，主要是对应于项目前期而言的，是指项目竣工后对项目投资经济效果的再评价，它以项目建成运行后的实际数据资料为基础，重新计算项目的各项技术经济数据，得到相关的投资效果指标，然后将它们同项目立项决策时预测的有关的经济效果值（如净现值 NPV、内部收益率 IRR、投资回收期等）进行纵向对比，评价和分析其偏差情况及其原因，吸收经验教训，从而为提高项目的实际投资效果和制订有关的投资计划服务，为以后相关项目的决策提供借鉴和反馈信息；食品项目管理后评价是指当项目竣工以后，对项目实施阶段的管理工作进行的评价，其目的是通过对项目实施过程的实际情况的分析研究，全面总结项目管理经验，为今后改进项目管理服务；食品项目影响后评价是项目对国民经济、社会关系、自然生态环境等方面产生的影响的评价，在我们倡导保护自然生态环境、可持续发展、节约型社会的今天，如何处理好生产与生活、自然环境的关系，是一个十分迫切解决的问题，影响评价的结果对于指导新建项目有着重要意义。

1. 项目技术后评价

项目技术后评价，主要是对工艺技术流程、技术装备选择的可靠性、适用性、配套性、先进性、经济合理性的再分析。在决策阶段认为可行的工艺技术流程和技术装备，在使用中有可能与预想的结果有差别，许多不足之处逐渐暴露出来，在评价中就需要针对实践中存在的问题、产生的原因认真总结经验，在以后的设计或设备更新中选用更好、更适用、更经济的设备，或对原有的工艺技术流程进行适当的调整，发挥设备的潜在效益。

2. 项目财务后评价

食品项目的财务后评价与前评估中的财务分析在内容上基本是相同的，都要进行项目的盈利性分析、清偿能力分析和外汇平衡分析。但在评价中采用数据不能简单使用实际数，应将实际数中包含的物价指数扣除，使之与前评估中的各项评价指标在评价时点和计算效益的范围上都可比。

在盈利性分析中要通过全投资和自有资金现金流量表，计算全投资税前内部收益率、净现值，自有资金税后内部收益率等指标，通过编制损益表，计算资金利润率、资金利税率、资本金利润率等指标，以反映项目和投资者的获利能力。清偿能力分析主要通过编制资产负债表、借款还本付息计算表，计算资产负债率、流动比率、速动比率、偿债准备率等指标，反映项目的清偿能力。

食品项目的后评价，应进行项目后评价与前评估之间经济指标偏离程度分析。分析指标包括净现值变化率、内部收益率变化率、投资利润率变化率、投资利税率变化率、投资回收期变化串、投资现值率变化率、借款偿还期变化率、资产负债率变化率、流动比率变化率、速动比率变化率等。其计算公式为：

某指标变化率(%) = (后评价时该指标值−前评估时该指标值)×100/前评估时该指标值

进行财务指标偏离原因分析。分析指标包括：固定资产投资变化率、产品销售收入变化率、产品经营成本变化率、产品销售利润变化率、产品生产能力变化率、项目工期变化率、项目资金综合成本变化率等。需要说明的是，项目工期的提前或滞后对项目的费用、效益均很大的影响，从而极大地影响了项目的财务指标。另外，不同的资金筹集渠道影响项目的还款方式、利息的多少，相应的也影响了项目的财务指标。

另外，必要时还应进行财务数据的重新预测。在项目后评价时点以后到项目生命期结束之间的财务数据，由于还没有发生，需要在现有数据的基础上重新进行预测。包括：①项目生命期内各年的生产总成本、单位产品成本、销售成本和经营成本等；②项目生命期内各年产品生产量、销售量和销售收入；③项目生命期内各年实现利润及其分配情况；④项目投资贷款的还本付息情况等；⑤项目生命期内各种耗费及产品的价格。

3. 项目经济后评价

经济后评价的内容主要是通过编制全投资和国内投资经济效益和费用流量表、外汇流量表、国内资源流量表等计算国民经济盈利性指标——全投资和国内投资经济内部收益率和经济净现值、经济换汇成本、经济节汇成本等指标，此外还应分析项目的建设对当地经济发展、所在行业和社会经济发展的影响，对收益公平分配的影响（提高低收入阶层收入水平的影响）、对提高当地人口就业的影响和推动本地区、本行业技术进步的影响等。经济评价结果同样要与前评估指标对比。

4. 项目环境影响后评价

项目环境影响后评价，是指对照项目前评估时批准的《环境影响报告书》，重新审查项目环境影响的实际结果。审核项目环境管理的决策、规定、规范、参数的可靠性和实际效果，实施环境影响评价应遵照国家环保法的规定，根据国家和地方环境质量标准和污染物排放标准以及相关产业部门的环保规定。在审核已实施的环评报告和评价环境影响现状的同时，要对未来进行预测。对有可能产生突发性事故的项目，要有环境影响的风险分析。如果项目生产或使用对人类和生态危害极大的剧毒的物品，或项目位于环境高度敏感的地区，或项目已发生严重的污染事件，那么，还需要提出一份单独的项目环境影响评价报告。环境影响后评价一般包括 5 部分内容：项目的污染控制、区域的环境质量、自然资源的利用、区域的生态平衡和环境管理能力。

5. 项目社会评价

社会评价是总结了已有经验，借鉴、吸收了国外社会费用效益分析、社会影响评价与社会分析方法的经验设计的。它包括社会效益与影响评价和项目与社会两相适应的分析。既分析项目对社会的贡献与影响，又分析项目对社会政策贯彻的效用，研究项目与社会的相互适应性，揭示防止社会风险，从项目的社会可行性方面为项目决策提供科学分析依据。

社会效益与影响是以各项社会政策为基础、针对国家与地方各项社会发展目标而进行的分析评价。其内容可分为 4 个方面、3 个层次。即项目对社会环境、自然与生态环境、自然资源以及社会经济 4 个方面的效益与影响评价，对国家、地区、项目 3 个层次的分析。一般项目对国家与地区（省、市）的分析可视为项目的宏观影响分析，项目与社区的相互影响分析可视为项目的微观影响分析。

思考与练习

1. 阐述逻辑框架法的具体内容。

2. 食品项目的后评价有哪些组成部分？

3. 食品项目后评价中的社会评价应该如何进行？

第十三章

食品工业化系统的技术经济分析

第一节　企业规模的选择

一、规模经济理论

规模经济是指在一特定时期内，企业产品绝对量增加时，其单位成本下降，即扩大经营规模可以降低平均成本，从而提高利润水平。规模经济理论就是研究各种类型的工业企业在现有的技术经济条件下，要求达到什么样的规模，才能最大地提高效率，取得最佳的经济社会效益。

规模经济研究的理论基础是规模报酬法则，其基本含义是：在经济活动中，因投入要素的规模不同导致在收益上有差异，而且带有规模性。具体表现如下。

（1）规模收益递减　规模扩大后，收益增加的幅度小于规模扩大的幅度，甚至收益绝对地减少，即规模扩本使边际收益为负数。

（2）规模收益递增　规模扩大后，收益增加的幅度大于规模扩大的幅度。当然，这种规模增加是有限度的，超过限度，会变为规模收益递减。

（3）规模收益不变　规模扩大幅度与收益增加的幅度相等。一般来说，这是从规模收益递增转变为规模收益递减之间的过渡阶段所发生的情形，它不可能持久。

二、制约企业生产规模的因素

所谓生产规模，是指生产力、劳动手段和劳动对象等生产要素与产品在一个经济实体中的集中程度。在可行性研究中，对拟建食品工业项目来说，生产规模一般是指项目的生产能力，即拟建项目可能达到的最大年产量或可能实现的最大年销售收入；而对非食品工业项目来说，生产规模则指拟建项目建成后能够提供的工程效益和社会效益。

1. 国民经济发展规划

食品生产项目的生产规模应首先适应国家、地区及行业的国民经济发展规划的需要。确定拟建项目的生产规模要考虑国家产业政策，主要是按照产业政策所规定的投资项目的经济规模标准作为项目的最低生产规模。在我国，投资项目小型化、分散化是食品生产企业达不到规模经济、生产效率低下的主要原因之一。为此，国家产业政策规定了部分规模效益比较显著，并且市场供需矛盾比较突出的产品，实施固定资产投资项目的经济规模标准。但随着经济和社会的发展，特别是技术进步步伐的加快，各个食品产业的经济规模也会随之有所变化。

2. 市场需求

在确定拟建食品生产项目的生产规模时，必须对市场分析的结果进行研究，分析项目产品的市场供求关系，项目产品的市场需求量的大小，并把其作为制约和决定食品生产项目生产规模的重要因素。一般来讲，食品生产项目的生产规模不能大于市场预测的需求量，并且根据市场内销和外销的可能性来确定产品的价格、质量和性能。如果项目产品预测的市场需求量大大超过目前的供给量，则可适当增大拟建项目的生产规模。

3. 各食品生产部门的技术经济特点

由于各食品生产部门有不同生产技术特点，其规模与技术经济指标的依存关系也不同，故各自有不同的规模结构。例如乳制品生产企业，其产品原材料来源广泛，品种规格多，适用人群广，就应以少数大型企业为中心，在搞好专业协作的基础上，主要发展中小型企业。矿泉水生产企业的规模，主要取决于水源地储水量的多少及水质情况。

4. 资源、设备制造能力、资金等供应的可能性

除了考虑上述三项因素外，还需充分考虑资金条件、土地条件、设备条件和原材料、能源、水资源、交通运输条件、协作配套条件等。如资源供应不稳定或运输困难及价格高昂使生产成本提高，或筹资不足，土地面积限制，协作配套不能满足，技术装配限制等都会限制规模。

5. 规模经济的要求

在食品生产项目的可行性研究中，按照经济效益的高低，通常可以把项目生产规模分为以下四种类型。

（1）亏损规模　亏损规模是指销售收入小于总成本费用的规模。

（2）起始规模（最小经济规模）　起始规模也称盈亏临界规模，是指销售收入等于总成本费用的保本最小规模。每个食品行业都有一个最低生产规模界限，高于这个规模界限食品生产企业就赢利，低于这个界限企业就亏损。

（3）合理经济规模（适宜经济规模）　合理经济规模是指销售收入大于总成本费用，并保证一定赢利水平的生产规模。

（4）最佳经济规模　最佳经济规模是指食品生产项目产品的成本最低，而经济效益最高的生产规模。选择企业最佳经济规模的共同目标，应从规模经济的本意出发，达到企业成本利润率的最大化，或是投入产出率最大化。

最佳经济规模是最理想的规模，拟建食品生产项目的生产规模最好能达到这个水平。但受许多因素的限制，最佳经济规模一般很难达到，而亏损规模和起始规模，都不符合食品生产企业生产的生产动机，这两种规模都不能选择。因此在通常情况下，食品生产企业一般选择合理经济规模。

6. 投资主体风险承受能力

规模越大，项目越复杂，投资额也越大，因而投资主体要承担风险也就越大。如果项目主体没有雄厚的实力以及丰富的项目管理经验，投资大项目是十分危险的。

总之，在确定企业规模时，必须对上述几个因素进行综合分析和比较，既要从满足需要出发，又要考虑是否具有可能，更要注意经济效益，切不可把确定企业规模的工作简单化。我国许多食品企业生产规模远未达到经济规模。

三、合理规模的选择

除产品本身的特点外，影响企业经济规模的因素归纳起来可以分为两类：一类是企业内部因素，如生产技术、生产组织者的管理水平等，这些因素都影响着企业的生产效率、产品成本；另一类是企业外部因素，如原材料供应商、运输条件、消费区域、竞争者等，

这些因素影响产品的销售费用（如运输成本）。一般来讲，考虑企业合理规模，应综合考虑上述因素影响，反复比较几个方案，从中选出最优方案。下面介绍几种有参考价值的方法。

1. 经验法

经验法是指根据国内外同类或类似食品生产企业的经验数据，考虑生产规模的制约和决定因素，确定拟建生产项目生产规模的一种方法。在实践中，此法应用最为普遍。在确定拟建生产项目生产规模之前，首先应找出与该项目的性质相同或类似的食品生产企业，特别是找出几个规模不同的企业，并计算出各不同规模企业的主要技术经济指标，如财务内部收益率、投资利润率和投资回收期等。然后综合考虑制约和决定该生产项目拟建生产规模的各种因素，确定拟建生产项目的生产规模。

[例 13-1] 某食品厂拟投产一种大众口味的罐头，同类企业的生产规模是年产 40 万罐、60 万罐、100 万罐、200 万罐、300 万罐、400 万罐等。目前该项目能够筹措的资金总额为 15600 万元；通过调查并计算，已知各种规模企业的投资和财务内部收益率数据如表 13-1 所示，试确定该项目的生产规模。

表 13-1   某食品项目基本情况

生产规模/（万罐/年）	40	60	100	200	300	400
投资额/万元	10000	13000	16000	22000	27000	31000
财务内部收益率/%	9.30	10.55	15.45	21.60	27.80	27.20

通过表 13-1 分析可以看出，年产 300 万罐的规模是最佳生产规模，但此时所需要的投资为 27000 万元人民币。通过对各种制约与决定因素进行研究，除资金供给和市场需求因素以外，其他方面都是适应的。该拟建生产项目可能筹措到的资金只有 15600 万元人民币，只适应于年产 100 万罐的生产规模。当然，年产 100 万罐的规模，内部收益率达到 15.45%，收益水平也是比较高的，可以接受。

2. 分步法

（1）最小规模确定   不少行业都有一个最小规模界限。这个方法的核心即寻找盈亏平衡点，即确定保本点产量，如图 13-1 所示。

令 Q_0 为最小规模，且有收 = 成本，则：

$$PQ = VQ + F$$

$$Q_0 = \frac{F}{P-V}$$

式中 P——产品单价（不含税）；

      Q——产品产量；

      F——固定成本；

      V——单位可变成本；

      Q_0——最小规模产量。

上述公式主要用于单一产品分析，

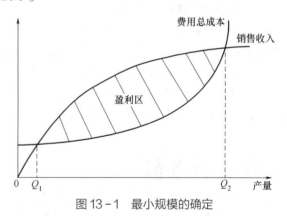

图 13-1   最小规模的确定

对于多品种分析，可采用折算法，选取一标准产品，其他产品采用一定折算系数（或工时或费用）折算成标准产品。

（2）起始经济规模的确定　起始经济规模的一种概念是指长期边际成本曲线最低点所对应的生产规模。由于长期边际成本曲线很难确定，因此很难实际操作。另一种概念是指能获得社会平均资金利润率的生产规模。其本意是，作为一个企业起码应该获取社会平均资金利润率，所以起始经济规模不是盈亏平衡的规模，而应该是能够获得社会平均资金利润好处的规模。

令 Q_0 为起始经济规模，则有 $Q_0 = \dfrac{F+\alpha M}{P-V}$

式中　α——平均资金利润率；

　　　M——投资额。

（3）最大生产规模的确定　在现实经济生活中，食品生产项目生产规模受到很多因素的制约。这样，就需要综合考虑各项因素对食品生产项目生产规模的限制作用，特别是要对制约项目生产规模的"瓶颈"因素进行分析。在一定的投资条件下，某个因素对项目生产规模的大小可能起决定性的作用，即成为项目生产规模的"瓶颈"。通过"瓶颈"因素的分析，可以确定在可行条件下的最大生产规模，作为所选生产规模的上限。

（4）最佳经济规模确定　最佳经济规模是指生产企业获取最佳经济效益的生产规模。常用的求取方法有：

① 成本函数—统计估计法：这是一种利用已有的工厂规模与生产成本关系的资料进行归纳分析，整理出规模和平均成本之间的函数关系，用求导数可得平均成本最低时的规模。

② 适者生存法：其具体做法是先计算不同时点产业各规模层企业附加价值占全产业附加价值的比重，然后计算这一比重的增长系数，增长系数最高的规模就是该产业的最佳经济规模。这种方法是建立在完全的市场竞争基础上的，因而假定这些企业都处于最高效率，其单位成本都低于最低点。

③ 工程技术法：通过选择代表产品，确定不同规模下对应的工艺技术设备方案，测算不同规模下的各种投资、消耗定额以及其他费用，比较不同规模下工程技术方案的单位产品成本或社会成本，从中选出成本最低的方案，这个方案所对应的生产能力应为这个基本生产系统的最佳经济规模。

第二节　工艺设备和技术的选择

一、主要设备方案选择

设备方案选择是在分析和初步确定技术方案的基础上，对所需主要设备的规格、型号、数量、来源及价格等进行分析比选。设备选择应当说明在使用某项生产技术而达到特定生产能力时所需要的机器和设备的最佳组合。项目的类型不同，这种选择的着重点也有所不同。在所有的项目中，必须按每个加工阶段确定设备的额定生产能力并同下一个生产阶段的生产能力和设备要求相联系。从投资的角度看，设备成本应当在维持各种设备功能和生产过程的条件控制在最低水平上。

设备选择必须联系某些生产领域，甚至是某个特定项目的某些生产阶段所要求的复杂程度和自动化程度，来对各种因素和优势的均衡进行分析。

工业项目的设备一般包括生产设备、辅助设备和服务设备三大类。其中，生产设备是指直接使用于改变劳动对象的形状和性能，使其成为半成品或成品的设备；辅助设备是指辅助性的工厂设备，这些设备并不直接参加产品的生产过程，但它可以保证上述设备完成工艺目标的要求，如各种动力设备、仪器仪表、运输设备专用工具及检测设备等；服务设备是指各种办公设备及卫生与福利设施等。

1. 主要设备方案选择的基本要求

（1）主要设备方案应与选定的建设规模、产品方案和技术方案相适应，满足项目投产后生产或者使用的要求。

（2）主要设备之间、主要设备与辅助设备之间的能力相互配套。设备的配套性是指相关联设备之间数量、各种技术指标和参数的吻合程度。

（3）设备质量可靠、性能成熟，保证生产和产品质量稳定。设备的可靠程度，就是要在规定的时间内，在规定的使用条件下，无故障地发挥规定功能的概率。

（4）在保证设备性能的前提下，力求经济合理，即设备满足工艺对其功能要求的前提下，投资少，运营成本低而经济效益好。

（5）拟选的设备，应符合政府部门或者专门机构发布的技术标准要求。

2. 主要设备选择内容

（1）根据建设规模、产品方案和技术方案，分析提出所需主要设备的规格、型号和数量。

（2）通过对国内外有关制造企业的调查和初步咨询，分析提出项目所需主要设备的来源与投资方案。

（3）拟引进国外设备的项目，应提出设备供应方式，如合作设计合作制造、合作设计国内制造，以及引进单机或者成套引进等。选用超大、超重、超高设备时，应提出相应的运输和安装的技术措施方案。

技术改进项目利用或者改造原有设备的，应提出利用或者改进原有设备方案。

3. 主要设备方案比选

在调查研究国内外设备制造、供应以及运行状况的基础上，对拟选的主要设备作多方案比选，提出推荐方案。

（1）比选内容　主要比选各设备方案对建设规模的满足程度，对产品质量和生产工艺要求的保证程度，设备使用寿命，物料消耗指标，备品备件保证程度，安装试车技术服务，以及所需设备投资等。

（2）比选方法　主要采用定性分析，辅之以定量分析方法。定性分析是将各设备方案的内容进行分析对比。定量分析一般包括计算运营成本、寿命周期费用和差额投资回收期等指标。几种主要的定量分析方法如下。

① 运营成本比较：这种比较方法是对设备方案的原材料、能源消耗和运转维修费等运营成本进行比较。在功能相同的条件下，设备运营成本低的方案为优。

② 寿命周期费用比较：这种比较方法包括年费用比较和现值比较。用年费用进行比较，年费用少者为优。现值比较是将每年运营费用通过折现系数换算成一次投资费用，加上设备投资，进行比较，现值少者为优。

设备方案经比选后，提出推荐方案并编制主要设备表。

非主要设备在可行性研究阶段可不列出设备清单。为了估算设备总投资，可参考已建成的同类、同规模项目主要设备所占比例或者采用行业通用比例。按单项工程估算非主要设备的吨数和投资。

二、技术方案选择

工艺是指项目生产产品时所采用的制造方法及生产流程。技术则是指根据生产实践经验和自然科学原理而发展起来的各种工艺操作方法及技能。在工程项目可行性研究中，往往将两者合称为工艺技术。一般来说，一个项目产品的生产总会有多种不同的工艺技术方案供选择，不同的工艺技术，需要有不同的生产条件，而不同的生产条件会带来不同的生产结果。因此，在开展可行性研究时，应十分重视工艺技术方案的选择，分析工艺流程的合理性。

技术方案主要是指生产方法、工艺流程（工艺过程）等。技术方案不仅直接影响到项目的投资费用，而且对未来的产品质量、产量和项目的经济效益都会产生直接的影响。

1. 技术方案选择的基本要求

（1）先进性　项目应尽可能采用先进技术和高新技术。衡量技术先进性的指标，主要有产品质量性能、产品使用寿命、单位产品物耗能耗、劳动生产率、自动化水平和装备水平等。项目采用的技术应尽可能接近国际先进水平或者居国内领先水平。

（2）适用性　工艺技术上的适用性是指拟采用的工艺技术应与建设规模、产品方案，以及管理水平相适应，可以迅速消化、投入、提高并能取得良好的经济效益。具有先进性的工艺技术不一定就能适用，而不适用的工艺技术是不可能取得良好的经济效益的。

（3）可靠性　项目所采用的技术和设备，应经过生产、运行的检验，并有良好的可靠性记录。可靠性是选择工艺的前提。新技术、新工艺要进入生产领域，必须要经过实验室研究和中间试验，只有实验阶段基本解决了各种应用技术问题，并经过相关部门综合评价和鉴定后，才能进入生产阶段。

（4）安全性　项目所采用的技术，在正常使用中应确保安全生产运行。主要考察所采用的工艺技术是否会对操作人员造成人身伤害，有无保护措施，是否会破坏自然环境和生态平衡，能否预防，等等。

（5）经济合理性　在注重所采用的技术设备先进适用、安全可靠的同时，应着重分析所采用的技术是否经济合理，是否有利于节约项目投资和降低产品成本，提高综合经济效益。经济性原则可以表述为以最小的代价获取最大的收益。

2. 技术方案选择内容

（1）生产方法选择

① 分析与项目产品相关的国内外各种生产方法，分析其优缺点及发展趋势，采用先进、适用的生产方法。

② 分析拟采用的生产方法是否与采用的原材料相适应。

③ 分析拟采用生产方法的技术来源的可靠性，若采用引进技术或者专利，应比较购买技术或者专利所需的费用。

④ 分析拟采用生产方法是否符合节能和清洁生产要求。

（2）工艺流程方案选择

① 分析工艺流程方案对产品质量的保证程度。

② 分析工艺流程各工序之间的合理衔接，工艺流程应通畅、简捷。

③ 分析选择先进合理的物料消耗定额，提高收率和效率。

④ 分析选择主要工艺参数，如压力、温度、真空度、流量、收率、速度和纯度等。

⑤ 分析工艺流程的柔性安排，既能保证主要工序生产的稳定性，又能根据市场需要的变化，使生产的产品在品种规格上保持一定的灵活性。

3. 技术方案的比选论证

技术方案的比选内容主要有：技术的先进程度，技术的可靠程度，技术对产品质量性能的保证程度，技术对原材料的适应性，工艺流程的合理性，自动化控制水平，技术获得的难易程度，对环境的影响程度，以及购买技术或者专利费用等技术经济指标。

技术改造项目技术方案的比选论证，还要与企业原有技术方案进行比较。比选论证后提出推荐方案。应绘制主要工艺流程图，编制主要物料平衡表，车间（或者装置）组成表，主要原材料、辅助材料及水、电、气等消耗定额表。

三、合理布置总平面

工艺流程的另一个问题是工艺布置问题。这是以布置图的形式来确定整个项目的范围，确定整个工艺的过程，并且作为具体设计工作的基础。布置图包括平面布置和建筑物内布置。平面布置要使厂内的原料、半成品、制成品、水、电、气及废料的流转在经济上和技术上最合理。当然这要根据工艺流程来排定。同时，要使工厂内部运输和服务系统与厂外设施能实现有机的结合，各个车间之间的关系，室内外设备的衔接，厂内道路，专用铁路，堆场和仓库，办公和生产指挥中心，福利设施等，均要在工艺流程的基础上做出妥善的安排。对于建筑物内的布置更是直接与工艺有关。机器和设备布置、产品物料流向、工作场地面积、通道、通风、照明、维修、安全保护等，都要通盘考虑。

项目布置图种类很多，主要如下。

（1）厂区平面图　表明设备、房屋建筑及运输道路等的相互关系。

（2）材料和产品流程图　表明所有材料和公用设施以及最终产品、中间产品、副产品和堆放物、排放物在工厂部分之间的流程，是与工艺流程很接近的一张图。

（3）流量图　指明进入和离开各生产过程的各种物料的数量，常用不同宽度的流量线表示。

（4）生产线图　详细列出每一部分的生产过程，标明主要设备的位置，所需的空间、种类、尺寸和下一部分的距离，所需动力和其他公共设施等。

（5）运输布置图　表示所需要各种运输的距离和方式。

（6）公用设施及消耗布置图　列出电、水、燃料、汽、压缩空气等的主要耗用量及所需的质量和数量以及日耗量。

（7）内部通讯图。

（8）管理布置图。

在项目可行性研究阶段，各类布置图基本上属于示意图性质，不要求十分精确，但它附属于工艺流程，并对工艺流程的可行性作了验证。在该阶段，应对各种布置方案进行分析、比较评价，并选出最优的布置方案。当然，还要叙述选择的理由。

第三节　环境影响评价

建设项目一般会引起项目所在地自然环境、社会环境和生态环境的变化，对环境状况、环境质量产生不同程度的影响。环境影响评价是在分析确定场址方案和技术方案中，调查分析环境条件，识别和分析拟建项目影响环境的因素，提出治理和保护环境的措施，比选和优化环境保护方案。

一、环境影响评价基本要求

工程建设项目应注意保护场址及其周围地区的水土资源、海洋资源、矿产资源、森林植被、文物古迹、风景名胜等自然环境和社会环境。项目环境影响评价应坚持以下原则：

（1）符合国家环境保护法律、法规和环境功能规划的要求。

（2）坚持污染物排放总量控制和达标排放的要求。

（3）坚持"三同时"原则，即环境治理设施应与项目的主体工程同时设计、同时施工、同时投产使用。

（4）力求环境效益与经济效益相统一，在分析环境保护措施时，应从环境效益、经济效益相统一的角度进行分析论证，力求环境保护治理方案技术可行和经济合理。

（5）注重资源综合利用，对环境治理过程中项目产生的废气、废水、固体废弃物，应提出回水处理和再利用方案。

二、影响环境因素分析

影响环境因素分析，主要是分析项目建设过程中破坏环境，生产运营过程中污染环境致环境质量恶化的主要因素。

分析生产过程中产生的各种污染源，计算排放污染物数量及其对环境的污染程度。

（1）废气　分析气体排放点，计算污染物产生量和排放量、有害成分和浓度，分析排放特征及其对环境危害程度。

（2）废水　分析工业废水（废液）和生活污水的排放点，计算污染物产生量与排放数量、有害成分和浓度，分析排放特征、排放去向及其对环境造成的污染程度。

（3）噪声　分析噪声源位置，计算声压等级，分析噪声特征及其对环境造成的危害程度。

（4）粉尘　分析粉尘排放点，计算产生量与排放量，分析组分与特征、排放方式，及其对环境造成的危害程度。

（5）其他污染物　分析生产过程中产生的电磁波、放射性物质等污染物发生的位置、特征，计算强度值，及其对周围环境的危害程度。

三、环境保护措施

在分析环境影响因素及其影响程度的基础上，按照国家有关环境保护法律、法规的要求，提出治理方案。

1. 治理措施方案

应根据项目的污染源和排放污染物的性质，采用不同的治理措施。

（1）废气污染治理，可采用冷凝、吸附、燃烧和催化转化等方法。

（2）废水污染治理，可采用物理法（如电力分离、离心分离、过滤、蒸发结晶、高磁分离等）、化学法（如中和、化学凝聚、氧化还原等）、物理化学法（如离子交换、反渗透、气泡悬上分离、吸附萃取等）、生物法（如自然氧池、生物滤化、活性污泥、厌氧发酵）等方法。

（3）固体废弃物污染治理，有毒废弃物可采用防渗漏池堆存；放射性废弃物可采用封闭固化；无毒废弃物可采用露天堆存；生活垃圾可采用卫生填埋、堆肥、生物降解或者焚烧方式处理；利用无毒害固体废弃物加工制作建筑材料或者作为建材添加物，进行综合利用。

（4）粉尘污染治理，可采用过滤防尘、湿式防尘、电除尘等方法。

（5）噪声污染治理，可采用吸声、隔音、减震、隔震等措施。

（6）建设和生产运营引起环境破坏的治理，对岩体滑坡、植被破坏、地面塌陷、土壤劣化等，应提出相应治理方案。

在可行性研究中，应在环境治理方案中列出所需的设施、设备和相应的投资费用。

2. 治理方案比选

对环境治理的各局部方案和总体方案进行技术经济比较，并做出综合评价。比较、评价的主要内容有：

（1）技术水平对比　分析对比不同环境保护治理方案所采用的技术和设备的先进性、适用性、可靠性和可得性。

（2）治理效果对比　分析对比不同环境保护治理方案在治理前及治理后环境指标的变化情况，以及能否满足环境保护法律法规的要求。

（3）管理及监测方式对比　分析对比各治理方案所采用的管理和监测方式的优缺点。

（4）环境效益对比　将环境治理保护所需投资和环保设施运行费与所获得的收益相比较。效益费用比值较大的方案为优。

治理方案经比选后，提出推荐方案。

第四节　原料路线与技术路线的选择

一、原料路线

在分析确定项目产品方案的同时，还应对项目所需的原材料的品种、规格、成分、数量、价格、来源及供应方式进行分析论证，以确保项目建成后正常生产运营，并为计算生产运营成本提供依据。

1. 分析确定原材料品种、质量和数量

（1）根据项目产品方案详细分析并提出所需各种物料的品种、规格；在分析评价时，应根据项目的设计生产能力、选用的工艺技术和使用的设备来估算所需要的原材料的数量，并分析预测其供应的稳定性和保证程度。

（2）根据产品方案和技术方案，研究确定所需原材料的质量性能（包括物理性能和化学成分）。

2. 分析确定供应来源与方式

（1）供应企业和地区研究　对可以从市场采购的原材料和辅助材料，应确定采购的地区。有特殊要求的原材料，应提出拟选择的供货企业及供货方案。

（2）供应方式　一般有市场采购，投资建立原料基地，投资供货企业扩大生产能力等方式。

（3）进口原材料的供应　应调查研究国际贸易情况，分析拟选择的制造企业和供应企业的资信情况，确保原材料供应的可靠性。

（4）大宗原材料的供应　应调查研究主要供应企业的生产经营情况段与拟选择的供应企业签订供货意向协议。

3. 分析确定运输方式

根据项目所需物料的形态（固态、液态、气态）、运输距离、包装方式、仓储要求、运输费用等因素研究确定物料运输方式。

4. 分析选取原材料价格

一般来说，项目主要原材料的价格是影响项目经济效益的关键因素，所以不但要观察主要原材料价格目前的变化动向，还要预测其未来的变化趋势。在市场预测的基础上，对主要原材料的出厂价、到厂价以及进口物料的到岸价和有关税费等做进一步计算，并进行比选。

二、技术路线

产品的技术路线是产品整体生产思路和过程的反映，应详细阐述生产思路，并包括食品生产的原料筛选、配方选择和工艺路线设计过程。食品生产项目的确定应当从市场需求状况、立项理论依据、原辅料及用量等方面进行综合筛选，筛选方法应科学，依据应充分，结果应可靠。整个过程应当科学、合理，符合相关法律法规、技术规范等的有关要求。

1. 配方及配方依据

配方应按规定的单位书写用量，分别列出全部原料、辅料的规范名称，并符合相关规定。原辅料品种、等级、质量要求及原料个数要求应符合现行规定。配方用量应安全、有效，应提供充分的科学文献依据。配方配伍应合理，应当从现代科学理论或传统医学理论角度提供各原料配伍及适宜人群与不适宜人群选择合理性的依据。

2. 毒理学安全性评价

食品及其原料的毒理学试验应符合现行规定。现行规定中未予明确的情况，应当在试验报告中进行描述并说明理由。未进行毒理学试验的，应说明其免做安全性毒理学试验的理由及依据。应当依据产品的毒理学试验报告、产品配方、生产工艺、功效成分/标志性成分及含量等，并结合当前国内外有关原料的风险评估研究现状，综合评价产品的食用安全性。

3. 功能学试验

功能学试验应当符合现行规定。现行规定中未予明确的情况，应当在试验报告中进行描述并说明理由。人体试食试验应符合《人体试食试验规程》及有关规定，试验前必须取得检验单位伦理学审查委员会出具的批准证明，证明应包涵产品信息、审查结论、批准时间和检验单位签章等内容。

4. 标签与说明书

标签与说明书格式、内容应符合现行规定，并与产品配方、保健功能、毒理学安全评价、功效成分/标志性成分稳定性检验、质量标准技术要求等内容保持一致。

5. 功效成分或标志性成分及其检测方法

功效成分或标志性成分指标选择应合理，其检测方法应科学、可行，并符合法律法规、技术规范、食品安全国家标准等的有关要求。其指标值确定的依据为：产品的研制生产中原料投入量；加工过程中功效成分或标志性成分的损耗；多次功效成分或标志性成分的检测结果；该功效成分或标志性成分检测方法的变异度；国内外有关该功效成分或标志性成分的安全性评价资料。

6. 生产工艺

生产工艺应真实、合理、科学、可行，并符合法律法规、技术规范、食品安全国家标准等的有关要求。生产工艺应包括生产工艺简图、生产工艺说明等内容。生产工艺说明应能如实反映产品的实际生产过程，包括产品生产过程的所有环节以及各环节的工艺参数，主要工序所用设备清单。生产工艺简图应与生产工艺说明相符，包括所有的生产工艺路线、环节和主要的工艺技术参数，并标明各环节的卫生洁净级别及范围。

7. 质量标准

产品质量标准内容应完整，格式应规范，技术要求及其检测方法应合理，符合法律法规、技术规范、食品安全国家标准等的有关要求，并与申报资料的配方、申报功能、生产工艺、卫生学稳定性试验报告、样品检验报告等内容相一致。

产品质量标准应包括封面、目次、前言、产品名称、范围、规范性引用文件、技术要求、试验方法、检验规则、标志、标签、包装、运输、保质期、贮藏、规范性附录、编写说明等内容。

技术要求项主要包括原辅料质量标准、感官要求、功能要求、鉴别、功效成分/标志性成分、理化指标、微生物指标、净含量及允许负偏差等，各部分内容应符合法律法规、技术规范、食品安全国家标准等的有关要求。

8. 样品检验报告

样品检验报告书应规范、完整，符合法律法规、技术规范、食品安全国家标准等的有关要求，并与产品质量标准及功效成分、卫生学、稳定性试验报告检测结果相一致。

样品检验报告书内容主要包括产品名称、产品批号、检验编号、规格、包装、样品性状、样品数量、环境条件、生产单位、送检单位、送样日期、检验日期、报告日期、检验目的、检验项目、检验方法（依据）、检验结果（数据）等。

检验所用样品应为三个不同批次的产品。检验数据应真实、准确，均应以具体数值标示，不得涂改。若检验数据低于最低检测限时，应列出最低检测限具体数据。

思考与练习

1. 某食品项目有三个方案：①建三个年产 1000 吨的食品企业；②建两个年产 1500t 的食品企业；③建一个年产 3000t 的食品企业，其他有关经济指标（表 13-2），若投资基准收益率为 12%，项目经营期为 10 年，要求确定项目的经济规模。

2. 某项目更新方案有两个，它们的现金流量（表 13-3）所示。企业的期望收益率为 15%。请用差额内部收益率法分析应选择哪个方案。

表 13-2 项目三个方案经济指标比较

指标	方案一	方案二	方案三
规模/（t/年）	1000×3	1500×2	3000×1
总投资/万元	1200	1500	1650
单位产品投资/元	4000	5000	5500
单位产品工厂成本/元	5000	4800	4500
单位产品运输费用/元	600	700	800
单位产品成本/元	5600+	5500	5300
出厂价格/元	6000	6000	6000
年盈利/万元	120	150	210

表 13-3 两方案差额现金流量计算表 单位：万元

方案	项目	0 年	1 年	2 年	3 年	4 年	5 年
Ⅰ方案	现金流出	9500					
	现金流入		2843	2843	2843	2843	2843
Ⅱ方案	现金流出	7000					
	现金流入		2088	2088	2088	2088	2088
Ⅰ−Ⅱ	差额现金流量	−2500	755	755	755	755	755

第十四章

食品设备选择分析

第一节 食品设备选择的经济评价

食品设备的质量和技术水平是衡量一个国家食品现代化水平的重要标志，也是判断食品企业技术开发能力和创新能力的重要标志。食品生产中使用的设备种类繁多有食品专用设备；也包括许多的为食品加工用的公用工程专业设备，以及物流的运输车辆等。食品设备的成本是食品生产经营成本的一个重要组成成分。合理使用食品设备能够降低食品企业总成本和提高盈利水平。

能否合理使用设备的关键问题在于能否选择合理的设备。设备的选择从各个行业的特点和经济性出发，主要划分为两种类型：设备租赁和设备补偿。尽管设备租赁能够减少资金不足的压力，把精力集中到主营业务方面，合理规避风险，取得良好的综合效益。但是由于食品加工卫生要求高，食品原料新鲜度要求高等各种因素，食品行业一般没有设备租赁的情况，所以，有关设备租赁经济评价的内容本书不作介绍。

食品设备的补偿方式有大修理、现代化改装和更新三种形式。大修理是更换部分已磨损的零部件和调整设备，以恢复食品设备的生产功能和效率为主；现代化改造是对设备的结构作局部的改进和技术上的革新，如增添新的、必需的零部件，以增加设备的生产功能和效率为主。这两者都属于局部补偿。更新是对整个食品设备进行更换，属于全部补偿。除此之外，还应做好食品设备的经常性维修和故障预测工作。

一、食品设备磨损与折旧

1. 食品设备磨损及磨损规律

食品设备在使用和闲置过程中不可避免地发生实物形态的变化及技术性能的低劣化称为磨损，磨损有有形磨损和无形磨损两种形式。

（1）食品设备的有形磨损 食品设备在使用中产生的零部件有形磨损大致有三个阶段，如图14-1所示。即：

① 初期磨损阶段：图中第Ⅰ阶段。这一阶段时间很短，零部件表面粗糙不平的部分在相对运动中被很快磨去，磨损量较大。

② 正常磨损阶段：图中第Ⅱ阶段。这一阶段将维持一段时间，零部件的磨损趋于缓慢，基本上随时间而匀速缓慢增加。

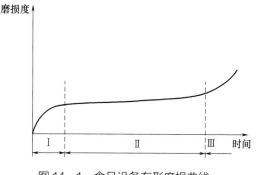

图14-1 食品设备有形磨损曲线

③ 剧烈磨损阶段：图中第Ⅲ阶段。这一阶段，零部件磨损超过一定限度，正常磨损关系被破坏，工作情况恶化而零部件磨损量迅速增大，食品设备的精度、性能和生产率都会迅速下降。

运转中的机器在外力的作用下，其零部件会发生摩擦、振动和疲劳等现象，以致机器设备的实体上产生磨损。这种磨损叫作第Ⅰ种有形磨损；由于机器闲置不用和自然力的影响而使金属件生锈、腐蚀，橡胶件和塑胶件老化等原因造成磨损，丧失精度和工作能力，失去使用价值，这种磨损称为第Ⅱ种有形磨损。这两种有形磨损都造成食品设备的技术性陈旧。

第Ⅰ种有形磨损具体表现为：零部件原始尺寸的改变，甚至形状也发生改变；公差配合性质的改变以及精度的降低；零部件的损坏。使食品设备精度降低，生产效率下降，当这种磨损达到一定程度，整个机器就会出现毛病，功能下降，设备的使用费用剧增，当有形磨损达到比较严重的程度，设备就不能正常工作甚至发生事故，失去工作能力。第Ⅱ种有形磨损与生产过程的使用无关，甚至与使用程度成反比。

（2）食品设备的无形磨损　食品设备在使用过程中，除遭受有形磨损外，还要遭受无形磨损。所谓无形磨损，就是由于科学技术进步而不断出现性能更加完善、生产效率更高的设备，致使原有设备的价值降低。或者是生产同样结构的食品设备，由于工艺改进或生产批量增大等原因，其生产成本不断降低使原有设备贬值。无形磨损也可分为三种形式。

① 第一种无形磨损主要指食品设备的技术结构和性能并没有变化，但由于食品设备制造厂制造工艺不断改进，劳动生产率不断提高而使得生产相同机器设备所需的社会必要劳动减少，因而使原来购买的设备价值相应贬值了。虽然使现有设备相对贬值，但设备本身的技术性能并未受影响，设备的使用价值也并未下降，因此这种无形磨损并不影响设备的正常使用，一般情况下不需提前更新。但是，如果食品设备价值贬值的速度很快，以致影响到设备使用的经济性时，就要及时淘汰。

② 第二种无形磨损是由于科学技术的进步，不断创新出性能更完善、效率更高的设备，使原有设备相对陈旧落后，其经济效益相对降低而发生贬值。

③ 第三种无形磨损不仅造成现有食品设备的贬值，而且，如果继续使用该设备，往往会导致其技术经济效果的降低。这是因为，虽然现有设备仍能正常使用，但其生产的产品在质量、性能等方面均不如新型设备，所耗费的原材料、燃料、动力等均比新型设备高，产品成本会高于社会平均成本，从而导致产品竞争能力降低，严重影响食品企业的发展。这就意味着现有设备实际上已部分或全部丧失其使用价值，必须考虑是否提前淘汰的问题。

（3）食品设备的综合磨损　食品设备的磨损具有二重性。在它的有效使用期内，食品设备既遭受有形磨损又遭受无形磨损。两种磨损同时作用于食品设备上，称为综合磨损。

有形磨损和无形磨损都同时引起机器设备原始价值的贬低，但是有形磨损，特别是有形磨损严重的机器设备，在修理之前，常常不能工作。对于无形磨损，哪怕是无形磨损严重的设备，仍然可以使用，只是用它生产食品时，其劳动耗费高，经济效果差而已，因而会被提前淘汰，设备的磨损形式及补偿形式如图 14-2 所示。

2. 食品设备折旧

（1）设备折旧的相关概念　食品设备在长期使用过程中，要经受有形磨损和无形磨损。有形磨损会造成设备使用价值和资产价值的降低；第Ⅰ种无形磨损只会造成食品设备资产价值的降低，但不影响其使用价值。为了保证生产过程连续进行，食品企业应该具有

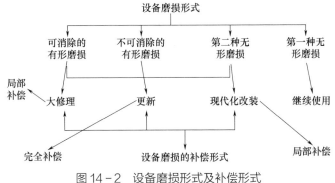

图 14 - 2　设备磨损形式及补偿形式

重置食品设备资产的能力。这就要求食品企业能在设备有效使用年限内将其磨损逐渐转移到它所生产的食品中去，这种按期或按活动量转为产品成本费用的设备资产的损耗价值就是折旧费。

食品设备折旧的方法取决于影响折旧的因素。影响设备折旧的因素许多是时间的函数，有的是使用情况或业务活动的函数，也有的是时间与使用情况或业务活动两者结合的函数。

在计算与时间有关的食品设备折旧时，应考虑以下三个因素：食品设备资产的原值、预计净残值和折旧年限、减值准备。

① 食品设备资产的原值：一般为购置食品设备时一次性支付的费用，又称初始费用。设备资产的原值要与发生的时间一并考虑才有意义。

② 预计净残值：即食品设备的残值减去其清理费用以后的余额。设备的残值是指设备报废清理时可供出售的残留部分（例如当作废料利用的材料和零部件）的价值，它可以用作抵补食品设备原值的一部分。食品设备资产的清理费用是指食品设备在清理报废时，因拆除、搬运、整理和办理手续等的各项费用支出。它是食品设备使用的一种必要的追加耗费。预计净产值一经确定，不得随意变更。

净残值具有很强的变现能力，食品设备在不同的使用年限末报废则具有不同的净残值。这里，应该注意净残值与设备的账面价值的区别。食品设备的账面价值是指，食品设备的原价扣除计提的减值准备和计提的累计折旧所得的结果，依旧保留在食品企业账册中的摊销的资本成本。这笔款项只不过是过去折旧过程与过去决策的结果。因此，账面价值不是市场价值，不是资产变为现金的价值，它只是会计账册上的"虚构"值。

③ 折旧年限：即按财政部规定的折旧率每年提取折旧，使食品设备的账面价值为零所需要的时间，它一般根据食品设备的材料质量和属性、每日开工时间、负荷大小、化学侵蚀程度、维护修理质量等工艺技术和使用条件，以及技术进步等无形损耗的因素和食品设备的自然寿命、技术寿命、经济寿命等因素确定。此外，还应考虑到正常的季节性停歇和大修理所需的时间等因素的影响。食品设备的折旧年限一经确定，不得随意变更。

（2）食品设备折旧的计算方法　由于贬值使食品设备资产因耗损造成的价值减少，因此这种资本消耗被认为是一种生产成本，在计算净利润时允许将它从总利润中扣除掉。常规的折旧方法是把这种资产价值的下降分摊到该资产预期的经济寿命期内。当食品设备折旧为时间函数时，其折旧方法主要有直线折旧和加速折旧法以及工作量法。

① 直线折旧法：又称平均年限法，是典型的正常折旧法。它是在食品设备资产估算的折旧年限里按期平均分摊资产价值的一种计算方法，即对资产价值按时间表单位等额划分。它是最简单与最普遍应用的方法，其每期折旧费的表达式为：

$$D = \frac{P-S}{N_D} \tag{14-1}$$

式中　D——每期折旧费，单位为元；

　　　S——折旧期末资产净残值，单位为元；

　　　P——资产的原值，单位为元；

　　　N_D——资产的折旧期，单位一般为年。

$$S = S_0 - S_C \tag{14-2}$$

式中　S_0——折旧期末资产预计残值，单位为元；

　　　S_C——折旧期末预计清理费用，单位为元。

如果以资产的原值为基础，每期折旧率 d 的表达式为：

$$d = \frac{D}{P} \times 100\% = \frac{1-S/P}{N_D} \times 100\% \tag{14-3}$$

[例 14-1]　某食品设备的资产原值为 16000 元，估计报废时的残值为 2000 元，折旧年限为 5 年。试用直线折旧法计算其年折旧额和折旧率。

解：根据式（14-1），折旧额：

$$D = \frac{16000-2000}{5} = 2800$$

如果以资产原值为基础，运用式（14-3），得：

$$d = \frac{2800}{16000} = 0.175$$

直线折旧法在食品设备折旧期内使用情况基本相同、经济效益基本均衡时应用比较合理。但是，这种方法一是没有考虑食品设备和折旧额的资金时间价值，二是没有考虑新、旧设备价值在产出上的差异，有一定的片面性。

② 加速折旧法：即在食品设备折旧期内，前期较多而后期较少递减提取折旧费，从而使食品设备资产磨损得到加速补偿的计提折旧费的方法。在食品生产技术高度发展的情况下，采用加速折旧可以使食品设备资产的磨损快速补偿，及时回收设备更新所需的资金。同时，食品设备在效率高时多折旧，效率低时少折旧符合收入与费用配比的原则。另外，加速折旧在保持税金总额不变的前提下，税金的资金时间价值却发生了变化，即在前期可以少交所得税，而在后期多交税，从而达到较少的交纳税金现值的目的。因此，加速折旧法是一种税收优惠的措施。

常用的加速折旧法有年数总和法和双倍余额递减法两种。

① 年数总和法：这是食品设备折旧中常用的一种加速折旧方法，其计算公式为：

$$年折旧率 = \frac{预计使用寿命-已使用年限}{预计使用寿命 \times （预计使用寿命+1）/2} \times 100\% 或$$

$$年折旧率 = \frac{尚可使用年限}{预计使用年限之和} \times 100\% \tag{14-4}$$

$$月折旧额 = （固定资产原价-预计净产值） \times \frac{年折旧率}{12} \tag{14-5}$$

② 双倍余额递减法：采用这种方法时，折旧率是按直线折旧法折旧率的两倍计算的。这也是一种典型的加速折旧法，其计算公式如下：

$$年折旧率 = \frac{2}{预计使用寿命} \times 100\% \tag{14-6}$$

$$月折旧额 = 每月月初食品设备资产账面净值 \times \frac{年折旧率}{12} \tag{14-7}$$

其中特别注意折旧的时间起点。例 14-2 说明了两种折旧方法的区别。

[例 14-2]　某食品企业的一项设备的原价为 1000000 元，预计使用年限为 5 年，预计净残值为 4000 元。求其每年的折旧额。

按双倍余额递减法：

$$年折旧率 = \frac{2}{5} \times 100\% = 40\%$$

$$第1年应提的折旧额 = 1000000 \times 40\% = 400000（元）$$
$$第2年应提的折旧额 = (1000000 - 400000) \times 40\% = 240000（元）$$
$$第3年应提的折旧额 = (600000 - 240000) \times 40\% = 144000（元）$$

第 4 年和第 5 年改用平均年限法计提折旧：

$$折旧额 = (360000 - 144000 - 4000)/2 = 106000（元）$$

按年数总和法计算折旧如表 14-1 所示。

表 14-1　　　　　　　　　　年数总和法折旧金额　　　　　　　　　单位：元

年份	尚可使用年限	原价-净产值	变动折旧率	年折旧额	累计折旧额	双倍余额递减法累计折旧额
1	5	996000	5/15	332000	332000	400000
2	4	996000	4/15	265600	597600	640000
3	3	996000	3/15	199200	796800	784000
4	2	996000	2/15	132800	929600	890000
5	1	996000	1/15	66400	996000	996000

③ 工作量法：

$$单位工作量折旧额 = [设备资产原价 \times (1 - 预计净产值率)]/预计总工作量$$
$$某项设备资产月折旧额 = 该项设备资产当月工作量 \times 单位工作量折旧额 \tag{14-8}$$

二、食品设备更新的决策原则

在进行食品设备更新分析时，要考虑以下两条原则。

1. 不考虑沉没成本

过去所花的钱或用为过去决策所支付的费用，就像水流过水坝，不会随未来的决策而改变。因此在食品设备更新比选时，旧设备现在的价值与其原值以及目前的净值无关。

2. 保持客观公正立场

即不要从方案直接给出的现金流量进行比较分析，应以一个客观的身份进行研究，不在原有现状上进行主观分析，站在方案之外，按照没有旧设备变现的前提，分析是买新设备好，还是继续使用旧设备好。

[**例14-3**] 某食品设备在 4 年前以原始费用 2200 元购置，估计可以使用 10 年，第 10 年末估计净残值为 200 元，年使用费用为 750 元，目前的售价是 600 元。现在市场上同类机器设备的原始费用为 2800 元，估计可以使用 10 年，第 10 年末的净残值为 300 元，年使用费用 400 元。现有两个方案：方案一是继续使用旧设备，方案二是把旧设备出售，然后购买新设备。已知基准折现率为 12%，比较这两个方案的优劣。

解：（1）按两个方案的直接现金流量（从旧设备所有者角度分析），错误解法见图 14-3。

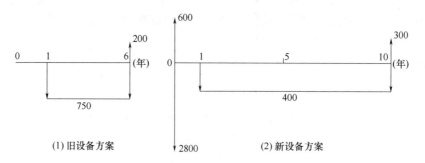

图 14 - 3 错误的直接现金流量图

两种方案的年费用分别为：

$$AC(12\%)_{old} = 750 - 200(A/F, 12\%, 6) = 725.355 \ (元)$$
$$AC(12\%)_{new} = 400 + (2800 - 600)(A/P, 12\%, 10) - 300(A/F, 12\%, 10) = 772.3 \ (元)$$

$AC \ (12\%)_{old} < AC \ (12\%)_{new}$，所以，继续使用旧设备。

这种计算方法错误原因在于，把旧食品设备的售价作为新食品设备的收入，因为这笔收入不是新食品设备本身所拥有的。

（2）正确的现金流量如图 14-4 所示。

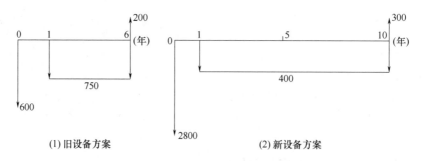

图 14 - 4 正确的直接现金流量图

两种方案的年费用分别为：

$$AC(12\%)_{old} = 600(A/P, 12\%, 6) + 750 - 200(A/F, 12\%, 6) = 870.014 \ (元)$$
$$AC(12\%)_{new} = 400 + (2800 - 600)(A/P, 12\%, 10) - 300(A/F, 12\%, 10) = 772.3 \ (元)$$
$$AC(12\%)_{old} > AC(12\%)_{new}$$

请注意两点：

① 根据第一条原则，不考虑沉没成本，旧食品设备方案的期初投资是 600 元，而不是 2200 元，也不是旧食品设备的账面价值 2200 - 4×200 = 1400（元）。旧食品设备年折旧额 = (2200 - 200) ÷ 10 = 200（元/年）。沉没成本在更新决策中是不应考虑。

② 根据第二条原则，新旧食品设备的比较分析时，600 元是使用旧食品设备的代价，应视为旧食品设备的现金流出，而不是新食品设备的现金流入。

因此正确的方案是出售旧设备，购买新设备。

第二节　食品设备修理的经济分析

一、食品设备修理概述

食品设备在使用过程，因受到有形磨损的影响，产生不同的程度的损坏，需进行修理使其技术性能得到恢复与补偿。修理是指通过调整、修复能保留原食品设备未受磨损的零部件的办法来恢复零部件或整机的功能，以达到原有的技术性能。修理能保留原食品设备未受磨损的零部件，恢复整机的工作能力，延长食品设备的物理寿命，因此具有很大的优越性。

食品设备是由不同材质的众多零部件组成的。这些零部件在食品设备中各自承担着不同的功能，工作条件也各不相同。在食品设备使用过程中，它们遭受的有形磨损是非均匀性的。在任何条件下，机器制造者都不可能制造出各个组成部分的寿命期限完全一样的机器，通常，在食品设备的实物构成中总有一部分是相对耐久的（机座、床身等），而另外的部分则易于损坏。

而在实践中，通常把为保持在平均寿命期限内的完好使用状态而进行的局部更换或修复工作叫做维修。维修的目的是消除食品设备的经常性的有形磨损和排除机器运行遇到的各种故障，以保证设备在其寿命期内保持必要的性能（如生产能力、效率、精度等），发挥正常的效用。维修按其经济内容可分为日常维护和计划修理（小修理、中修理、大修理）等几种形式。

1. 日常维护

日常维护是指与拆除和更换食品设备中被磨损的零部件无关的一些维修内容，诸如食品设备的润滑与保洁，定期检验与调整，消除部分零部件的磨损等。

2. 小修

小修就是对食品设备进行局部检修，更换或修复少量的磨损零件，排除故障，清洗食品设备，调整机构，保证食品设备能正常使用到下次计划修理时间。

3. 中修

中修就是更换或修复部分的磨损零件（包括少数主要零部件），使修理的部分达到规定的精度、性能和工作效率，保证食品设备能够使用到下次中修或大修时间。

4. 大修

大修就是要更换和修复全部磨损的零部件，修理基础零件，排除一切故障，全面恢复和提高食品设备的原有性能，以达到食品设备原有出厂水平。

小修、中修一般由维修工作负责进行，主要是日常维修；而大修时，要对食品设备进行全部拆卸，所有人员都参加。由于磨损是非均匀的，大修理能够利用被保留下来的零部件，比购买新设备花的钱少些，这就是大修理存在的经济前提，使食品设备的使用期限得到延长。

尽管食品设备大修理对保持其在使用过程中的工作能力是非常必要的，但长期无休止地进行大修理也会引起很多弊端，其中最显然的是对技术上陈旧的设备，长期修理在经济上是不合理的，大修成本一次比一次高，越修越贵，并不能保持食品设备的原有性能和精度，效率越来越低，性能越来越差，设备的使用费用也会越来越高。因此，必须掌握好食品设备进行大修理的限度。

在做大修理决策时，还应注意以下情况。

（1）尽管要求大修理过的食品设备达到出厂水平，但实践上大修理过的食品设备不论从生产率、精度、速度等方面，还是从故障的频率、有效利用率等方面，都不如用同类型的新食品设备。当然，大修后设备的综合质量会有某种程度的降低，这是客观现象。

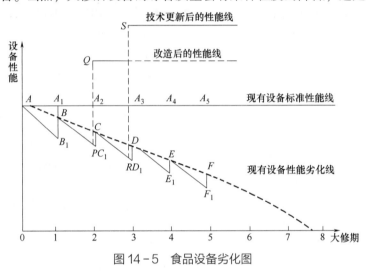

图 14-5　食品设备劣化图

从图 14-5 中可以看出，食品设备性能的劣化随着使用时间的延长而增加；食品设备大修费用是随着性能的劣化程度的增加而增加。为便于分析，这里假定第一次大修理费用平均为原值的 30%，每增加一次大修，其大修理费均按原值的 10% 递增，如第二次大修理费用为原值的 40%，以此类推，第三、第四次大修理费相当于原值的 50% 和 60% 左右。

（2）大修理的周期会随着食品设备使用时间的延长，而越来越缩短。假如新食品设备投入使用到第一次大修理的间隔期定为 6~8 年，那么第二次大修理的间隔期就可能降至 4~6 年，也就是说，大修理间隔期会随着修理次数的增加而缩短，从而也使大修理的经济性逐步降低。

（3）长期无止境地修理，食品设备性能随修理次数越来越低且设备维修费用越来越高，随性能的降低各种消耗随之增加，在经济上不合理，同时严重阻碍了技术进步。因此必须打破传统观念，不能只靠修理或大修理来维持生产，应对食品设备修理进行经济分析，依靠技术进步来发展生产。

二、确定食品设备大修理的经济依据

食品设备大修理经济与否要进行具体分析。一般地，大修理应满足下列条件中的一个或两个。

（1）$R+L_0<K_{new}$

式中　R——大修理费用；

　　　L_0——旧食品设备的残值；

　　　K_{new}——新置食品设备的价值。

（2）$C_1>C_0$

式中　C_1——新食品设备的单位成品成本；

　　　C_0——旧食品设备大修后的单位成品成本。

应注意的是，利用上式进行判断时要求大修后的食品设备在技术性能上与同种新食品设备的性能大致相同时，才能成立，否则就购置新食品设备使用。

[**例14-4**]　某食品生产企业有一台食品设备已使用5年，拟进行一次大修，预计费用为5000元，大修前残值为3000元，大修后增至6400元。大修后每年生产10万件产品，年运行成本为31000元。4年后再大修，这时食品设备的残值为2000元。新食品设备价值28000元，预计使用5年后进行一次大修，此时残值为5000元，期间每年生产12万件产品，年运行成本为30000元，基准收益率$i_0=10\%$，问大修是否合理？

解：从客观立场上看，该设备的第一次大修理后使用的代价为旧设备的残值3000元加上大修理费5000元，合计8000元，因此，大修理后设备的初始费用取为8000元，小于更换新设备的投资费用28000元，按大修最低经济界限条件，因此满足大修理最低经济界限条件。

旧设备单位产品成本：

$$C_0=\frac{\left[8000-2000(P/F,10\%,4)\right](A/P,10\%,4)+31000}{10}=3309（元/万件）$$

新设备单位产品成本：

$$C_1=\frac{\left[28000-5000(P/F,10\%,5)\right](A/P,10\%,5)+30000}{12}=3047（元/万件）$$

$C_0>C_1$，应当换新设备。

食品设备磨损后，虽然可以用大修理来进行补偿，但是也不能无止境地一修再修，应有其技术经济界限。一般在下列情况下，食品设备必须进行更新：设备役龄长，精度丧失，结构陈旧，技术落后，无修理或改造价值的；食品设备先天不足，粗制滥造，生产效率低，不能满足食品工艺要求，且很难修好的；食品设备技术性能落后，工人劳动强度大，影响人身安全的；食品设备能耗高，污染环境的；一般经过三次大修，再修理也难恢复到出厂精度和生产效率值的60%以上。

第三节　食品设备经济寿命的确定

食品设备更新不仅要考虑促进技术进步，同时也要考虑能获得较好的经济效益。对于一台食品设备来说应不应该更新，在什么时候更新，选用什么样的新设备来更新，这都取决于更新的经济效果。食品设备更新的时机，一般取决于该食品设备的寿命。

一、食品设备的寿命

食品设备的寿命，由于研究角度不同其含义也不同，在对食品设备更新进行经济分析时需加以区别。

1. 食品设备的自然寿命

又称物理寿命，即食品设备从投入使用开始，直到因为在使用过程中发生磨损而不能继续使用、报废为止所经历的时间。它主要是由食品设备的有形磨损所决定的。

2. 食品设备的折旧寿命

根据规定的折旧原则和方法，将食品设备的原值通过折旧的形式转入食品成本净值接近于零的全部时间，其寿命与自然寿命不等，与提取折旧的方法有关。

3. 食品设备的技术寿命

它是指设备在市场上维持其价值的时期。具体地说，是指从设备开始使用到因技术落后而被淘汰所延续的时间。它主要是由食品设备的无形磨损所决定的。

4. 食品设备的经济寿命

它是指食品设备从投入使用开始，到因继续使用不经济而被更新所经历的时间。食品设备使用年限越长，每年所分摊的设备购置费（设备资金费用）越少。但是随着使用年限的增加，一方面需要更多的维修费维持原有功能；另一方面机器设备的操作成本及能源耗费也会增加。这就存在着使用到某一年份，其平均综合成本最低，经济效益最好。食品设备从开始使用到设备使用年成本最小的使用年限为设备的经济寿命。

二、食品设备的经济寿命估算

食品设备年度费用一般包含设备的资金费用和使用费用两部分。食品设备的资金费用就是指食品设备初始费用扣除该设备弃置不用时的残值后，在服务年限内各年的分摊值；使用费用是指设备的年度运行成本（如人工、能源损耗等）和年度维修成本（如维护、修理费用等）。

如果不考虑资金的时间价值，则：

设备资金费用：

$$S_n = \frac{K_0 - L_n}{n} \tag{14-9}$$

设备使用费用：

$$M_n = \frac{1}{n} \sum_{t=1}^{n} M_t \tag{14-10}$$

考虑资金的时间价值：

设备资金费用：

$$S_n = K_0(A/P, i, n) - L_n(A/F, i, n) \tag{14-11}$$

设备使用费用：

$$M_n = (A/P, i, n) \sum_{t=1}^{n} M_t(P/F, i, t) \tag{14-12}$$

式中　S_n——食品设备使用 n 年时的年平均资金费用；

　　　M_n——食品设备使用 n 年时的年平均使用费用；

　　　M_t——食品设备第 t 年时的使用费用；

　　　K_0——食品设备初始价值；

　　　L_n——食品设备 n 年末估计残值；

　　　n——食品设备使用（服务）年限。

从公式中可以得出结论：食品设备的年资金费用是随着服务年限的增加而逐渐减小。食品设备使用费用是随着服务年限的增加而逐渐加大。

食品设备年度费用、资金费用和使用费用的关系可以表示为：

不考虑资金时间价值：

$$C_n = \frac{1}{n}\left(K_0 - L_n + \sum_{t=1}^{n} M_t\right) \tag{14-13}$$

考虑资金时间价值：

$$C_n = \left(K_0 + \sum_{t=1}^{n} M_t(P/F,i,t)\right)(A/P,i,n) - L_n(A/F,i,n) \tag{14-14}$$

式中　C_n——食品设备年度费用。

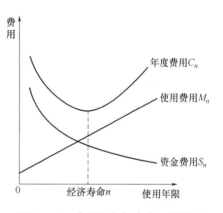

图 14-6　食品设备年度费用曲线图

从食品设备年度费用曲线图 14-6 上可以看出，年度费用有一个最小值，根据经济寿命定义知道该点所对应的使用年限 n 就是该设备的经济寿命。

根据食品设备残值情况和是否考虑资金时间价值，食品设备经济寿命计算方法略有不同。

[例 14-5]　某食品设备的原始费用为 15000 元，估计寿命期 10 年，各年的使用费见表 14-2，假设不论什么时候弃置该食品设备残值都为 500 元，若不考虑资金的时间价值，求该食品设备的经济寿命。

表 14-2			食品设备各年的使用费用						单位：元	
年份（t）	1	2	3	4	5	6	7	8	9	10
使用费用（Mt）	2200	2600	3400	4200	5000	5800	6800	7800	9000	10000

解： 从表 14-3 可以看出，该设备的使用年限为 6 年时，其年度费用最低，为 6284 元，故其经济寿命在不考虑资金的时间价值的情况下是 6 年。

一般情况的食品设备费用现金流量如图 14-7 所示。

应该指出，在下面两种特殊情况下，经济寿命的计算就非常简单。

（1）如果食品设备的现在价值与未来任何时候估计残值相等，年度使用费逐年递增，如果使用一年时食品设备的年度费用最低，则该设备的经济寿命为一年。

（2）如果食品设备在物理寿命期间，年度使用费固定不变，不同时期退出使用的估计残值也相同，食品设备使用越长，分摊的年度费用越小，则其经济寿命等于服务寿命。

表 14-3   设备的年度费用计算表   单位：元

使用年限（n）(1)	使用费用 M_t (2)	累计使用费用 $\sum\limits_{t=1}^{n} M_t$ (3)=Σ(2)	平均使用费用 $\frac{1}{n}\sum\limits_{t=1}^{n} M_t$ (4)=(3)/(1)	资金费用 S_n (5)=(15000−500)/(1)	年度费用 C_n (6)=(4)+(5)
1	2200	2200	2200	14500	16700
2	2600	4800	2400	7250	9650
3	3400	8200	2733	4833	7567
4	4200	12400	3100	3625	6725
5	5000	17400	3480	2900	6380
6	5800	23200	3867	2417	6284
7	6800	30000	4285	2071	6356
8	7800	37800	4725	1813	6538
9	9000	46800	5200	1611	6811
10	10000	56800	5680	1450	7130

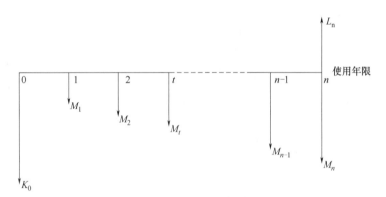

图 14-7　食品设备费用现金流量表

第四节　食品设备技术改造的经济分析

大修和更新食品设备是设备磨损补偿的两种方式，更新是完全补偿，但它存在着两个问题：一是市场上能否及时提供更新所需的新食品设备；二是陈旧的食品设备一律更新是否最佳。要解决这两个问题就必须找到一种既能补偿有形磨损，又能补偿无形磨损的其他补偿方式，这种方式就是现代化改装，也称食品设备技术改造。

一、食品设备技术改造的概念

所谓食品设备的现代化改装，是指应用现代的技术成就和先进经验，适应生产的具体需要，改变现有食品设备的结构，或增加新部件、新装置和新附件，改善旧食品设备的技术性能与使用指标，提高现有食品设备的技术性能，使之全部达到或局部达到新食品设备的水平。食品设备现代化改装是克服现有食品设备的技术陈旧状态，消除因为技术进步而导致的无形磨损，促进技术进步的方法之一，也是扩大食品设备的生产能力，提高食品设备质量的重要途径。

现有食品设备通过现代化改装在技术上可以做到：

（1）提高食品设备所有技术特性使之达到现代新食品设备的水平；

（2）改善食品设备某些技术特性，使之局部达到现代新食品设备的水平；

（3）使食品设备的技术特性得到某些改善。

现代化改装也属于广义更新概念的范围，它不同于其他更新形式的是：现代化改装是在企业内部自主完成的，更重要的是它只是对食品设备的局部进行更新，而不改变主体的基本结构及技术性能。

现代化改装具有针对性强、适应性广的特点，一般情况下投入的资金比较少，而带来的收益和效益却比较显著，因此，在食品设备更新中，现代化改装的形式比较容易被接受和使用，对推动食品企业技术进步和改善食品结构起了很大的作用，并能从食品企业内部挖掘潜力，提高经济效益的总水平，食品设备技术能力的水平是食品企业现代化程度的标志，决定了食品的层次，从一个侧面反映了食品企业的综合经济状况。

现代化改装的具体方式有：对原有食品设备的零部件进行更新；安装新的装置；增加新的零件等。现代化改装充分利用食品设备的原有基础，投资少、时间短、收效快。在某些情况下，改装后的食品设备适应生产需要的程度和技术特性可以超过新食品设备，因此，现代化改装在经济上有很大的优越性，特别是在目前更新资金有限的情况下，更具有重要的现实意义。

现代化改装的基本方向是充分利用现代切削工具，提高切削速度，缩短加工时间；提高机械化和自动化水平，以缩短辅助时间，扩大设备的工艺范围；提倡采用成组加工方法，提高食品设备的精度，增加食品设备的寿命，改善食品设备的劳动条件和安全性。

二、现代化改装的经济性决策

一般情况下，食品设备现代化改装面临着继续使用旧食品设备，对旧食品设备进行现代化改装的决策，在确定对食品设备进行现代化改装时，往往面临两个或两个以上的设计与实施方案，如何确定一个最佳方案，常用的方法是使总费用现值最小的方案为最优方案。

三、现代化改装、大修与更新的比较

设备现代化改装是广义食品设备更新的一种方式，因此，研究现代化改装的经济性应与食品设备更新的其他方法相比较。在一般情况下，与现代化改装并存的可行方案有：继续使用旧食品设备，对旧食品设备进行大修理，用相同结构新食品设备更换旧食品设备或用效率更高、结构更好的新食品设备更换旧食品设备。决策的任务就在于从中选择总费用现值最小的方案。总费用现值计算公式如式（14-15）~式（14-18）：

旧食品设备：
$$PC_{旧} = \frac{1}{\beta_{旧}}\left[K_{旧} - L_{旧n}(P/F,i,n) + \sum_{t=1}^{n} M_{旧t}(P/F,i,t)\right] \tag{14-15}$$

新设备：
$$PC_{新} = \frac{1}{\beta_{新}} \Big[K_{新} - L_{新n}(P/F,i,n) + \sum_{t=1}^{n} M_{新t}(P/F,i,t) \Big] \tag{14-16}$$

大修理：
$$PC_{修} = \frac{1}{\beta_{修}} \Big[K_{旧} - K_{修} - L_{修n}(P/F,i,n) + \sum_{t=1}^{n} M_{修t}(P/F,i,t) \Big] \tag{14-17}$$

现代化改装：
$$PC_{修} = \frac{1}{\beta_{改}} \Big[K_{旧} + K_{改} - L_{改n}(P/F,i,n) + \sum_{t=1}^{n} M_{改t}(P/F,i,t) \Big] \tag{14-18}$$

式中　$PC_{旧}$，$PC_{新}$，$PC_{修}$，$PC_{改}$——使用旧食品设备、更新、大修理、现代化改装的总费用现值；

$K_{旧}$——旧食品设备当前的重置价值；

$K_{新}$，$K_{修}$，$K_{改}$——更新、大修理、现代化改装的投资；

$L_{旧n}$，$L_{新n}$，$L_{修n}$，$L_{改n}$——使用旧食品设备、更新、大修理、现代化改装后 n 年的残值；

$M_{旧t}$，$M_{新t}$，$M_{修t}$，$L_{改t}$——使用旧食品设备、更新、大修理、现代化改装后第 t 年的使用费用；

$\beta_{旧}$，$\beta_{新}$，$\beta_{修}$，$\beta_{改}$——使用旧食品设备、更新、大修理、现代化改装后生产效率系数。

三者更新方案指标比较见表 14-4。

表 14-4　　　　　　　　　　　　更新方案比较

指标名称	更新方案		
	大修理	现代化改造	更换
基本投资/元	K_r	K_m	K_n
食品设备年生产率/（t/年）	q_r	q_m	q_n
单位产品成本/（元/t）	C_r	C_m	C_n

而在多数情况下，大修理、现代化改装和更换之间有下述关系：
$$C_r > C_m > C_n；q_r < q_m < q_n；K_r < K_m < K_n$$

第五节　食品设备更新的综合经济分析

一、食品设备更新概述

食品设备更新是除修理以外的另一种食品设备综合磨损的补偿方式，是维护和扩大社会再生产的必要条件。食品设备更新有两种形式，一种是用相同的食品设备去更换有形磨损严重、不能继续使用或使用已不经济的旧食品设备；另一种是用较为先进、生产效率更高的设备替换现有的食品设备。很明显，后一种更新既能解决食品设备的损坏问题，又能解决食品设备技术落后、浪费资源和环境污染等问题，在技术进步不断加快的条件下，食品设备更新主要用后一种。

更新旧食品设备的原因并非是因为食品设备的损坏。事实上，由于经济或运营环境的改变，常常促使食品企业淘汰一些实质上并不旧的食品设备。一般而言，淘汰旧食品设备的原因有：现有食品设备已无法应付目前或预期日益增加的食品需求；新型食品设备出现，使得生产作业较原有食品设备更有效率，作业成本或维护成本更低；使用原食品设备的原因消失，例如消费者已不需要该食品设备所生产的产品；现有食品设备由于意外或长期使用而损坏。

二、食品设备更新时机的选择

食品设备更新的时机选择，与经济效益密切相关。选择最佳更新时机，是取得最大经济效益的必要条件。首先根据食品设备的经济寿命来确定。当食品设备使用至经济寿命时，若继续使用，年均经济效益降低，经济上已不再合算，因而，选择食品设备经济寿命的年限为最佳更新时机，这是最常用的设备更新时机选择方法。其次根据寿命期内总使用费最低来确定。在有的情况下，如果已知食品设备需要服务年限，正在使用设备和拟更新设备的使用寿命及费用，应根据两食品设备在需要服务期内总使用费最小的原则，确定食品设备更新的时机，其结果可能与食品设备的经济寿命不一致。最后根据市场需求和技术发展来确定。在科学技术快速发展的时代，食品企业的设备更新速度加快。在这种形势下，食品设备虽然暂时能创造较高的经济效益，尚未达到食品设备的经济寿命，但在技术上将很快变得落后。为始终保持在本行业技术方面的先进性，增强市场竞争力，选择适当时机更新设备，此时的淘汰食品设备仍可能有较高的残值。从这种时间—效益—市场的角度考虑，迫使食品企业更新设备。

如果某项业务需要服务的年限已定，在该年限内，一台食品设备无法服务到头，又不能和各台食品设备经济寿命之和正好相等，因此，就有更新时机的选择的问题。若该项业务可服务的年限小于正在使用的食品设备和拟更新食品设备可服务年限之和，用后一台食品设备更换前一台食品设备的时机就可能不止一个，这就有一个最佳时机选择的问题。很明显，前一台食品设备使用的时间越长，后一台食品设备的使用时间越短。

若某一食品设备已使用几年，又有一效率高或性能更好的食品设备问世，而该项业务可服务的年限大于正在使用的食品设备和拟更新食品设备可服务年限之和，则可认为食品设备可多次重复而未尽其终。

三、食品设备更新的经济决策

食品设备更新经济分析就是确定正在使用的食品设备是否应该以及什么时候应该用更经济的设备来替代或者改进现有食品设备。对食品企业来说，食品设备更新问题决策是很重要的，如果因为机器暂时的故障就将现有的食品设备进行草率的报废处理，或者因为片面追求先进和现代化，而购买最新型的设备，都有可能造成资本的流失；而对于一个资金比较紧张的食品企业可能会选择另一个极端的做法，即恶性使用其设备（拖延设备的更新到其不能再使用为止）。恶性使用食品设备对食品企业来说是一种危险的做法，它必须依靠低效率的食品设备所生产的高成本和低质量的产品与竞争对手们利用现代化的设备生产的低成本和高质量的产品进行竞争，显然这会使食品企业处在一个极为不利的境地。

食品设备更新的两种情况：①有些食品设备在其整个使用期内并不会过时，即在一定时期内还没有更先进的设备出现。在这种情况下，食品设备在使用过程避免不了有形磨损的作用。结果引起食品设备的维修费用，特别是大修理费以及其他运行费用的不断增加，这时立即利用旧食品设备的经济寿命进行决策，即当设备运行到设备的经济寿命时即进行更新。②在技术不断进步的条件下，由于无形磨损的作用，很可能在食品设备尚未使用到其经济寿命期，就已出现了重置价格更低的同型设备或工作效率更高和经济效益更好的更新型的同类设备，这时就要分析继续使用旧食品设备和购置新食品设备的两种方案，进行选择，确定食品设备是否更新。在实际工作中，往往是综合磨损作用的结果，现代社会技术进步速度越来越快，食品设备的更新周期越来越短，因此对食品企业来说，食品设备的更新分析是一个很重要的工作。

1. 因过时而发生的更新

因过时而发生的更新主要是无形磨损作用的结果，对现有食品设备来说，任何一项与该食品设备有关的构造和运行技术的新发展及改进，都可能促进食品设备的提前更新。人们可能会因为新食品设备的购置费用较大，而会趋向于保留现有食品设备。然而新食品设备将带来运营费用、维修费用的减少以及产品质量的提高。食品设备更新的关键是，新食品设备与现有食品设备相比的节约额可能比新食品设备投入的购置费用的价值要大。在食品设备更新分析中，对现有食品设备要注意的一个重要的问题，就是现有食品设备的最初购置费以及会计账面余值，从经济分析的角度来看，即现有的已使用若干年的食品设备的转让价格，或购置这样的使用若干年的同样设备的价格。这是因为，以前购置费及其会计折旧的账面余值，都是在新设备出现以前所确定的现有食品设备价值，新食品设备的出现，必然使得现有食品设备过时，并降低其价值。

2. 由于能力不足而发生的更新

当运行条件发生变化时，现有食品设备可能会出现生产能力不足的问题，一是老设备留着备用或者转让；是现有食品设备继续保持使用，同时再购买一台附加的新食品设备，或对现有食品设备进行改进，以满足生产能力的需要。

[例14-6] 某食品公司有一台设备，购于3年前，现在考虑是否需要更新。该公司的所得税税率为25%，新旧设备的详细资料见表14-5，公司的资本成本为10%，请分析该食品设备是否应更新。

解： 具体计算过程见表14-6。

表14-5　　　　　　　　　　　　　新旧设备的详细资料　　　　　　　　　　　　　单位：元

项 目	旧设备	新设备
原价	60000	70000
税法规定残值（10%）	6000	7000
税法规定的使用年限/年	6	5
已使用年限	3	0
尚可使用年限	4	5
每年付现成本	8600	5000
最终报废残值	7000	7000
目前变现价值	30000	
每年折旧额	9000	12600

表 14-6 计算过程

项目	计算过程	现金流量	时间	现值系数 (10%)	现值
继续使用旧设备					
初始现金流量					
旧设备变现净值	30000+［（60000-9000×3）-30000］×25%	-30750	0	1	-30750
经营现金流量					
每年付现成本	-8600×(1-25%)	-6450	1-4	3.1699	-20446
折旧抵税	9000×25%	2250	1-3	2.4869	5596
处置现金流量					
变现净值	7000-(7000-6000)×25%	6750	4	0.6830	4610
旧设备现金流出总现值					-40990
年均成本			1-4	3.1699	-12931
使用新设备					
初始现金流量	-70000	-70000	0	1	-70000
营业现金流量					
每年付现成本	-5000×(1-25%)	-3750	1-5	3.7908	-14216
每年折旧抵税	12600×25%	3150	1-5	3.7908	11941
终结现金流量					
变现净值	7000	7000	5	0.6209	4346
新设备现金流出总现值					-67928
年均成本			1-5	3.7908	-17919

所以，不需要更新设备。

四、考虑风险因素的食品设备更新

前面所进行的食品设备更新分析，都假设未来为确定的情况，即对所有的变量或参数，如使用年限、残值及各期间的现金流量等，都假设可以正确地估计。但是实际上这些变量往往是随机变动，因而引起项目实际价值与预期价值问的差异，带来了决策的风险。风险是由于出现不利结果的概率，这种概率越大，风险也越大。因此为了使经济分析接近现实情况，要考虑变量在未来发生变动的可能性（概率）造成的影响。

1. 现金流量是随机变数时的风险分析

由于现金流量是随机变量，因此整个方案的现值也是随机变量，它可用净现值的期望值和方差来表示。根据计算得到的新、旧食品设备的期望净现值和方差，就可以作出是否应当更新的决策，以及这个决策有多大的把握。

2. 决策树分析在设备更新决策中的应用

决策树分析能将复杂的问题分解成一系列简单问题，而且能把有关风险及其对决策的影响纳入决策模式内而求得最优解，因此在实务上相当有用。

（1）决策树的构成 决策树是一种由结点和分枝构成的由左向右横向展开的树状图

形，如图 14-8 所示。决策树中的结点可分为以下三种。

① 决策结点：通常用方块□表示，由决策结点引出若干分枝，每个分枝代表一个方案，称为方案分技；

② 状态结点：用圆形○表示，由状态结点引出若干分枝，每个分枝表示一个自然状态，称为状态分枝或概率分枝；

③ 结局结点：通常用三角形△表示，它表示一个方案在一种自然状态下的结局。

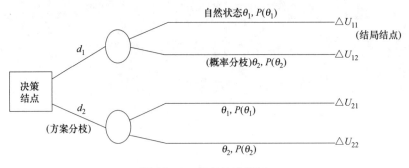

图 14-8 简单的决策树

（2）利用决策树进行决策的步骤

① 画出决策树。应标明决策者原考虑的可行方案及影响可行方案选择的未来可能的自然状态，所有方案及可能情况依决策者遇到的先后顺序依次画出。

② 自右至左计算各方案的期望值，将计算结果标记在方案分校右端状态结果旁。

③ 根据方案期望值大小进行选择，在否定的方案分枝上画上删除号，表示应删去（这个过程又称为"剪枝"），保留下来的分枝即为最优方案。

[**例 14-7**] 某食品加工企业正考虑是否对某一旧设备进行更新，因此有两个方案可供选择：①继续使用旧设备；②引进新设备。若采用前者需要花费 15 万元修理旧设备，若采用后者需要投入 30 万元，而使用新旧设备可能带来的收益则视所生产的产品市场需求的高低而定，有关概率及收益如图 14-9 所示。

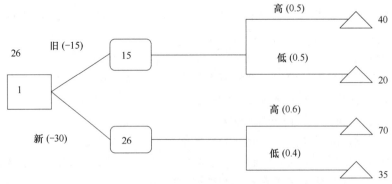

图 14-9 使用新旧设备生产产品的产品市场需求概率

注：除最左端的决策结点外，图中整数数字的单位均为万元。

根据这些资料可以计算得出各方案的预期报酬：

继续使用旧食品设备：40×0.5+20×0.5-15＝15 （万元）

采用新食品设备：$70×0.6+35×0.4-30=26$（万元）

两者比较，新食品设备预期收益大，故该企业应选择更新新食品设备。

思考与练习

1. 某食品企业有一旧设备，工程技术人员提出更新要求，有关数据如表 14-7 所示。已知该企业要求的最低报酬率为 15%，问是否更新旧设备？

2. 根据食品设备产量费用数据见表 14-8，计算哪种食品设备最为经济合理。

3. 某食品项目需购置一台专用设备，经调查有两家供应厂家可选择，具体资料如表 14-9 所示，试问选择哪家购买为好？

表 14-7

方案	原值	预计使用年限	已经使用年限	残值	变现价值	年运行成本
旧设备	2200	10	4	200	600	700
新设备	2400	10	0	300	2400	400

表 14-8

设备类型	日产量/（t/日）	寿命周期总费用/万元
A	350	300
B	315	300
C	315	280

表 14-9

项目厂家	A 厂	B 厂
购买价格	210 万元	250 万元
残值	5%	5%
年经营费用	35 万元	20 万元
使用年限	10 年	10 年
基准收益率	12%	12%

第 十 五 章

食品项目价值工程分析

第一节　价值工程的基本原理

一、价值工程的产生与发展

1. 价值工程的产生

价值工程（value engineering，VE），又称为价值分析（value analysis，VA）是 20 世纪 40 年代起源于美国的一种新兴的科学管理技术，是降低成本提高经济效益的一种有效方法。第二次世界大战期间，美国的军事工业获得了很快的发展，但同时出现了资源奇缺、物价飞涨和原材料供不应求的问题，一些重要的原材料很难买到。如何合理利用资源，解决原材料紧缺，在当时成了一个非常重要的问题。当时在美国通用电气公司有位名叫麦尔斯（LawrenceD・Miles）的工程师，他的任务是为该公司寻找和取得军工生产用材料。麦尔斯研究发现，采购某种材料的目的并不在于该材料的本身，而在于材料的功能。在某些情况下，虽然买不到某一种指定的材料，但可以找到具有同样功能的材料来代替，仍然可以满足其使用效果。当时轰动一时的所谓"石棉板事件"就是一个典型的例子，通用电气公司汽车装配厂急需一种耐火材料——石棉板，当时，这种材料价格很高而且奇缺。麦尔斯想：只要材料的功能（作用）一样，能不能用一种价格较低的材料代替呢？他开始考虑为什么要用石棉板？其作用是什么？麦尔斯通过调查，原来汽车装配中的涂料容易漏洒在地板上，根据美国消防法规定，该类企业作业时地板上必须铺上一层石棉板，以防火灾。麦尔斯弄清这种材料的功能后，找到了一种价格便宜且能满足防火要求的防火纸来代替石棉板，经过试用和检验，美国消防部门通过了这一代用材料。

麦尔斯从研究代用材料开始，逐渐摸索出一套特殊的工作方法。他把产品功能、产品成本和产品价值结合起来考虑问题，用技术与经济价值统一对比的标准衡量问题，又进一步把这种分析思想和方法推广到研究产品开发、设计、制造及经营管理等方面，逐渐总结出一套比较系统和科学的方法。1947 年，麦尔斯以《价值分析程序》为题发表了研究成果，"价值工程"正式产生。由于在价值工程的杰出贡献，麦尔斯被誉为"价值工程之父"。在此后多年的实践和研究过程中，价值工程力量不断得到丰富和发展，由初始的价值分析理论发展成为系统的价值工程科学方法体系。例如，1965 年白里威（CharlesW・Bytheway）在美国价值工程师协会年会上提出了功能分析系统技术的理论（Function Analysis System Technique，FAST）。这一理论强调功能的系统研究——功能系统图的建立和分析，使功能分析系统更加完善、科学，推动价值工程理论又向前迈进了一大步。

麦尔斯在长期实践过程中，总结了一套开展价值工程的原则，用于指导价值工程活动的各步骤的工作。这些原则是：①分析问题要避免一般化，概念化，要作具体分析；②收集一切可用的成本资料；③使用最好、最可靠的情报；④打破现有框框，进行创新和提高；⑤发挥真正的独创性；⑥找出障碍，克服障碍；⑦充分利用有关专家，扩大专业知识面；⑧对于重要的公差，要换算成加工费用来认真考虑；⑨尽量采用专业化工厂的现成产品；⑩利用和购买专业化工厂的生产技术；⑪采用专门生产工艺；⑫尽量采用标准；⑬以

"我是否这样花自己的钱"作为判断标准。这13条原则中，第①条至第⑤条是属于思想方法和精神状态的要求，提出要实事求是，要有创新精神；第⑥条至第⑫条是组织方法和技术方法的要求，提出要重专家、重专业化、重标准化；第⑬条则提出了价值分析的判断标准。

从事产品设计、开发的工程师都希望他设计的产品技术先进、性能可靠、外观新颖、价格低廉，在市场竞争中获得成功。达到这一目标是要有一定条件的。产品要受用户欢迎必须具备两个条件：

第一，产品应具有一定的功能，可以满足用户的某种需求；

第二，产品价格便宜，低于消费者愿意支付的代价。消费者总是试图用较低的价格买到性能较好的产品。价值分析正是针对消费者的这种心理，围绕产品物美价廉进行分析以提高产品的价值。

2. 价值工程的发展

价值工程产生后，立即引起了美国军工部门和大企业的浓厚兴趣，以后又逐步推广到民用部门。

1952年麦尔斯举办了首批价值分析研究班，在他的领导下进行了有关VA的基础训练，这些专门从事价值分析的人员在后来工作中所创造的一系列重大成果，为在更多的产业界推行价值分析产生了重要影响。

1954年，美国海军部首先制定了推行价值工程的计划。美国海军舰船局首先用这种方法指导新产品设计并把价值分析改名为价值工程。1956年正式用于签定订货合同，即在合同中规定，承包厂商可以采取价值工程方法，在保证功能的前提下，改进产品或工程项目，把节约下来的费用的20%～30%归承包商，这种带有刺激性的条款有力地促进了价值工程的推广，美国海军部在应用价值工程的第一年就节约3500万美元。据报道，由于价值工程的成功采用，美国国防部在1963年财政年度节约支出7200万美元，1964年财政年度节约开支2.5亿美元，1965年财政年度节约开支3.27亿美元，到了1969年，就连美国航天局这个最不考虑成本的部门也开始培训人员着手推行价值工程。

1961年，麦尔斯在《价值分析》的基础上进一步加以系统化，出版了专著《价值分析与价值工程技术》（*Techniques of Value Analysis and Engineering*），1972年又出了修订版并被译成十多种文字在国外出版。

由于国际市场的扩大和科学技术的发展，企业之间的竞争日益加强，价值工程的经济效果是十分明显的，因而价值工程在企业界得到迅速发展。20世纪50年代，美国福特汽车公司竞争不过通用汽车公司，面临着失败倒闭的危险，麦克纳马拉组成一个团队，大力开展价值工程活动，使福特汽车公司很快就扭亏为盈，因而麦克纳马拉也就成为福特汽车公司第一个非福特家族成员的高层人士。在军工企业大力推广价值工程之时，民用产品也自发地应用价值工程，在美国内政部垦荒局系统、建筑施工系统、邮政科研工程系统、卫生系统等得到广泛应用。

价值工程不仅为工程技术有关部门所关心，也成为当时美国政府所关注的内容之一。1977年美国参议院第172号决议案中大量列举了价值工程应用效果，说明这是节约能源、改善服务和节省资金的有效方法并呼吁各部门尽可能采用价值工程。1979年美国价值工程师协会（SAVE）举行年会，卡特总统在给年会的贺信中说："价值工程是工业和政府各部门降低成本、节约能源、改善服务和提高生产率的一种行之有效的分析方法"。

1955 年，日本派出一个成本管理考察团到美国，了解到价值工程十分有效，就引进采用，他们把价值工程与全面质量管理结合起来，形成具有日本特色的管理方法。1960年，价值工程首先在日本的物资和采购部门得到应用，而后又发展到老产品更新、新产品设计、系统分析等方面。1965 年，日本成立了价值工程师协会（SJVE），价值工程得到了迅速推广。

价值工程在传入日本后，又传到了西欧、东欧、原西德、前苏联等一些国家，他们有的还制定了关于价值工程的国家标准，成立了价值工程或价值分析的学会或协会，在政府技术经济部门和企业界推广应用价值工程，也都得到不同程度的发展并收到显著成效。

价值工程之所以能得到迅速推广，是因为它给企业带来了较好的经济效益，其内在的原因主要有两方面：一是传统的管理方式强调分系统，分工各搞一套，造成人为的割裂，管理人员注重经营效果，侧重产品产量和成本，而技术人员只管技术设计，侧重产品性能方面的考虑，加上设计者个人考虑，自然会提高设计标准，特别是诸如保险系数、安全系数等标准，这就形成了技术与经济脱节的状态，而价值工程则着眼于从两方面挖潜达到最佳经济效益，是符合现代化生产和现代科技发展规律的有效方法。另一方面，传统的人才培训方法也是分割的、孤立式的，而价值工程则是二者合理的结合，以求得最佳价值。

3. 价值工程在我国的推广与应用

（1）价值工程在我国的推广　我国自 1978 年引进价值工程至今，价值工程首先在机械工业部门得到应用，1981 年 8 月原国家第一机械工业部以一机企字（81）1047 号文件发出了《关于积极推行价值工程的通知》，要求机械工业企业和科研单位应努力学习和掌握价值工程的原理与方法，从实际出发，用实事求是的科学态度，积极推行价值工程，努力把价值工程贯穿到科研、设计、制造工艺和销售服务的全过程。1982 年 10 月，我国创办了惟一的价值工程专业性刊物《价值工程通讯》，后更名为《价值工程》杂志。1984年国家经济委员会将价值工程作为 18 种现代化管理方法之一向全国推广。1986 年由国家标准局组织制定了《中华人民共和国价值工程国家标准》（征求意见稿），1987 年国家标准局颁布了第一个价值工程标准《价值工程基本术语和一般工作程序》，1988 年 5 月，我国成立了价值工程的全国学术团体——中国企业管理协会价值工程研究会，并把《价值工程》杂志作为会刊。

政府及领导的重视，使价值工程得以迅速发展。价值工程自 1978 年引入我国后，很快就引起了科技教育界的重视。通过宣传、培训进一步被一些工业企业所采用，均取得了明显的效果，从而引起了政府有关部门的重视。政府有关部门的关心与支持给价值工程在我国的应用注入了动力。特别是 1988 年，江泽民同志精辟的题词"价值工程常用常新"对价值工程的发展具有深远意义。1989 年 4 月，原国家经济委员会副主任、中国企业管理协会会长袁宝华同志提出"要像推广全面质量管理一样推广应用价值工程"，促进了价值工程的推广与应用。

价值工程推广以来，一些高等院校、学术团体通过教材、刊物、讲座、培训等方式陆续介绍价值工程的原理与方法及其在国内外有关行业的应用，许多部门、行业和地方以及企业、大专院校、行业协会和专业学会，纷纷成立价值工程学会、研究会，通过会议、学习班、讨论等方式组织宣传推广，同时还编著出版了数十种价值工程的专著，开展了国际间价值工程学术交流活动，有效地推动了价值工程在我国的推广应用。

（2）价值工程在我国的应用　价值工程在我国首先应用于机械行业，而后又扩展到其他行业，通常被认为价值工程难以推行的采矿、冶金、化工、纺织等部门，也相继出现了好的势头。价值工程的应用领域逐步拓展，从开始阶段的工业产品开发到工程项目，从企业的工艺、技术，设备等硬件的改进，到企业的生产、经营、供销、成本等管理软件的开发；从工业领域应用进一步拓展到农业、商业、金融、服务、教育、行政事业领域；在国防军工领域的应用也获明显效果。如今，价值工程广泛应用于机械、电子、纺织、军工、轻工、化工、冶金、矿山、石油、煤炭、电力船舶、建筑以及物资、交通、邮电、水利、教育、商业和服务业等各个部门；分析的对象从产品的研究、设计、工艺等扩展到能源、工程、设备、技术引进、改造以及作业、采购、销售服务等领域，还应用到机构改革和优化劳动组合、人力资源开发等方面，此外在农业、林业、园林等方面几乎涉及各大门类和各行各业得到应用。

要提高经济效益和市场竞争力并获得持续发展，企业的经营管理离不开价值管理，离不开产品（包括劳务等）的价值创造，离不开各项生产要素及其投入的有效的价值转化。企业经营管理的本质就是价值经营、价值管理、价值创造，力求投入少而产出高，不断为社会需要创造出有更高价值的财富。我们面临的是一个丰富多彩、纷繁复杂的价值世界，任何有效管理和有效劳动都是在做有益于社会发展的价值转化工作，都在创造价值；反之，则既无效又无益，甚至起负面作用，形成一种"零价值"或"负价值"。树立正确的价值观念，应用价值工程原理和价值分析技术，对事物作出价值评论，并进行价值管理和开展价值创新，目的就在于为社会创造价值。

价值工程引进我国以后，它在降低产品成本、提高经济效益、扩大社会资源的利用效果等方面所具有的特定作用，在实践中已经充分显示出来，一批企业在应用中取得了显著的实效，为价值工程在不同行业广泛地推广应用提供了重要经验。实践证明，价值工程在我国现代化管理成果中占有较大的比重，为提高经济效益做出了积极贡献，价值工程在我国经济建设中大有可为，它应用范围广，成效显著。我国应用价值工程取得了巨大的经济效益，价值工程的应用和研究，从工业拓展到农业、商业、金融、国防、教育等领域，从产品、工艺、配方扩展到经营、管理、服务等对象。随着技术与经济发展的客观需要，以及价值工程本身的理论与方法日臻完善，它必将在更多行业中得到广泛的应用与发展。

二、价值工程的基本概念

购买商品是人们日常的活动之一。人们选择商品时一般有两个准则：第一，商品必须具有自己所需要的某种功能；第二，商品价格比较便宜，使用比较方便。例如，人们购买电冰箱，因为电冰箱具有他们所需要的功能：冷藏和保鲜食物。他们需要的是电冰箱的功能，而不是电冰箱结构本身。到底买哪一台电冰箱，还要在同一功能下根据一定的消费能力和消费水平，比较不同类型、规格的电冰箱的价格水平、质量、使用性能，从中选择质优价廉、使用方便的电冰箱。一种商品人们买与不买，取决于两个因素：一是看它是否符合自己的需求，即产品效用或功能的满足程度；二是看它的价格，然后决定是否值得买。这里的值不值就是"价值"的概念。从消费者的角度来说，消费者所认可的产品价值，即消费者价值=产品功能/消费者花费，这一比值越大，产品对消费者的吸引力就越大。

从企业的角度看，企业的经营目标是追求盈利最大化，其实现途径有两种：一是用提价的办法增加盈利，但这不仅会损害消费者的利益，而且可能会造成产品的积压，以致最终损害企业的利益；二是用最低的成本开发生产消费者所需要的产品。所以，企业所认可的产品价值可表示为：企业价值=销售收入/生产成本，这一比值越大，企业获利就越多。如果忽略流通费用，销售收入正好等于消费者花费，则企业价值还可表示为：

$$企业价值=\frac{消费者花费}{产品功能}\times\frac{产品功能}{生产成本}=\frac{1}{消费价值}\times产品价值$$

显然，当产品价值一定时，企业（生产者）价值与消费者价值成反比，有什么办法既能提高生产者价值，又能提高消费者的价值呢？出路只有一条，那就是想方设法提高产品价值。产品价值越高，对生产者和消费者就越有利，因此，用最低的生产成本开发出消费者所需要的产品是解决问题的根本出路，是使生产者、消费者和社会都获得良好经济效益的最好办法，这就是价值工程的目标。

价值工程是指以产品或作业的功能分析为核心，以提高产品或作业的价值为目的，力求以最低寿命周期成本实现产品或作业使用所要求的必要功能的一项有组织的创造性活动，有些人也称其为功能成本分析。价值工程涉及到价值、功能和寿命周期成本等三个基本要素。价值工程是一门工程技术理论，其基本思想是以最少的费用换取所需要的功能。这门学科以提高工业企业的经济效益为主要目标，以促进老产品的改进和新产品的开发为核心内容。

1. 功能（function）

价值工程认为，功能对于不同的对象有着不同的含义：对于物品来说，功能就是它的用途或效用；对于作业或方法来说，功能就是它所起的作用或要达到的目的；对于人来说，功能就是他应该完成的任务；对于企业来说，功能就是它应为社会提供的产品和效用。总之，功能是对象满足某种需求的一种属性。认真分析一下价值工程所阐述的"功能"内涵，实际上等同于使用价值的内涵，也就是说，功能是使用价值的具体表现形式。任何功能无论是针对机器还是针对工程，最终都是针对人类主体的一定需求目的，最终都是为了人类主体的生存与发展服务，因而最终将体现为相应的使用价值。因此，价值工程所谓的"功能"实际上就是使用价值的产出量。

（1）功能定义 在分析一个产品的功能时，必须对其功能下一个确切的定义。通过下定义可知一个项目或产品不只一个功能，通常有多个功能。这就需要加以解剖，分成子项目、部件或零件，再一个一个的下功能定义。所谓下定义就是用最简明的语言来描述功能。一般用一个"动词"加一个"名词"来表达。例如接通电源、传递信息、疏通渠道等。这里的动词是十分重要的，必须准确，因为动词部分决定着改进方案的方向和实现的手段。如"提供光源"与"反射光源"虽然仅仅是动词不同，但却有本质的不同。名词部分应尽量便于定量分析为好。功能定义是否准确，取决于价值工程的工作人员对分析对象是否精通，因此工作人员必须对分析对象作深入的研究工作。

（2）功能分类 功能是对象能满足某种需求的一种属性。具体来说，功能就是功用、效用。产品都具有基本功能和辅助功能两类，基本功能是产品的主要用途。用户购买一种产品就是要使用它的基本功能。

功能按其性质可做如下分类。

① 按功能的重要程度，功能可以分为基本功能和辅助功能：基本功能是满足用户基本要求或实现产品用途必不可少的功能，它是产品存在的基础。例如手表的基本功能是指示时间，电视机的基本功能是显示图像等。手表不能指示时间，就无用了；电视机不能显示图像，也就失去了存在的价值。一种产品可能存在一种基本功能，也可能有多种基本功能，例如收录机就有收音、录音和放音三种并列的基本功能。

辅助功能又称二次功能（二级功能），是实现基本功能所必需的功能。辅助功能在不影响基本功能实现的前提下是可以改变的。这种改变往往可以达到提高产品性能、降低制造成本的目的。例如手表的基本功能是计时，实现计时的辅助功能可以是机械摆动，也可以是石英振荡；时间显示可以用指针，也可以用数字直接表示。电子表由于采用了新的辅助功能，在不改变基本功能的情况下，性能价格比大大提高，成为取代机械表的新一代产品。可见，辅助功能是实现产品功能的重要功能。产品的功能分析主要是针对辅助功能进行的。

② 从用户的立场出发，按功能的实用性可分为必要功能和不必要功能和缺乏功能：它既包括用户直接需要的基本功能，又包括实现基本功能必需的辅助功能。不必要功能是指用户不需要的或对基本功能实现没有任何作用的辅助功能。不必要功能有两种形式，一是多余功能，取消它对产品的基本功能无任何影响。用户需要而不具备的功能，称为缺乏功能。例如，主要在柏油路上行驶的汽车，若设计成前后轮驱动，前轮驱动显然是多余功能。二是过剩功能，功能虽然必要，但在量上存在过剩。例如一台变压器功率储备过大，形成大马拉小车，浪费大量的基本电费和变压器铁损，过大的功率就是过剩功能，应当减下来。又如沙发椅下的弹簧，可使人坐在沙发上感到一定的弹性，曾有人将钢弹簧替换成铜弹簧，并以此夸耀他的弹簧用料精美，因铜弹簧成本高因而价格高，他没有想到铜弹簧虽然美观，但是弹簧在椅子底下见不到，这种美观是过剩功能，同时铜弹簧的弹性远不如钢弹簧的弹性好，用户需要的弹性没有满足，这个沙发生产者用铜弹簧换钢弹簧既造成了缺乏功能同时又产生了过剩功能，显然这一替换是错误的应该纠正。

③ 按功能的性质，功能可以分为使用功能和美观功能：使用功能是使产品有实用价值的实用性功能。美观功能是对产品的外观起美化、装饰作用的功能，如产品的形状、色彩，气味、手感等。美观功能可使用户在使用产品时得到美的享受。例如一架台灯，若造型美观，色彩和谐，既能照明，又能点缀房间，自然会受用户的喜爱，引起用户的购买欲望。空调的制冷、制热是使用功能；产品造型、色彩款式、商标图案等是空调的美观功能。

④ 按目的和手段，功能可以分为上位功能和下位功能：上位功能是目的性功能，下位功能是实现上位功能的手段性功能。这种上位与下位，目的和手段又是相对的。

（3）功能的度量 价值工程是一种定量化分析技术，需要对功能进行定量衡量。衡量功能大小有两种方法：

① 用性能指标衡量：可以用定量化的性能指标衡量功能的大小，如产品的规格标准，达到的质量和性能指标等。这种方法虽然既简单又直观，但指标千差万别，不同产品的功能无法相互比较，同一产品不同零件的功能无法汇总计量，这种功能衡量方法在价值分析中很难应用。

② 用货币单位衡量功能：若用货币单位衡量便可实现不同产品之间的功能比较和不同零部件功能值的汇总计算，价值分析用实现功能必须支付的最低费用来衡量功能大小。换个说法可表示为：用产品的理想成本来表示功能大小。这样就把功能与成本联系起来，功能与生产成本的比较变为理想成本与生产成本的比较，功能分析就更实际更具体了。

（4）功能的特性　功能特性包括如下内容。

① 性能：通常表示功能的水平，即实现功能的品质。

② 可靠性：实现功能的持续性。

③ 维修性：功能发生故障后修复的难易度。

④ 安全性：实现功能的安全性。

⑤ 操作性：实现功能的操作或作业的方便性与少故障性。

⑥ 易得性：实现功能的难易度。

（5）功能水平、功能制约条件、功能系数。

① 功能水平即功能的大小，如拉力100N等。

② 功能制约条件，实现功能的先决条件及其产生的其他影响。如"提升水位"是抽水机的功能，水温低于冰点就不能实现，冰点温度则是功能的制约条件。

③ 功能评价系数：对某一功能的重要度进行评价时，该功能在所研究的诸功能范围内所占的比例系数称为该功能的评价系数：如全部功能的总评分为200分，某一功能的评分为40分，则该功能的评价系数为0.2。

（6）功能合理化的方法

① 通过功能分析，找出现存的全部功能，尤其是隐藏着的迄今尚未觉察到的功能，进行恰当的剔除、缩减、利用、增添、补足，从而确定合理的必要功能。

② 进行功能的联合，即增加功能的数目；如项链坠中装上一只电子表，使项链的总功能变成了显示时间、存放相片、装饰仪表。

③ 提高必要的功能水平，即功能水平的高低或能力的大小。如精密度、负载能力、工作范围、专业化程度、通用化水平、造型与美学水平、各种效率，各种比例与比率等，软度、硬度、稠密度、疏松度、防水性、防震性、防尘性、耐热性、耐压性、可靠性、有效性、柔性、刚性、抗弯、抗张、抗疲劳、抗冲击、导电、导热、导声、导光、导磁、可锻性、可铸性、可塑性、可焊性、可成形性（热成形，冷成形，常温成形、高压成形、爆炸成形）、化合性、可切削性、分解性、消声、吸热、吸水、吸附、吸潮、厚薄、长短、大小、粗细、高低、远近、宽窄、体积、重量、容积、浓度、密度、纯度等等。

④ 改进各种必要功能的功能方式。如为了实现"洗净衣服"这一功能，其功能方式不断得到改进，从手洗—棒槌—洗衣板—湿洗机—干洗机—智能洗衣机。

⑤ 进行必要的功能兼并。当电视机录音机分离设计时，至少需要两套喇叭，合并设计时、则可将其兼并为一。

⑥ 发现新原理，这一方法的难度大、效果大、意义深远。

⑦ 实现标准化、系列化、通用化、模块化、程序化、自动化、柔性化。

⑧ 充分发挥必要功能的效能。合理、充分、有效地使用软件或硬件。

⑨ 提高人的工作能力与系统的管理能力。

⑩ 提高美学功能的途径：

a. 确定部件尺寸的对象，要使之成为一定比例（黄金分割比、几何比、代数比比等），保证匀称协调、实用美观。

b. 保持整体性布局，同时要新颖不俗，别具一格，符合高效、和谐。

c. 轮廓要具有风格，或方或圆，或圆弧过渡，或见棱见角。根据情况使之具有现代感、未来感、神秘感、科学感等。

d. 富于美感，处理好横直、浓淡、疏密、形状和实虚对比。

e. 色调要柔和协调、符合工效学。处理好冷暖、清新朦胧、恬静兴奋等关系。附件、操作件要醒目、鲜亮、起到便于操作的使用效果和画龙点睛的装饰效果。

2. 成本（cost）

价值工程中产品成本是指产品寿命周期的总成本。产品寿命周期从产品的研制开始算起，包括产品的生产、销售、使用等环节，直至报废的整个时期。在这个时期发生的所有费用与成本，就是价值工程的产品成本，如图 15-1 所示。

寿命周期费用=生产成本+使用成本

即 $C = C_1 + C_2 \pm C_3$

式中 C_1——设计制造费用；

     C_2——使用费用；

     C_3——残值费用（残值收入为负，清理费用为正）。

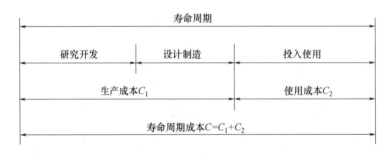

图 15-1 寿命周期成本

与一般意义上的成本相比，价值工程的成本最大的区别在于：将消费者或用户的使用成本也算在内。这使得企业在考虑产品成本时，不仅要考虑降低设计与制造成本，还要考虑降低使用成本，从而使消费者或用户既买得合算，又用得划算。产品的寿命周期与产品的功能有关，这种关系的存在，决定了寿命周期费用存在最低值。

3. 价值（value）

价值工程中所说的"价值"有其特定的含义，与哲学、政治经济学、经济学等学科关于价值的概念有所不同。价值工程中的"价值"就是一种"评价事物有益程度的尺度"。价值高说明该事物的有益程度高、效益大、好处多；价值低则说明有益程度低、效益差、好处少。例如，人们在购买商品时，总是希望"物美而价廉"，即花费最少的代价换取最多、最好的商品。价值工程把"价值"定义为："对象所具有的功能与获得该功能的全部费用之比"，即

$$价值(V) = \frac{对象(产品或作业)具有的必要功能(F)}{达到该功能的寿命周期成本(C)} \qquad (15\text{-}1)$$

功能是指产品的功能、效用、能力等，即产品所担负的职能或者说是产品所具有的性能。

成本指产品周期成本，即产品从研制、生产、销售、使用过程中全部耗费的成本之和。衡量价值的大小主要看功能（F）与成本（C）的比值如何。人们一般对商品有"物美价廉"的要求，"物美"实际上就是反映商品的性能，质量水平；"价廉"就是反映商品的成本水平，顾客购买时考虑"合算不合算"就是针对商品的价值而言的。

价值工程的主要特点是：以提高价值为目的，要求以最低的寿命周期成本实现产品的必要功能；以功能分析为核心；以有组织、有领导的活动为基础；以科学的技术方法为工具。提高价值的基本途径有 5 种：①功能提高，成本降低，价值大大提高；②成本不变，功能提高，价值提高；③功能提高的幅度高于成本增加的幅度；④功能不变，成本降低，价值提高；⑤功能降低的幅度小于成本降低的幅度，如表 15-1 所示。

表 15-1　　　　　　　　　　　　提高价值的途径表

途径 项目	1	2	3	4	5
功能 F	提高	提高	显著提高	不变	略降低
成本 C	下降	不变	略提高	降低	显著降低
模式	$\dfrac{F\uparrow}{C\downarrow}=V\uparrow\uparrow$	$\dfrac{F\uparrow}{C\rightarrow}=V\uparrow$	$\dfrac{F\uparrow\uparrow}{C\downarrow}=V\uparrow$	$\dfrac{F\rightarrow}{C\downarrow}=V\uparrow$	$\dfrac{F\downarrow}{C\downarrow\downarrow}=V\uparrow$
特点	双向型	改进型	投资型	节约型	牺牲型

三、价值工程的特点和作用

1. 价值工程的特点

价值工程是一种以提高产品和作业价值为目标的管理技术，它具有以下的特点：

（1）以使用者的功能需求为出发点，重点放在对产品功能的研究上。

（2）对功能进行定量化分析。将产品或作业的功能转化为能够与成本直接相比较的货币值。

（3）系统研究功能与成本之间的关系。价值工程确保将功能和成本作为一个整体来考虑，以便创造出总体价值最高的产品。

（4）努力方向是提高价值。价值工程强调不断改革和创新，开拓新构思和新途径，获得新方案，创造新功能载体，从而简化产品结构节约原材料，提高产品的技术经济效益。

（5）需要由多方协作，有组织、有计划、按程序地进行。价值工程是以集体智慧开展的有计划、有组织的活动，因为提高产品价值涉及产品的设计、制造、采购和销售等过程，必须集中人才，依靠集体的智慧和力量，发挥好各方面、各环节人员的积极性，有计划、有组织的开展活动。

2. 价值工程的作用

根据相关资料反映，企业开展价值工程活动一般能降低成本 10% ~ 30%，活动的收益与支出之比可以高达数十倍以上。美国管理学会对经理和销售部门负责人调查表明，在对六种降低成本方法重要性的顺序排列中，价值工程活动均排在第二位，价值工程在企业的生产经营中应用十分广泛，不仅应用于改进企业产品，还可以应用于改进设备、工具、作业、库存和管理等，它的作用具体表现为以下几个方面。

（1）可以有效提高经济效益　价值工程以功能分析为核心，通过功能分析，保证必要的功能，剔除不必要的过剩功能、重复功能及无用功能，从而去掉不必要的成本，提高产品的竞争力。

价值工程的巨大作用往往首先在产品重新设计方面充分表现出来。通过对产品适当的重新设计，不仅能降低材料成本、劳务成本和工厂制造费用，而且能提高一个公司的产品质量和产品价格，使产品更具有竞争力。例如，一个灭火设备制造公司生产的一种用于固定小型灭火器的托架，长期以来一直是用金属制成的，经过对产品重新设计的价值分析活动缩小了这种托架的尺寸，并用塑料取代金属，使公司节约了 50% 的成本。

（2）可延长产品市场寿命　产品的市场寿命是指一种产品由投放市场到被淘汰为止所持续的时间。产品有一个从诞生、成熟到衰亡的过程。产品成熟期越长，获利越多。要维持和延长产品的成熟期，改进产品的功能是十分重要的。通过开展价值工程，改进产品式样、结构、品种、质量并增强产品功能，可以延长产品市场寿命。改进产品功能使产品市场寿命延长的过程如图 15-2 所示。

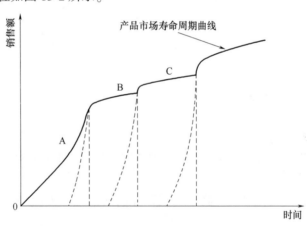

图 15 - 2　产品改进与延长市场寿命曲线

注：A—新产品开发、成长 B—改进质量、式样 C—提高功能

（3）有利于提高企业管理水平　价值工程活动设计范围广，贯穿于企业生产各环节。通过开展价值工程活动，可对企业各方面的管理工作起到一个推动作用，促进企业管理水平的提高。

（4）可促进技术与经济的有效结合　价值工程既要考虑技术问题，又要考虑经济问题。提高产品功能、降低产品成本，既要发挥技术人员智慧，又要发挥材料供销人员、财务人员的智慧。所以，开展价值工程工作，能让技术人员和管理人员更紧密地结合在一起，共同研究问题，大大促进软技术与硬技术的有机结合。

四、价值工程的工作程序

价值工程活动过程，是一个发现问题、分析问题、解决问题的过程。价值工程已发展成为一门比较完善的管理技术，在实践中已形成了一套科学的工作实施程序。这套实施程序实际上是发现矛盾、分析矛盾和解决矛盾的过程，通常是围绕以下七个合乎逻辑程序的问题展开的：

① 这是什么？

② 这是干什么用的？

③ 它的成本是多少？

④ 它的价值是多少？

⑤ 有其他方法能实现这个功能吗？

⑥ 新方案成本多少？

⑦ 新方案能满足功能要求吗？

按顺序回答和解决这七个问题的过程，就是价值工程的工作程序和步骤。即：选定对象，收集情报资料，进行功能分析，提出改进方案，分析和评价方案，实施方案，评价活动成果。

价值工程的一般工作程序如表 15-2 所示。由于价值工程的应用范围广泛，其活动形式也不尽相同，因此在实际应用中，可参照工作程序，根据对象的具体情况，应用价值工程的基本原理和思想方法，考虑具体的实施措施和方法步骤。但是对象选择、功能分析、功能评价和方案创新与评价是工作程序的关键内容，体现了价值工程的基本原理和思想，是不可缺少的。

表 15-2　　　　　　　　　　　　　　价值工程的工作程序

价值工程工作阶段	详细步骤	主要内容	价值工程对应问题
准备阶段	1. 对象选择 2. 信息搜集	迫切要求改进的、改进潜力大的产品 企业经营情况、用户反映、同行业情况	1. 这是什么？
分析阶段	3. 功能定义 4. 功能整理 5. 功能成本分析 6. 功能评价 7. 确定改进对象	对象的功能是什么，怎样实现该功能 有无多余、不足功能，绘制功能系统图 确定功能现实成本、计算功能目标成本 计算功能重要度系数，功能价值系数 根据功能系数或成本改善期望值选定	2. 这是干什么用的？ 3. 它的成本是多少？ 4. 它的价值是多少？
创新阶段	8. 方案创造 9. 概略评价 10. 调整完善 11. 详细评价 12. 提出提案	发挥集体智慧和创新精神，多提各种设想 初选改进方案，剔除不满足功能要求，成本太高的方案 使方案具体化，使其详细完整，进一步开展调研 从技术、经济方面评价，方案选优 制定提案书，上报提案	5. 有其他方法实现这一功能吗？ 6. 新方案的成本是多少？ 7. 新方案能满足功能要求吗？
实施阶段	13. 审批 14. 实施与检查 15. 成果鉴定		8. 偏离目标了吗？

1. 准备阶段

在此阶段的主要工作如下。

（1）确定课题和课题目标。根据企业经营方案所规定的经营目标、经营方针和经营策略等，针对企业中迫切需要解决的问题选定价值工程课题、确定课题目标。

（2）建立价值工程活动组织。由企业负责人牵头，组织企业各部门的技术、生产和经营管理骨干人员参加，一般由 10~15 人组成，并根据需要进行适当的培训。

（3）制订价值工程工作计划。该计划包括对价值工程活动的内容、程序、资金和时间等的详细安排。

2. 功能分析与方案创造阶段

此阶段的主要工作有对象选择、情报收集、功能定义、功能整理、功能评价、方案创造、方案评价、提出提案等，具体见表 15-2。

3. 方案实施阶段

为了确保质量和效益，需要对优选出的方案进行试验。如果试验表明方案确实是最优的，可定为正式方案，经批准后列入实施计划，方案实施过程中要进行检查，发现问题，不断改进。方案实施完成后，要及时总结评价和验收。

第二节　价值工程的基本内容

人们从事任何经济活动和其他活动，客观上都存在着两个基本问题：以上活动的目的和效果，二是从事活动所付出的代价。通常人们在活动之前和活动之中都应该考虑这两个问题，但由于种种原因，往往偏重一面，忽视另一面，尤其是忽视付出代价的现象常常发生，在日常生活的大量活动中应该是二者兼顾。在市场上顾客挑选产品时，既要考察其性能、外观，又要考察其价格，精明的顾客还会考察使用中的费用。例如一台电冰箱，顾客既要看它的制冷性能（达到的最低温度、制冷速度等）、容量、型式（单门、双门）、外观，还要看价格及使用中的耗电、维修等情况等。用户对产品的这些要求，就是产品设计、生产者要完成的任务。技术人员总是努力做到在技术上精益求精，力图设计出技术先进、性能优越、外观新颖的产品，为满足用户要求付出了辛勤的劳动，并且取得了卓越的成效。

价值工程的基本内容可以概括为"功能、情报、创造"六个字，价值工程就是要从透彻了解所要实现的功能出发，在掌握大量产品情报信息的基础上，进行创造性改进，完成功能的再实现。

一、价值工程研究对象的选择

1. 对象选择的一般原则

选择对象的原则主要根据企业的发展方向、市场预测、用户反映，存在问题、薄弱环节以及提高劳动生产率、提高质量降低成本的目标来决定对象。以下几点可供参考。

（1）从设计上看，结构复杂的、重量大的，尺寸大的、材料贵的，性能差的、技术水平低的部分等。

（2）从生产上看，产量多的、工艺复杂的、原材料消耗高的、成品串低、废品率高的部分等。

（3）从销售上看，用户意见多的、竞争能力差的、销不出去的，市场饱和状态，如不改进就要亏本等。

（4）从成本上看，成本比同类产品成本高，价值低于竞争的产品，在产品成本构成中高的构成部分等。

在选择时，首先从上述四大方面选中一个方面，再在选中的这一个方面，做深入分析，再选择某一部分，如用材多、余量大的部分，最后把价值工程对象确定下来。采用一些定性与定量的分析方法，可以有助于我们分析某些问题，帮助找出价值工程的主要对象。

选择价值工程活动的对象，就是要具体确定进行功能分析的产品、零部件或工序。这是价值工程分析能否收到效果的第一步，也是非常重要的一步。在一个食品企业或项目里并不是对所有产品都进行价值分析，而是有一定选择、有重点进行的。由于食品企业的产品种类复杂、工序繁多，不可能将所有的产品都作为研究对象。因此，企业往往将精力投入到重点产品上。实际做法是：企业首先就研究对象的特性达成共识，再采取一定的方法，进行定量定性分析，依据分析和计算的结果确定研究目标。所以，能否正确地选准价值工程的研究对象，是决定价值工程活动收效的大小，乃至成败的关键。选准研究对象往往要兼顾定性分析和定量分析的结果，在对象选择的定性分析方面，常用的分析方法有经验分析法，而在对象选择的定量分析方面，常用的计量方法有 ABC 分类法、价值系数法、百分比法、产品寿命周期选择法。下面主要介绍经验分析法、ABC 分类法和价值系数法。

2. 经验分析法

经验分析法又称因素分析法，是一种价值工程对象选择的定性分析方法，是目前企业较为普遍使用的、简单易行的价值工程的对象选择方法。它实际上是利用一些有丰富实践经验的专业人员和管理人员对企业存在问题的直接感受，经过主观判断确定价值工程对象的一种方法。运用该方法进行对象选择，要对各种影响因素进行综合分析，区分主次轻重，既要考虑需要，也要考虑可能，以保证对象选择的合理性。

运用这种方法选择对象时，可以从设计、加工、制造、销售和成本等方面进行综合分析。任何产品的功能和成本都是由多方面的因素构成的，关键是找出主要因素，抓住重点。一般具有下列特点的一些产品或零部件可以作为价值分析的重点对象。

（1）从需求的必要性看：①应选择对国计民生影响大的产品；②需求量大的产品；③正在研制即将投入市场的产品；④用户意见大，质量、功能急需改进的产品；⑤市场竞争激烈的产品；⑥成本高，利润低的产品；⑦需要扩大用户，提高市场占有率的产品。

（2）从发展的潜力看：①结构复杂、造型不好的产品；②工艺落后、手工劳动多的产品；③原材料品种复杂、互换材料较多的产品；④价值高、体积大、工序多、废品率高的产品组件。

经验分析的优点是简单易行，考虑问题综合全面。缺点是缺乏定量的分析，在分析人员经验不足时易影响结果的准确性，但用于初选阶段是可行的。总之，使用这种方法要求抓住主要矛盾，选择成功概率大、经济效益高的产品或零部件作为价值工程的重点分析对象。

3. ABC 分析法

ABC 分析法是一种寻求主要因素的方法，它起源于意大利经济学家帕累托对经济社会财富分布情况的分析，帕累托发现在西方经济社会中的大部分财富集中在少数人手中。后来这种方法被扩展运用到其他领域，价值工程运用这种方法进行对象的选择是将产品成本构成进行逐项统计，将每一种产品零部件占产品成本的多少从高到低排列出来，分成 A、B、C 三类，找出少数零部件占多数成本的零部件项目，作为价值工程的重点分析对象。

如图 15-3 所示，一般一个项目或一种产品的成本，分配到每个组成部分的投资或成本是不均匀的。有的少数关键部分的投资或成本占了产品投资或成本的大部分，多数部分占很少一部分。一般来说，零部件数量占总数的 10% 左右，而成本却占总成本的 70% 的零部件为 A 类；零部件数量占总数的 20% 左右，而成本占 20% 左右的零部件为 B 类；零部件数量占总数的 70% 左右，而成本只占总成本的 10% 左右的零部件为 C 类。这说明 A 类零部件在数量上虽然只占零部件总数的 10%，而其成本却占总成本的 70%，因此应选择 A 类零部件作为价值工程活动的重点分析对象，对 B 类零部件只作一般的分析，对 C 类零部件可以不加分析。

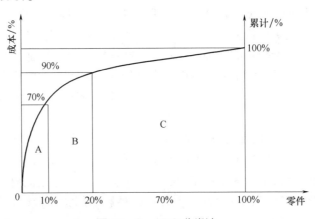

图 15-3　ABC 分类法

ABC 分析法的优点是抓住重点，突出主要矛盾，在对复杂产品的零部件作对象选择时常用它进行主次分类。据此，价值工程分析小组可结合一定的时间要求和分析条件，略去"次要的多数"，抓住"关键的少数"，卓有成效地开展工作。表 15-3 给出了某中型电机的 ABC 分类结果。

表 15-3　　　　　　　　　　　中型电机的 ABC 成本分类

序号	零部件名称	项数	项数累计	项数累计百分比	每项金额/元	累计金额/元	金额累计百分比	分类
1	定子线圈	1	1	2.27%	556	556	21.85%	A
2	转子冲片	1	2	4.55%	548.87	1104.87	43.42%	A
3	定子冲片	1	3	6.82%	521.78	1626.65	63.93%	A
4	端盖	1	4	9.09%	196.94	1823.59	71.67%	A

续表

序号	零部件名称	项数	项数累计	项数累计百分比	每项金额/元	累计金额/元	金额累计百分比	分类
5	机座	1	5	11.36%	174.84	1998.43	78.54%	B
…	……	…	…	……	……	……	……	…
16	定子压圈	1	16	36.36%	50	2417.96	95.05%	B
17	轴承内盖	1	17	38.64%	20	2437.96	95.82%	C
…	……	…	…	……	……	……	……	…
44	M12垫圈	1	44	100%	0.02	2544.42	100%	C

4. 价值系数法

价值系数法又称强制确定法。在选择对象时，通过计算零部件功能重要度系数和成本系数，然后求出两个系数之比，即价值系数。根据价值系数大小来判断价值工程对象，一般把价值系数低的零部件选作价值工程 VE 活动的对象。具体步骤如下。

（1）计算功能重要度系数　确定功能重要度系数的方法是对零部件功能打分，常用的打分法有强制打分法（0~1 或 0~4 评分法）、逻辑评分法、环比评分法（又称 DARE 法）等。

0~1 评分法的做法是请 5~15 名对产品熟悉的人员各自参加零部件功能的评分。首先按照功能重要程度一一对比打分，相对重要的打 1 分，相对不重要的打 0 分，如表 15-4 所示。表中，要分析的对象（零部件）自己和自己相比不得分，用"×"表示，然后把各零部件得分累计起来，再除以全部零配件得分总和。设 W 表示零部件的功能重要度系数，则其计算公式为：

$$功能重要度系数(W) = \frac{某零部件功能重要性得分}{零部件得分总和} \qquad (15\text{-}2)$$

表 15-4　　　　　　　　　　0~1 评分法评分表

零部件	A	B	C	D	E	总分	功能重要性系数
A	×	1	0	1	1	3	0.3
B	0	×	0	1	1	2	0.2
C	1	1	×	1	1	4	0.4
D	0	0	0	×	0	0	0.0
E	0	0	0	1	×	1	0.1
合计						10	1.0

最后，根据每名参评人员选择零部件得到的功能重要性系数 W_i，可以得到零部件的功能重要性系数的平均值（$\overline{W}$），其计算公式为：

$$\overline{W} = \frac{1}{k}\sum_{i=1}^{k} W_i \qquad (15\text{-}3)$$

式中　k——表示参加功能评价的人数。

（2）计算成本系数　成本系数是指每个零部件的现实成本在产品总成本中所占的比例，其计算公式为：

$$成本系数 = \frac{某零部件现实成本}{产品成本总值} \qquad (15\text{-}4)$$

各零部件的成本系数计算如表 15-5 所示。

表 15-5　　　　　　　　　价值系数计算

零部件	功能重要性系数①	现实成本②	成本系数③	价值系数④=①/③	VE 对象选择顺序
A	0.3	8.00	0.53	0.57	1
B	0.2	2.40	0.16	1.25	4
C	0.4	2.00	0.13	3.08	3
D	0	0.80	0.05	0.00	
E	0.1	1.80	0.12	0.83	2
合计	1	15.00	1.00		

（3）计算价值系数并确定分析对象的顺序　价值系数（V）是指某零部件的功能重要度系数与其成本系数之比，其计算公式为：

$$价值系数 = \frac{零部件功能重要度系数}{该零部件成本系数} \qquad (15\text{-}5)$$

价值系数计算结果可能出现以下几种情况：

① $V = 1$，说明该零部件价值高，其功能与成本相当，匹配合理，一般无须改进，不应选为价值工程 VE 的工作对象。

② $V < 1$，说明该零部件成本过大，有改进的潜力，是价值工程 VE 活动重点改进对象。

③ $V > 1$，说明该零部件功能分配偏高或成本分配过低，应查明原因，或者剔除多余功能，或者适当增加成本。

④ $V = 0$，表明该零部件不重要，可以取消或合并。

二、对象情报的收集

情报是指在价值工程活动中所需要的有关技术和经济方面的信息和知识，它是进行价值工程活动的信息基础，贯穿于价值工程活动的全过程。为了实现提高产品价值这一主要目标，价值工程活动的每一步都离不开情报资料。在功能定义阶段，为了弄清价值工程对象应具备的必要功能，必须清楚地了解与对象有关的各种情报资料。在制定方案阶段，为了创造和选择最优方案，也需要大量的情报资料。一般来说，情报资料掌握得越多，价值工程对象分析越透彻，改进的可能性就越大，价值提高的可能性就越大。收集情报要明确如下两个问题：收集情报资料的步骤以及重点收集的情报资料。

1. 收集情报资料的步骤

（1）确定收集情报资料的目的；

（2）制订收集情报资料的计划；

（3）收集并整理情报资料；

（4）分析甄别情报资料；

（5）建立情报资料查询方法。

2. 重点收集的情报资料

（1）技术方面的情报

① 产品新设计原理：新设计原理会导致一代全新产品的出现，对技术和经济都会产生重大的影响。

② 新工艺、新设备：新工艺的出现可能导致加工方法的重大变化，对设计、设备也提出了新要求。

③ 新材料：新材料的应用对产品性能、质量有很大的影响，同时引起工艺、设备等作相应的改变。

④ 改善环境或劳动条件：减少粉尘和有害气体外泄，减少噪声污染，减小劳动强度，保障人身安全的技术越来越受到重视，这都会对产品的设计、生产产生影响。

（2）经济方面的情报

① 用户情报：了解用户性质、经济承受能力、消费偏好、使用目的、使用环境，这是产品改进和生产的前提。

② 用户对产品的意见反馈：用户对产品性能、价格、外观、售后服务等方面的意见要求，这是产品改进的依据，是一种宝贵的信息资源。

③ 了解同类企业规模、经营特点、管理水平以及产品成本、利润等方面的情报。特别是同类产品或零部件的生产成本，这是明确差距，找准改进对象的重要信息。

④ 了解市场情报：了解市场需求、同行竞争、同类产品价格和市场占有率等，特别是竞争对手的经济分析资料、市场资料、质量统计等资料。

⑤ 充分了解企业内部情报，包括企业的内部供应、生产、组织以及产品成本等方面的情报。

⑥ 了解产品生产的外协情报：包括外协单位状况以及外协件的品种、数量、质量、价格、交货期等。

⑦ 了解政府和社会有关部门的经济政策、法规、条例等方面的情报。

三、功能分析

功能分析是价值工程的基本内容之一。它通过透彻分析产品情报信息资料，正确地表达各对象的功能定义、性质，明确功能特性要求，并绘制功能系统图。功能分析包括功能定义和功能整理两方面的内容。通过功能分析，可以对价值工程对象"它是干什么用的？"的提问作出回答，从而准确地掌握用户的功能要求。

1. 功能定义

用简洁的语言把价值工程所研究的功能表达出来，称为功能定义。功能定义就是对VE改善对象所具有的功能进行描述，明确功能的内容和水平。功能定义的根本任务就是透过产品的形式实体，准确抓住用户的本质要求。如果功能定义不准，就会使价值工程设计因偏离用户要求而失败，可以说，功能定义对价值工程的创新活动具有导向性作用。

事实上下定义的过程就是对功能认识不断深化的过程。准确的功能定义，是今后提出改进方案的依据。有了准确的功能定义之后，我们就可以大大开拓设计思路，按价值工程的要求，抛开原方案，"忘掉"原来的产品，紧紧地抓住功能这个关键，重新设计。

功能定义的要求是：用一个动词、一个名词，以动宾关系把功能用简洁而准确的语言表达出来。例如电灯的功能定义为照明，自行车的功能为代步等都抓住了产品的本质。在功能定义描述中，既要表达产品的有形特征——外观、材质、质量等，又要注意产品的无形特征，以揭示产品的本质。

2. 功能整理

功能整理就是按照一定的逻辑关系，把产品各构成要素的功能互相连接起来，组成一个体系，编制出功能系统图。对局部功能与整体功能的相互关系进行研究，弄清哪些是基本功能，哪些是辅助功能，哪些是不必要的可以取消的功能，哪些是不足的还需要加以补充的功能，进而把握功能改进区域。关于功能整理的方法，国外已经总结出了一套规范的功能系统技术，简称 FAST。其步骤如下。

（1）建立功能卡片：在卡片上标出对象名称、功能定义，每个功能设一张。这样在使用卡片时，可以集中精力思考特定的功能，而且可以随时移动位置，排列、修改、取消卡片，方便灵活，便于绘制功能系统图。

（2）确定基本功能，把其中最基本功能排列在左端，称为上位功能。

（3）逐个明确功能之间的关系，是上下位关系还是并列关系，并列关系是指两个以上的功能处于同等地位，都是实现同一目的的必要手段。

（4）画出功能系统图，把定义零乱的功能按照目的——手段的逻辑关系，从左到右，从下到上会出功能系统图。如图 15-4 所示。

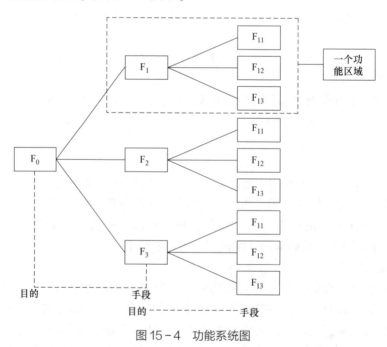

图 15-4　功能系统图

从图 15-4 中可以看出，功能系统图有以下两个特点：功能之间的关系是通过上位功能和下位功能的位置表现出来的。例如，在图 15-4 中，F_1 相对于 F_0 是下位功能，F_0 是 F_1 的上位功能，而 F_1 相对于 F_{11} 是上位功能，F_{11} 是 F_1 的下位功能，F_{11}、F_{12}、F_{13} 是同位功能。

全部功能划分为几个功能区域，某功能及其分支全体为一个功能区域或称功能范围。图 15-4 中划分为三个功能区域。

从功能系统图可知，功能是逐级得以实现的。如果不进行功能整理，就不知道要改善的功能处于哪个位置。一般越接近上位功能，改善后价值提高的幅度越大，所以功能整理可以帮助我们选择靠近上位的功能作为价值工程改善的对象。

四、功能评价

功能评价是整个价值工程活动的中心环节。功能定义和功能整理仅说明了功能系统及其范围，还不能确定改善应从何入手，而功能评价就是要解决这一问题。功能评价是在功能整理的基础上，应用一定的科学方法，进一步求出实现某种功能的最低成本（或称目标成本），并以此作为功能评价的基准，亦称功能评价值。通过与实现该功能的现实成本（或称目前成本）进行比较，求出两者的比值即为功能价值，两者的差值为成本改善期望值，也就是成本降低幅度。

功能评价的基本程序是：①计算功能的现实成本 C（目前成本）；②确定功能的评价值 F（目标成本）；③计算功能的价值 V（功能价值系数）；④计算功能成本改善期望值 $\triangle C$；⑤选择价值系数低、成本改善期望值大的功能或功能区域作为重点改进对象。

1. 计算功能现实成本

成本历来是以产品或零部件为对象进行计算的。而功能现实成本的计算则与此不同，它是以功能为对象进行计算的。在产品中零部件与功能之间常常呈现一种相互交叉的复杂情况，即一个零部件往往具有几种功能，而一种功能往往通过多个零部件才能实现。因此，计算功能现实成本，就是采用适当的方法将零部件成本转移分配到功能中去。

当一个零部件只实现一项功能，且这项功能只由这个零部件实现时，零部件的成本就是功能的现实成本。当一项功能由多个零部件实现，且这多个零部件只为实现这项功能服务时，这多个零部件的成本之和就是该功能的现实成本。当一个零部件实现多项功能，且这多项功能只由这个零部件实现时，则按该零部件实现各功能所起的作用的比重将成本分配到各项功能上去，即为各功能的现实成本。

更多的情况是多个零部件交叉实现多项功能，且这多项功能只由这多个零部件交叉实现。计算各功能的现实成本，可通过填表进行。首先将各零部件成本按零部件对实现各功能所起的作用的比重分配到各项功能上去，然后将各项功能从有关零部件分配的成本相加，便可以得出各功能的现实成本。

零部件对实现功能所起的作用的比重，可以请几位有经验的人员集体研究确定，或者采用评分方法确定，例如，某产品具有共 F_1、F_2、F_3、F_4 共四项功能，由三种零部件实现，功能现实成本计算如表 15-6 所示。

在表 15-6 中，A 零部件对实现 F_2、F_4 两项功能所起的作用分别为 80% 和 20%，故功能 F2 分配成本为 80%×250＝200（元），F4 分配成本为 20%×250＝50（元）。按此方法将所有零部件成本分配到有关功能中去，再按功能相加，即可得出 F_1~F_4 四种功能的现实成本 C_{01}~C_{04}。

表 15-6　　　　　　　　　　　　　　功能现实成本计算表

零部件			功能或功能区域			
			F_1	F_2	F_3	F_4
序号	零部件名称	零部件成本/元	比重/% 成本/元	比重/% 成本/元	比重/% 成本/元	比重/% 成本/元
1	A	250	80% 200			20% 50
2	B	511	35.60% 182		32.70% 167	31.70% 162
3	C	639	54.80% 350	13.90% 89		31.30% 200
功能现实成本合计		C_0 1400	C_{01} 532	C_{02} 289	C_{03} 167	C_{04} 412

2. 确定功能的评价值

功能评价值是功能系统图上的功能概念，预测出对应于功能的成本。它不是一般概念的成本计算，而是把用户需求的功能换算为金额，其中成本最低的即是功能评价值。实际上功能评价值只能是个理论数值，实际准确确定它是很困难的。因此，在价值工程实施活动中，通常是求解一个近似值来代替它。用户总是要挑选物美价廉的产品，力求用最少的钱买到同样的功能。因此，质量高、价格便宜、成本低就成了人们追求的目标。求算功能评价值近似值的方法有很多，这里介绍一种常用的计算方法——功能重要度系数法。

功能重要度系数法（强制确定法）在前面已经做了简要的介绍。它实际上是一种间接评价法，此时是根据功能重要性程度确定功能评价值。首先将产品功能划分为几个功能区域，并根据各功能区域的重要程度和复杂程度，确定各功能区域的功能重要度系数，然后将产品的目标成本按功能重要度系数分配给各功能区域作为该功能区域的目标成本，即功能评价值。通过衡量各功能的重要程度，用打分的方法，求出它们的功能所占总功能的权数，以此来确定功能评价值。因此，要求得功能评价值，就必须解决两个问题：一是确定产品整体的目标成本；二是求得功能重要度系数。

产品的目标成本，可以参照同行业的先进水平或本企业的历史最好情况来确定，一般适用于具有同类可比性的产品或零部件；或者根据市场竞争的需要来确定产品的目标成本。对新产品，往往是在成本核算的基础上确定产品的目标成本。目标成本既要有先进性，即必须经过努力才能达到，又要有可行性，即有实现的可能。根据尽可能收集到的同行业、同类产品的情况，从中找出最低费用水平作为该产品的目标成本。

确定功能重要度系数的方法主要采用功能打分法，常用的功能打分法仍是强制打分法0~1评分法、多比例评分法等。0~1评分法我们在前面已经作了介绍，由于使用0~1评分法评分时只有1分或0分两种情况，不能反映功能之间的真实差别，所以出现了多比例评分法。常用的有0~4评分法和1~9评分法，下面介绍0~4评分法。

0~4评分法与0~1评分法基本相同，不同的是打分的标准有所改进。当评分对象进行一对一比较时，分为四种情况：①非常重要的（或实现难度非常大的）功能得4分，很不重要的（或实现难度很小的）功能得0分；②比较重要的（或实现难度比较大的）功能得3分，不太重要的（或实现难度不太大）的功能得1分；③两个功能重要程度

（或实现难度）相同时各得 2 分；④自身对比不得分。仍沿用前例，假设某产品具有 F_1 ~ F_4 共四项功能，由三种零部件实现，其功能重要度系数如表 15-7 所示。

表 15-7　　　　　　功能重要度系数计算表（0~4 评分法）

评价对象	F_1	F_2	F_3	F_4	得分	功能重要度系数
F_1	×	3	4	4	11	0.458
F_2	1	×	3	3	7	0.292
F_3	0	1	×	0	1	0.042
F_4	0	1	4	×	5	0.208
合计					24	1.000

确定了产品的目标成本和功能重要度系数后，按功能重要度系数就可以分摊目标成本，从而得出各功能评价值。如果产品目标成本为 1000 元，根据用 0~4 评分法得出的功能重要度系数（表 15-7），可以求出各功能的评价值，计算公式如下：

$$功能评价值=功能重要度系数×目标成本 \qquad (15-6)$$

计算结果如表 15-8 所示。由于现实成本已知（根据生产实际统计数据），这里假定为 1400 元，将已知产品现实成本分摊到各功能上去（计算方法见表 15-6），之后将功能评价值与功能现实成本进行比较，以判断在产品必要功能中哪些功能属于需要改善的，并评价各功能的价值实现情况。

表 15-8　　　　　　功能重要度系数计算表（0~4 评分法）

评价对象	现实成本	功能重要度系数	功能评价者
F_1	532	0.458	0.458×1000＝458（元）
F_2	289	0.292	0.292×1000＝292（元）
F_3	167	0.042	0.042×1000＝42（元）
F_4	412	0.208	0.208×1000＝208（元）
合计	1400	1	1000（元）

3. 计算功能的价值系数和成本改善期望值

功能价值系数是评价各功能价值实现情况的指标，它等于功能评价值除以功能现实成本值，其计算公式如下：

$$功能价值系数(V)=\frac{功能评价值(F)}{功能现实成本(C)} \qquad (15-7)$$

而成本改善期望值是功能现实成本与功能评价值的差额，其计算公式如下：

$$成本改善期望值 \Delta C=功能现实成本-功能目标成本 \qquad (15-8)$$

通过上面两个公式，我们可以计算出功能价值系数 V、成本改善期望值 ΔC，计算结果如表 15-9 所示。

4. 选择功能改进对象

选择功能改进对象时，考虑的因素主要是功能价值系数大小和成本改善期望值大小。它有下面三种情况：

（1）当价值系数等于或趋近于 1 时，功能现实成本等于或接近功能评价值，说明功能现实成本是合理的，价值最佳，无需改进，如 F_2。

表 15-9　　　　　　　　　　　　　　功能评价值计算表

评价对象	现实成本①	功能重要度系数②	功能评价值③＝②×1000	价值系数④＝③/①	成本降低值①－③	改进优先顺序
F_1	532	0.458	458	0.861	74	3
F_2	289	0.292	292	1.000	-3	
F_3	167	0.042	42	0.246	125	2
F_4	412	0.208	208	0.505	204	1
合计	1400	1	1000		400	

（2）当价值系数小于 1 时，表明功能现实成本大于功能评价值，说明功能现实成本偏高，有改进的潜力，是重点改进的对象，如 F_3、F_4。

（3）当价值系数大于 1 时，表明功能现实成本小于功能评价值，说明功能现实成本偏低。其原因可能是功能不足，满足不了用户的要求。在这种情况下，应增加成本，更好地实现用户要求的功能。还有一种可能是功能评价值确定不准确，而以现实成本就能够可靠地实现用户要求的功能，现实成本是比较先进的，此时，无须再对该功能或功能区域进行改进。

在选择改进对象时，要将价值系数和成本改善期望值两个因素综合起来考虑，即选择价值系数低、成本改善期望值大的功能或功能区域作为重点改进对象。例如 F_3 和 F_4 比较，尽管 F_3 的价值系数比 F_4 低，但 F_4 的成本改善期望值明显大得多，因此，在选择改进对象排序时，F_4 排在 F_3 前面。

第三节　方案的创造与实施

一、方案的创造

在价值工程活动中，对象选择、功能分析与功能评价仅仅是分析问题、明确问题的过程，发挥创造力进行方案创造才是解决问题的关键。进行方案创造有两种形式：一是新产品的设计。通常从最初功能出发，一步一步地构想手段，创造出一个全新的设计方案。二是老产品的改造。通常以功能系统图为依据，从某一功能范围入手，创造出一个老产品改造的方案来。要创造出好的方案，应该充分发挥人的创造力，并遵循一定的原则，采取适当的方法。同时，还要对新技术进行技术、经济和社会效果的评价，从而获得满意的方案。

方案创造的理论依据是功能载体具有替代性。方案创造是在正确的功能分析和评价的基础上，发挥每个人的积极性，群策群力，提出能够可靠地实现必要功能的新方案。这种功能载体替代的重点应放在以功能创新的新产品替代原有产品和以功能创新的结构替代原有的结构方案。方案创造一般可以选择以下方法。

1. 头脑风暴法

头脑风暴法（Brain Storming，简称 BS 法）是美国 BBDO 广告公司的奥斯本（Osborn）

于 1947 年提出的。其原意是提案人不要受到任何限制，打破常规，自由地思考，努力捕捉瞬时的灵感，构思新方案。头脑风暴法是开会创造方案的方法，这种方法以 5~10 人的小型会议方式进行为宜，由一名熟悉研究对象，善于启发思考的人主持会议。会议按照以下四条原则进行：

（1）欢迎畅所欲言，自由地发表意见；

（2）希望提出的方案越多越好；

（3）对所有提出的方案不加任何评论；

（4）要求结合别人的意见提设想，借题发挥。

2. 抽象提前法（哥顿法）

抽象提前法是美国人哥顿（Gordon）提出的方法。哥顿法是以会议方式提出改进方案，通常由若干不同背景的人参与会议，会议前将所要研究解决的问题加以适当抽象，会议的具体目的只有会议主持人知道。在会上，主持人并不把要解决的问题提出，而是提出一个抽象的功能概念，目的是让与会者开阔思路，多提方案。主持人根据会议的进行情况，将主题逐渐明确，经过讨论，力求取得统一的意见。

3. 专家信函调查法（德尔菲法）

德尔菲（Delphi）法是由组织者将研究对象的问题和要求，函寄给若干有关专家，专家返回意见，经整理出若干方案和建议后，再匿名寄给有关专家征求意见，再回收整理，经过几次反复后确定出新的功能实现方案。这种方法专家们彼此不见面，可以无所顾忌地大胆提出方案。

二、方案的评价

1. 方案的概略评价与具体化

在进行方案创造时，不同的人可能从不同的角度提出了很多的方案。为了获得技术上可行、经济上合理、能尽可能实现用户多要求的各项功能的新方案、新产品，必须对新方案进行整理和评价，从中选出最佳的方案。为了有效地进行筛选，首先要对方案进行整理和归类。整理工作大致分为以下几个步骤：

（1）将构思相同或类似的方案进行归纳分类。通过将一类方案的代表方案组作为评价对象，可以节约时间，大大提高价值工程活动的效率。

（2）将抽象或含糊的方案明确化。抽象的方案可以通过具体化方法使其变得易懂；含糊的方案应使其明确并加以说明，以便进一步进行讨论。

（3）将不同的方案构思进行组合拼装。每个方案各有所长，可以进行组合，这样既节约了评价的时间，又可以完善方案，有助于组合出价值更高的方案。进行方案的概略评价，要将新方案与原方案进行对比，分析新方案在技术上实现功能的可能性、成本的节约情况、有无污染或违反国家相关政策的地方。通过比较分析，最后选出若干个方案以备详细评价，作出最终选择。

方案具体化的内容大致包括各组成成分的具体结构和零件设计、选用的材料和外购配件、加工方法、工艺装配方法、大致的检验手段和方式以及运输库存方法等。同时还要考虑新方案所采用的新材料、新工艺、新结构，其对功能的实现程度如何。如有问题或技术上存在困难，就应设法修正或修改方案。

2. 方案的详细评价

方案的详细评价是在对经过初步评价所保留的方案进一步的整理、充实和完善的基础上，通过详细的调查研究和技术经济分析，选择出最佳方案，并实施。与初步评价相比，详细评价在内容上更为广泛，方法上更为复杂，要求上更为严格。详细评价主要分为技术评价、经济评价和社会评价。

（1）技术评价　技术评价主要是以用户所要求的功能为依据，评价方案的必要功能和功能实现的制约条件以及如何实现等。一般来说，对一产品方案的技术评价应从以下几个方面进行：

① 必要功能能否实现及其实现的程度；

② 方案各项技术参数能否达到；

③ 方案在技术上实施的可能性；

④ 消耗品的安全性和操作性；

⑤ 产品的外观；

⑥ 产品的加工性、装配性、搬运性；

⑦ 产品本身与周围环境、条件的协调；

⑧ 产品中采用技术现有问题的解决程度。

（2）经济评价　一个方案的优劣，不仅取决于它的技术性能，还取决于它的经济性如何。因此，对新创造方案还要进行经济评价。反映一个产品或项目的经济性有以下几项指标：

① 费用成本的节约（包括年总成本和单位产品成本）；

② 一次性投资的节省；

③ 投资效果系数和投资回收期；

④ 市场销路和产品可能获得的利润。

（3）社会评价　社会评价是从国家、企业、用户三个方面的利益出发评价方案的好坏和优劣。具体评价时主要考虑以下几个因素：方案需要条件与国家有关技术政策、科技发展规划是否一致；企业所取得的效益与社会效益是否协调一致；方案实施与环境保护、生态平衡是否协调。

方案社会评价大多采用社会调查法。通过到政府部门调研、与有关人员座谈等方法了解和征求意见和要求，借以对方案进行社会评价。

3. 综合评价

综合评价就是要综合考虑技术、经济和社会等方面对方案进行总体评价，对方案作出评价选择。综合评价的方法有很多，可以采用优缺点列举法、加权评分法等。

三、方案的综合选择

方案经过评价，不能满足要求的就淘汰，有价值的就保留，并从中选出技术上先进、经济上合理、管理上可行和社会效益佳的方案。方案综合选择的方法很多，主要如下。

1. 优缺点列举法

把每一个方案在技术上、经济上的优缺点详细列出，进行综合分析，并对优缺点作进一步调查，用淘汰法逐步缩小考虑范围，从范围不断缩小的过程中确定最佳的方案。

2. 直接打分法

根据各种方案能够达到各项功能要求的程度，按 10 分制（或 100 分制）打分，然后算出每个方案达到功能要求的总分，比较各方案的总分，作出归纳、保留、舍弃的决定，再对采纳、保留的方案进行成本比较，最后确定最优方案。

3. 加权打分法（矩阵评分法）

这种方法是将功能、成本等各种因素，根据要求的不同进行加权计算，权数大小的确定根据它在产品中所处的地位而定，算出综合分数，最后与各方案寿命周期费用进行综合比价分析，选择最优方案。

4. 理想系数法

这种方法先对每种方案在各功能指标上进行评分，并按下面的公式计算功能满足系数 X：

$$X = \frac{\sum_{i=1}^{n} P_i}{n P_{\text{Max}}} \tag{15-9}$$

式中　P_i——各方案满足功能 i 的分数；

　　　P_{Max}——满足功能的最高得分；

　　　n——需要满足的功能数。

首先，可以邀请有经验的行家来评分，评分标准可按表 15-10 而定，然后再按表 15-11 的格式进行功能满足系数 X 的计算。

表 15-10　　　　　　　　　　　　　方案评价表

方案接近理想完成的程度	给分值	方案接近理想完成的程度	给分值
很好的方案	4	勉强过得去的方案	1
好的方案	3	不能满足要求的方案	0
过得去的方案	2		

表 15-11　　　　　　　　　　　　功能满足系数 X 的计算

技术功能目标	A方案	B方案	C方案	D方案
A	3	2	1	4
B	3	2	1	4
C	3	2	1	4
D	4	2	1	4
E	0	3	0	4
F	3	3	3	4
$\sum P$	16	14	7	24
X	$X_A = 0.67$	$X_B = 0.58$	$X_C = 0.29$	$X_D = 1$

其次，对各方案的经济性进行评价，计算成本满意度系数 Y：

$$Y = \frac{C_0 - C}{C_0}$$

式中　C_0——原产品成本；

　　　C——新产品的预计成本。

原产品成本的确定，可以将原来老产品成本作为基数来进行计算。如本例中原产品的成本为 13.06 元/个，A、B、C 方案的成本满意度系数如表 15-12 所示。

最后，对方案进行综合评价，即根据方案的功能满足系数 X 和成本满意度系数 Y 计算方案的理想系数 K：

$$K = \sqrt{XY}$$ 　　　　　　　　　　　　　　　　　　　　　　　　　　(15-10)

表 15-12　　　　　　　　　　　　　　成本满意系数 Y 的计算

方案	新方案的预计成本 C/元	原来产品成本 C_0/元	成本满意度系数 Y
A	12	13.06	$Y_A = 0.08$
B	11	13.06	$Y_B = 0.16$
C	10	13.06	$Y_C = 0.23$

理想系数 K 能这衡量方案在功能和成本两方面距离理想状况的程度。当 $K=1$ 时，方案完全理想；当 $K=0$ 时，方案完全不理想；一般 $0<K<1$，在众多方案中选择 K 值最高的方案为选定方案。计算见表 15-13。

表 15-13　　　　　　　　　　　　　　理想系数 K 的计算

方案	功能满足系数 X	成本满意系数 Y	理想系数 K
A	0.67	0.08	0.2315
B	0.58	0.16	0.3046
C	0.29	0.23	0.2583

从表 15-13 可知，B 方案的理想系数最高，所以应选择 B 方案为最佳方案。

四、试验与提案

选出的最优方案在上报审批之前需要进行试验。具体包括：①实验方案：设备、材料、日期、负责人以及试验结果的评价标准的确定；②试验；③对试验结果进行汇总、整理、比较、评价，形成试验报告；④试验通过，可以正式提案。

在提案中，要明确原产品的技术经济指标、用户要求、主要问题、拟达到的目标。同时，还要汇总附上产品功能分析，改进对象的目标和依据，改进前后的试验数据和图纸，改进后的预计成本、预计效益等，一并上报请决策部门审查批准。经批准后列入实施计划。

五、检查、评价与验收

在方案实施过程中，应对方案的实施情况进行检查，发现问题及时解决。方案实施完成后，要进行总结评价和验收。

1. 企业经济效益评价

可以根据需要计算方案实施后劳动生产率、材料消耗、能源消耗、资金利用、设备利用、产量、品种发展、利润、市场占有率等指标值。此外，要进行以下经济效益指标的计算。

（1）全年净节约额　其计算公式为：

$$全年净节约额 = (改进前的单位成本 - 改进后的单位成本) \times 年产量 - 价值工程活动费用的年度分摊额$$

$$(15-11)$$

（2）节约百分比　其计算公式为：

$$节约百分比 = \frac{(改进前的成本 - 改进后的成本)}{改进后的成本} \times 100\%$$

$$(15-12)$$

（3）节约倍数　其计算公式为：

$$节约倍数 = \frac{全年净节约额}{价值工程活动经费} \times 100\%$$

$$(15-13)$$

（4）价值工程活动单位时间节约数　其计算公式为：

$$价值工程活动单位时间节约数 = \frac{全年净节约额}{价值工程活动延续时间} \times 100\%$$

$$(15-14)$$

2. 方案实施的社会效果评价

方案实施的社会效果评价包括是否填补国内外科学技术或产品品种的空白，是否满足国家经济发展或国防建设的重点需要，是否节约了贵重稀缺物质材料，是否节约了能源消耗，是否降低了用户购买成本或其他使用成本，以及是否防止或减少了污染公害等。

思考与练习

1. 什么叫价值工程？它对企业的生产经营起什么作用？

2. 价值工程中的价值、成本、功能的含义是什么？

3. 提高产品功能的主要途径有哪些？

4. 试举例说明新产品开发中的价值分析的重要性。

5. 某食品设备由 12 种零部件组成，各零部件的个数和每个零部件的成本如表 15-14 所示，试用 ABC 分析法选择价值工程的研究对象。

6. 利用 0~1 评分法对习题 5 的产品进行功能评价，评价后零部件的平均分如表 15-15 所示。利用价值系数判别法，如果取价值系数最小的零部件作为价值工程的研究对象，应该选哪一种零部件？

7. 为警示危险的装置提出了四个方案，每个方案对 6 个功能的满足程度的评价和估计成本如表 15-16 所示。试用理想系数法选择最优方案。

8. 已知某产品有 5 个功能，分别记为 A、B、C、D、E，其功能重要度系数分别为 0.4821、0.3214、0.1071、0.0536、0.0358。产品的目标成本为 3000 元，现实成本依次为 1300 元、1500 元、320 元、90 元、100 元，试计算各功能的价值系数和成本改善期望值，并选择改进对象种。

9. 已知某产品由 4 各主要部件，7 种功能组成，经过专家用 0~4 评分法得到各功能的评价值及功能现实成本列于表 15-17 中。 若产品目   功能改善幅度目标计算。

标成本为 49 元，试根据已知资料进行该产品

表 15-14   某食品设备零件构成表

零件名称	A	B	C	D	E	F	G	H	I	J	K	L
零件个数	1	1	2	2	18	1	1	3	5	3	4	8
每个零件成本/元	5.63	4.73	2.05	1.86	0.15	0.83	0.76	0.33	0.35	0.19	0.15	0.10

表 15-15   某产品零件功能得分表

零件名称	A	B	C	D	E	F	G	H	I	J	K	L
平均得分	8	7	3	4	4	11	10	8	7	11	1	3

表 15-16   某产品零配件功能的满足程度的评分和估计成本

方案 \ 项目	A	B	C	D	E	F	估计成本/元
安全信号器	1	4	4	4	4	1	155
警报器	3	3	1	3	2	1	147
红灯	3	4	3	4	4	3	165
中心指示器	3	3	3	4	4	1	172
理想方案	4	4	4	4	4	4	180

表 15-17   功能评分值和功能现实成本

序号 \ 项目	功能	功能评分值	功能现实成本/元
1	F_1	105	14.75
2	F_2	104	11.80
3	F_3	103.5	8.85
4	F_4	109.5	5.90
5	F_5	108	5.31
6	F_6	102	5.02
7	F_7	70	4.72
合计		702	56.35

肉制品加工可行性报告大纲实例

几年前，江南大学食品学院为我国北方某地设计了14000t/年高低温肉制品精加工项目可行性报告，现将该可行性报告大纲的内容编入书中，供读者参考。

第一章　总述

1.1　项目概述

1.2　项目提出的背景和任务

 1.2.1　社会背景

 1.2.2　经济背景

 1.2.3　项目建设任务

1.3　项目建设的必要性

 1.3.1　社会发展必要性

 1.3.2　经济发展必要性

 1.3.3　产业发展必要性

1.4　可行性研究的依据和范围

 1.4.1　编制原则

 1.4.2　编制范围

 1.4.3　编制依据

1.5　可行性研究的简要结论及建议

第二章　市场需求和营销策略

2.1　市场需求分析

2.2　目标市场

2.3　营销策略

第三章　项目建设的指导思想及规格、内容

3.1　项目建设的指导思想

3.2　建设规格及产品方案

3.3　建设内容

第四章　建设地点概况

4.1　项目地点概况

4.2　建设地点条件分析

4.3　原料、燃料及动力供应

 4.3.1　生产原材料分析

 4.3.2　生产原材料供应

 4.3.3　水、燃料动力消耗分析

 4.3.4　供应条件

第五章　工艺技术方案和工程设计方案

5.1　方案制定的原则和项目组成

 5.1.1　总平面设计原则

 5.1.2　车间设计原则

 5.1.3　工艺设计原则

 5.1.4　项目的组成

5.2　工艺技术方案

 5.2.1　工艺设计执行标准

 5.2.2　工艺方案

 5.2.3　生产工艺流程

 5.2.4　物料衡算

 5.2.5　生产设备

5.3　总平面布置及运输

 5.3.1　总平面设计原则

 5.3.2　总平面布置要点说明

 5.3.3　运输工程

 5.3.4　仓储与堆场

5.4　建筑工程

 5.4.1　主要建筑构造

 5.4.2　结构设计

5.5　制冷设计说明

 5.5.1　方案设计依据

 5.5.2　制冷系统方案设计

 5.5.3　电气系统方案设计

5.6　供热、通风、空调

 5.6.1　室外计算参数的确定

 5.6.2　室内计算参数确定

 5.6.3　空调冷源及空调方式

 5.6.4　通风换气系统

 5.6.5　供热

5.7　给排水系统

 5.7.1　水源

 5.7.2　用水量

 5.7.3　给水系统

 5.7.4　热水系统

 5.7.5　循环水系统

 5.7.6　排水系统

5.8　供电

 5.8.1　生产用电

 5.8.2　照明用电

 5.8.3　防雷及接地

5.9　生活设施

食品项目财务评价实例

近两年，江南大学建筑设计研究院有限公司根据 QB JS 6—2005《轻工业建设项目初步设计编制内容深度规定》的要求，为我国西部某地的精准扶贫项目，设计了"10000t/年核桃乳和900t/年核桃油"实施项目，现将扩初设计说明书中有关投资概算和财务评价的内容编入书中，供读者参考。

一、投资概算与资金筹措

1.1　概算编制说明

1.1.1　工程概况

本建设项目为新建项目，产品品种有核桃乳 10000t、核桃油 900t，投资概算中核桃乳、核桃油的生产以从市场购买核桃生产产品为计算基准，总建筑面积 15000m²。

1.1.2　编制范围生产规模为年处理青皮核桃 1000t，

本建设项目概算包括的内容为某公司的核桃后续加工项目的建筑工程、设备购置、安装工程等。

1.1.3　投资概算依据

（1）根据某公司所提供的相关资料进行编制；

（2）拟建项目各单项工程的建设内容及工程量；

（3）各项工程费用概算、工程建设其他费用概算方法、指标及费率，参照《轻工业工程设计概算编制办法》（QB JS 6—2005）中的规定概算。

（4）各项费用的概算同时还参考前年度的同类同规模企业的历史水平，并适当考虑了物价上涨因素。

1.2　总投资概算

项目建设总投资 6204.98 万元，其中：建筑工程投资 2152.4 万元、设备购置及安装投资 2964.92 万元、公用工程费合计 600 万元整、技术转让及设计费 195 万元、建设期利息 292.66 万元（表 1）；生产流动资金 2472.65 万元，所以实际总投资：8677.63 万元，由于本项目为精准扶贫项目，项目建设以全资贷款计。

表1　　　　　　　　　　建设投资概算表　　　　　　　　　　单位：万元

序号	工程或费用名称	投资概算				合计
		建筑工程费	设备购置费	公用工程费	其他费用	
1	工程费用（主辅厂房）	2152.4	2964.92	600		5717.32
2	技术转让及设计费				195	195
3	建设期利(4.95%)				292.66	292.66
4	建设投资合计	2152.4	2964.92	600	487.66	6204.98

注：在公用工程费中包含了建设单位管理费用、项目前期费用、员工培训教育费用、办公及生活用品购置费用、试生产期间（资质申办）、基本预备费(3%)、价差预备费(2%)以及道路、门房、管线等建设费用合计 600 万。

1.3　建设投资

建筑工程费：建筑工程费按照生产工艺要求确定的建筑结构设计标准和本地区建筑工程预算定额、材料价格确定，同时加上辅助用房等合计共 2152.4 万元。

设备购置费：按照工艺设计的设备选型和设备制造商的报价计算，设备含运杂费以及整体工程安装费用，共 2964.92 万元。

公用工程费：道路、门房、管线等建设费用及其他前期费用合计 600 万。

其他费用：按照概算编制的规定，包括技术转让及设计费和建设期利息共 487.66 万元。

1.4 流动资金

本项目流动资金按分项估算法概算，应收账款的周转天数为 30d，原料的平均储存周期为 15d，产品周转天数 90d，现金周转天数为 7d，应付账款周转天数为 30d。本项目可利用自身核桃蛋白等资源，经概算，本项目满负荷生产年需要流动资金约 2472.65 万元（表2）。

表2　　　　　　　　　投资计划与资金筹措表　　　　　　　　单位：万元

序号	项目	年份				合计
		1	2	3	4	
1	总投资	6204.98	1483.59	494.53	494.53	8677.63
1.1	固定资产投资	5912.32				
1.2	建设期利息	292.66				
1.3	流动资金		1483.59	494.53	494.53	
2	资金筹措	5912.32	1483.59	494.53	494.53	8384.97
2.1	自有资金	0				
	其中：用于流动资金	0				
2.2	借款	5912.32	1483.59	494.53	494.53	
2.2.1	长期借款	5912.32				
2.2.2	流动资金借款	0	1483.59	494.53	494.53	

1.5 投资指标

表3　　　　　　　　　投资构成分析表

序号	名称	投资/万元	比例/%
1	总投资	8677.63	100
2	建设投资	6204.98	71.51
2.1	工程投资	5717.32	65.89
2.2	无形资产	195	2.25
2.3	开办费	0	0.00
2.4	预备费	0	0.00
2.5	建设期利息	292.66	3.37
3	流动资金	2472.65	28.49

1.6 资本金筹措

本项目是贵州省的精准扶贫项目，建设投资和流动资金均由政府垫资、银行贷款的形式解决。

二、财务评价

本建设项目为新建项目，生产规模为年处理青皮核桃 1000t，产品品种有核桃乳 10000t、核桃油 900t，本项目建设期为 1 年，财务评价运营期为 12 年，计算期为 13 年。

2.1　评价依据

国家计委、建设部发布的《建设项目经济评价方法与参数》（第三版）

中国国际工程咨询公司编制的《投资项目可行性研究指南》

《中华人民共和国公司法》

《中华人民共和国会计法》

2.2　产品成本概算

2.2.1　产品原辅材料、燃料及动力

表 4　　　　　　　　　　　原辅料、燃料及动力成本分析概算表

序号	项目名称	单位	单价 /(元/t)	年总耗量 /t	年总成本 /万元	备注
1	原料				9109.2	
1.1	青皮核桃	t	2300	1000	230	
1.2	干核桃	t	15000	5000	7500	
1.3	其他辅料	t	6000 839.2	900 10000	540 839.2	每 t 核桃仁消耗的其他辅料成本
2	燃料动力费				781.40	
2.1	汽	t	200	24000	480.00	
2.2	电	kW·h	1.5	1920000	288.00	
2.3	水（水源费及污水处理费）	m³	5	26800	13.40	
	合计				9890.6	

2.2.2　总成本

原材料：根据原材料价格和工艺衡算，每年原材料费 9109.2 万元；

燃料动力：根据工艺衡算和燃料动力价格，每年燃料动力费用 781.4 万元；

直接生产成本＝原材料＋燃料动力＝9890.6 万元

工资及福利费：由于本项目部分产品加工过程的季节特性，本项目固定长期员工 76 人，根据贵州省盘州市目前人力资源市场现状，固定长期员工年工资加社保及福利平均折合每天 130 元，因此年固定员工工资加社保福利合计 360.62 万元（全年以 365 天计）。同时每年鲜核桃收获的季节，公司还需雇佣 10 名临时工进行核桃去皮等工作，临时工工作周期为 40 天/年，临时工资也以 130 元/d 计算，合计临时工总资总为 5.2 万元。因此本项目年工人工资社保及福利合计支出 365.82 万元。临时工折算到全年，相当于 1.1 名固定员工，则相当于本项目全年拥有固定员工数约为 77.1 人。

单位：万元

固定资产折旧概算表

表5

序号	项目	年份												
		1	2	3	4	5	6	7	8	9	10	11	12	13
1	房屋建筑													
	原值	2152.4												
	折旧费		143.49	143.49	143.49	143.49	143.49	143.49	143.49	143.49	143.49	143.49	143.49	143.49
	净值		2008.91	1865.41	1721.92	1578.43	1434.93	1291.44	1147.95	1004.45	860.96	717.47	573.97	430.48
2	机器设备													
	原值	2964.92												
	折旧费		296.49	296.49	296.49	296.49	296.49	296.49	296.49	296.49	296.49	296.49	0	0
	净值		2668.43	2371.94	2075.44	1778.95	1482.46	1185.97	889.48	592.98	296.49	0.00	0	0
3	建设期利息													
	原值	292.66												
	折旧费		29.27	29.27	29.27	29.27	29.27	29.27	29.27	29.27	29.27	29.27	0	0
	净值		263.39	234.13	204.86	175.60	146.33	117.06	87.80	58.53	29.27	0.00	0	0
4	固定资产合计													
	原值	5409.98												
	折旧费		469.25	469.25	469.25	469.25	469.25	469.25	469.25	469.25	469.25	469.25	143.49	143.49
	净值		4940.73	4471.48	4002.23	3532.97	3063.72	2594.47	2125.22	1655.97	1186.72	717.47	573.97	430.48

表6

无形及递延资产摊销费用概算表

单位：万元

序号	项目	1	2	3	4	5	6	7	8	9	10	11
						年份						
1	无形资产	195										
	摊销		19.5	19.5	19.5	19.5	19.5	19.5	19.5	19.5	19.5	19.5
	净值		175.5	156	136.5	117	97.5	78	58.5	39	19.5	0
2	递延资产	0										
	摊销		0	0	0	0	0	0				
	净值		0	0	0	0	0	0				
3	无形及递延资产合计	195										
	摊销		19.5	19.5	19.5	19.5	19.5	19.5	19.5	19.5	19.5	19.5
	净值		175.5	156	136.5	117	97.5	78	58.5	39	19.5	0

表7

年总成本计算表

单位：万元

序号	项目	1	2	3	4	5	6	7	8	9	10	11	12	13
							年份							
	生产负荷		60	80	100	100	100	100	100	100	100	100	100	100
1	原材料		5465.52	7287.36	9109.2	9109.2	9109.2	9109.2	9109.2	9109.2	9109.2	9109.2	9109.2	9109.2
2	燃料动力		468.84	625.12	781.4	781.4	781.4	781.4	781.4	781.4	781.4	781.4	781.4	781.4
3	工资及福利费		365.82	365.82	365.82	365.82	365.82	365.82	365.82	365.82	365.82	365.82	365.82	365.82
4	修理费		234.63	234.63	234.63	234.63	234.63	234.63	234.63	234.63	234.63	234.63	234.63	234.63
5	折旧费		469.25	469.25	469.25	469.25	469.25	469.25	469.25	469.25	469.25	469.25	469.25	469.25
6	摊销费		19.5	19.5	19.5	19.5	19.5	19.5	19.5	19.5	19.5	19.5	0	0
7	利息支出		366.10	361.31	341.89	268.73	195.56	122.40	122.40	122.40	122.40	122.40	122.40	122.40
8	管理费用		374.4	499.2	624	624	624	624	624	624	624	624	624	624
9	销售费用		998.4	1331.2	1664	1664	1664	1664	1664	1664	1664	1664	1664	1664
10	总成本费用		8762.45	11193.39	13609.69	13536.52	13463.36	13390.19	13390.19	13390.19	13390.19	13390.19	12882.06	12882.06
	其中：固定成本		1089.20	1089.20	1089.20	1089.20	1089.20	1089.20	1089.20	1089.20	1089.20	1089.20	581.06	581.06
	其中：可变成本		7673.26	10104.19	12520.49	12447.33	12374.16	12301.00	12301.00	12301.00	12301.00	12301.00	12301.00	12301.00
11	经营成本		7672.98	10108.70	12544.42	12544.42	12544.42	12544.42	12544.42	12544.42	12544.42	12544.42	12544.42	12544.42

折旧费：采用分类平均年限法计算折旧，建筑折旧年限以 15 年计，设备折旧年限 10 年计，建设期利息也以 10 年为限进行折旧分摊，每年为 469.25 万元（表 2）；

注：为方便计算，本次将不能形成固定资产的部分附加到无形资产中，此处固定资产形成率按照 100% 计算。

修理费：按照年折旧费的 50% 计算，每年为 234.63 万元；

摊销费：无形资产按 10 年平均摊销 19.5 万元（表 3）；

利息支出：建设投资贷款部分与银行商定从生产第一年开始分 5 年还本付息，生产后第一年还款 10%，第二年还款 15%，后三年每年还款 25%。流动资金为长期贷款，每年还息，利率以 4.95% 计。见表 4；

其他费用：包括管理、销售费用。

本项目产品均为终端消费品，需投入一定的销售费用才能取得更好的市场推广效果，因此本项目销售费用以销售收入的 8% 计，为 1664 万元，管理费用按销售收入 3% 计，为 624 万。达到设计生产能力并偿还完银行建设投资贷款后，企业年总成本 13390.19 万元，其中：

固定成本 = 折旧费 + 工资及福利费 + 修理费 + 摊销费 = 1089.20 万元；

可变成本 = 原料费 + 燃料动力费 + 利息支出 + 管理费 + 销售费用 = 12301.00 万元；

企业年经营成本 = 总成本 - 折旧费 - 摊销费 - 利息支出 - 修理费 = 12544.42 万元。（表 4）

2.3　销售收入分析

2.3.1　销售价格的确定和销售收入

根据市场和网络调查的结果，结合本项目的产品标准，确定价格如下。

表 8　　　　　　　　　　产品销售收入概算表

项目	单价/（元/t）	产量/（t/年）	总销售收入/万元
核桃油	120000	900	10800
核桃乳	10000	10000	10000
合计			20800

2.3.2　销售税金及附加

根据国务院最新增值税改革措施，制造业增值税以最新 16% 计，农产品增值税以 10% 计。本项目年销售税金及附加共 2055.74 万元（表 9）。

$$增值税应交纳税额 = 当期销项税额 - 减去进项税额 = 1868.85 万元$$

表 9　　　　　　　　　　销售收入、销售税金及附加概算表

序号	项目	单位	第 2 年	第 3 年	第 4 年	第 5~13 年
	平均达产率	%	60	80	100.00	100.00
1	产品销售收入	万元	12480.00	16640.00	20800.00	20800.00
2	销售税金及附加	万元	1233.44	1644.59	2055.74	2055.74
2.1	增值税	万元	1121.31	1495.08	1868.85	1868.85
2.2	城建税	万元	78.49	104.66	130.82	130.82
2.3	教育费附加	万元	33.64	44.85	56.07	56.07

注：增值税计算以最新 16% 税率进行计算。

表10

损益表

序号	项目	1	2	3	4	5	6	7	8	9	10	11	12	13
								年份						
	生产负荷	0	60	80	100	100	100	100	100	100	100	100	100	100
1	产品销售收入	0	12480	16640	20800	20800	20800	20800	20800	20800	20800	20800	20800	20800
2	销售税金及附加	0	1233.44	1644.59	2055.74	2055.74	2055.74	2055.74	2055.74	2055.74	2055.74	2055.74	2055.74	2055.74
3	年总成本	0	8762.45	11193.39	13609.69	13536.52	13463.36	13390.19	13390.19	13390.19	13390.19	13390.19	12882.06	12882.06
4	利润总额	0	2484.10	3802.02	5134.57	5207.74	5280.90	5354.07	5354.07	5354.07	5354.07	5354.07	5862.20	5862.20
5	所得税	0	621.03	950.51	1283.64	1301.93	1320.23	1338.52	1338.52	1338.52	1338.52	1338.52	1465.55	1465.55
6	税后利润	0	1863.08	2851.52	3850.93	3905.80	3960.68	4015.55	4015.55	4015.55	4015.55	4015.55	4396.65	4396.65
7	盈余公积金公益金（计税后利润15%）	0	279.46	427.73	577.64	585.87	594.10	602.33	602.33	602.33	602.33	602.33	659.50	659.50
8	未分配利润	0	1583.61	2423.79	3273.29	3319.93	3366.57	3413.22	3413.22	3413.22	3413.22	3413.22	3737.15	3737.15
9	累计分配利润	0	1583.61	4007.40	7280.69	10600.62	13967.20	17380.42	20793.63	24206.85	27620.07	31033.29	34770.44	38507.60

2.5　财务盈利能力

现金流量表（全部投资）

单位：万元

表11

序号	项目	1	2	3	4	5	6	7	8	9	10	11	12	13
								年份						
	生产负荷	0	60	80	100	100	100	100	100	100	100	100	100	100
1	现金流入	0	12480	16640	20800	20800	20800	20800	20800	20800	20800	20800	20800	23703.13
1.1	销售收入	0	12480	16640	20800	20800	20800	20800	20800	20800	20800	20800	20800	20800
1.2	回收固定资产余值													430.48
1.3	回收流动资金													2472.65
2	现金流出	6204.98	11602.27	14085.18	17856.41	17380.17	17398.47	15938.68	15938.68	15938.68	15938.68	15938.68	16065.71	16065.71

续表

序号	项目	年份 1	2	3	4	5	6	7	8	9	10	11	12	13
2.1	固定资产投资	6204.98												
2.2	流动资金		1483.59	494.53	494.53									
2.3	还款支出		591.23	886.85	1478.08	1478.08	1478.08							
2.3	经营成本		7672.98	10108.70	12544.42	12544.42	12544.42	12544.42	12544.42	12544.42	12544.42	12544.42	12544.42	12544.42
2.4	销售税金及附加		1233.44	1644.59	2055.74	2055.74	2055.74	2055.74	2055.74	2055.74	2055.74	2055.74	2055.74	2055.74
2.5	所得税		621.03	950.51	1283.64	1301.93	1320.23	1338.52	1338.52	1338.52	1338.52	1338.52	1465.55	1465.55
3	净现金流量	-6204.98	877.73	2554.82	2943.59	3419.83	3401.53	4861.32	4861.32	4861.32	4861.32	4861.32	4734.29	7637.42
4	所得税后累计净现金流量	-6204.98	-5327.25	-2772.43	171.16	3590.99	6992.52	11853.84	16715.17	21576.49	26437.81	31299.14	36033.43	43670.85
5	所得税前净现金流量	-6204.98	1498.75	3505.33	4227.23	4721.76	4721.76	6199.84	6199.84	6199.84	6199.84	6199.84	6199.84	9102.97
6	所得税前累计净现金流量	-6204.98	-4706.23	-1200.90	3026.33	7748.09	12469.85	18669.69	24869.53	31069.37	37269.21	43469.05	49668.89	58771.86
7	折现系数 12%	0.8929	0.7972	0.7118	0.6355	0.5674	0.5066	0.4523	0.4039	0.3606	0.322	0.2875	0.2567	0.2292
8	净现值（税后）	-5540.43	699.73	1818.52	1870.65	1940.41	1723.22	2198.78	1963.49	1752.99	1565.35	1397.63	1215.29	1750.50
	累计净现值（税后）	-5540.43	-4840.70	-3022.18	-1151.53	788.88	2512.10	4710.88	6674.36	8427.36	9992.70	11390.33	12605.63	14356.12
9	净现值（税前）	-5540.43	1194.81	2495.09	2686.40	2679.13	2392.04	2804.12	2504.12	2235.66	1996.35	1782.45	1591.50	2086.40
	累计净现值（税前）	-5540.43	-4345.62	-1850.53	835.88	3515.01	5907.05	8711.24	11215.35	13451.01	15447.36	17229.82	18821.32	20907.72

注：① 第 2 年开始正式投产并实现销售；全期累计税前净现值为：20907.72 万元；税后为 14356.12 万元；

② 税前静态投资回收期 =（累计净现金流量绝对值出现正值首年限 -1）+（上年累计净现金流量绝对值 ÷ 当年累计净现金流量）=3.28 年）；

③ 税后静态投资回收期 =（累计净现金流量绝对值出现正值首年限 -1）+（上年累计净现金流量绝对值 ÷ 当年累计净现金流量）=3.94 年）；

④ 税后动态投资回收期 =（累计净现值流量绝对值出现正值首年限 -1）+（上年累计净现值绝对值 ÷ 当年累计净现值）=4.59（年）；

⑤ 税前动态投资回收期 =（累计净现值流量绝对值出现正值首年限 -1）+（上年累计净现值绝对值 ÷ 当年累计净现值）=3.69（年）。

2.4　利润

2.4.1　利润及分配

达到生产能力且偿还请建设期贷款后，年利润总额 5354.07 万元，按照 25% 上缴所得税为 1338.52 万元，税后利润为 4015.55 万元，再计提 15% 的盈余公积金和公益金（表 10）。

2.4.2　劳动生产率、人均年产值量指标

人均产品量 = 10900/77.1 = 141.37t/（人·年）

人均产值 = 20800/77.1 = 267.70 万元/（人·年）

2.4.3　投资产品率

投资产品率 = 每万元投资创产值量 = 20800/8677.63×100% = 239.70%

2.4.4　成本利润

成本利润 = 净利润/总成本×100% = 4015.55/13390.19×100% = 30.00%

2.4.5　投资利税率

投资利税率 = 年利税总额/总投资×100% = 3394.26/8677.63×100% = 39.12%

2.4.6　投资利润率

投资利润率 = 年净利润/总投资×100% = 4015.55/8677.63×100% = 46.27%

净现金值率（$NPVR$）

$$NPVR = 累计现金流量现值/总投资现值 = 14356.12/8677.63 = 1.65$$

内部收益率（IRR）

设定的变动模式，试算出两个相邻的 i_1、i_2 对应的累计现金流量（NPV）为一正一负时，i_1、i_2 之间的贴现率即内部收益，本方案试算的两个相邻的 i_1、i_2 对应的"累计现金流量折现值"，见表 12。

表 12　　　　　　　　　　　净现值计算表　　　　　　　　单元：万元

年份	净现金流量	折现系数 I_1 0.42	净现金流量现值	折现系数 I_2 0.42	净现金流量现值
1	-6204.98	0.7042	-4369.70	0.6993	-4339.15
2	877.73	0.4959	435.29	0.4890	429.23
3	2554.82	0.3492	892.27	0.3420	873.68
4	2943.59	0.2459	723.97	0.2391	703.94
5	3419.83	0.1732	592.33	0.1672	571.90
6	3401.53	0.1220	414.90	0.1169	397.79
7	4861.32	0.0859	417.58	0.0818	397.56
8	4861.32	0.0605	294.07	0.0572	278.01
9	4861.32	0.0426	207.09	0.0400	194.42
10	4861.32	0.0300	145.84	0.0280	135.95
11	4861.32	0.0211	102.70	0.0196	95.07
12	4734.29	0.0149	70.44	0.0137	64.75
13	7637.42	0.0105	80.02	0.0096	73.04
		NPV_1 =	6.80	NPV_2 =	-123.80

$$IRR = i + \frac{NPV1}{NPV1 + |NPV2|}(i_2 - i_1) = 42.05\%$$

计算指标：财务内部收益率 42.05%。

2.6 清偿能力

本项目建设期虽然负债较多，但企业流动比率和速动比率较高，故不作清偿能力分析，项目具有快速变现和偿债能力，负债的风险较小。

2.7 不确定性分析

2.7.1 盈亏平衡分析

固定成本 = 1089.2 万元

变动成本 = 12301.00 万元

由于其他产品产量占比例比较少，所以将二种产品归为一类产品进行图示分析，即年产 10900 吨产品，销售收入为 20800 万元，则产品的销售单价为 1.908 元。

$$B = P \cdot Q = C + S$$
$$C = C_f + C_v \cdot Q$$

式中　B——销售收入；

　　　P——单位产品价格；

　　　Q——产品销量；

　　　C——产品总成本；

　　　C_f——固定成本；

　　　C_v——单位产品变动成本；

　　　S——利润。

$$P \cdot Q^* = C_f + C_v \cdot Q^*$$

式中　Q^*——盈亏平衡点的产量。

$$Q^* = C_f / (P - C_v) = 1397.31t$$
$$BEP(生产能力) = 12.81\%$$

项目达到设计生产能力的 12.81% 为盈亏平衡点，见图 1。

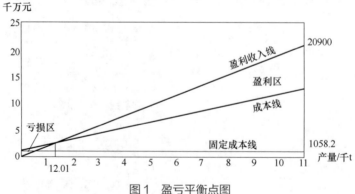

图 1　盈亏平衡点图

2.7.2 敏感性分析

① 若固定成本上升 10%，达到 1646.68 万元，年产需达到生产能力的 15.1%，企业盈亏平衡。

② 若单位变动成本上升 10%，达到 1.241 万元，年产需达到生产能力的 14.98%，企业盈亏平衡。

③ 若产品销售价下降 10%，单价为 1.7172 万元，年产需达到生产能力的 16.97%，企业盈亏平衡。

④ 若出现三个因素同时变动时企业盈亏平衡承受力为：

固定成本、单位变动成本同时上升 10%，产品税后销售收入下降 10%，年产需达到生产能力的 24.5%，企业盈亏平衡。

由敏感性分析计算，销售价格变化对项目财务内部收益率的影响最大。

2.8　财务评价结论

表 13　　　　　　　　　　　主要技术经济指标

序号	指标名称	单位	数值	备注
1	项目总投资	万元	8677.63	
1.1	建设投资	万元	5912.32	
1.2	其中：建设期利息	万元	292.66	—
1.3	铺底流动资金	万元	2472.65	正常年
2	工作制度			
2.1	全年生产天数	d	250	
2.2	每天生产班次	d	2	
3	项目定员			
3.1	职员	人	77.1	
4	年总成本费用	万元	13390.19	正常年
5	年销售收入	万元	20800	正常年
6	年税收	万元	3394.26	正常年
6.1	年销售税金及附加	万元	2055.74	正常年
6.2	年所得税	万元	1338.52	正常年
7	年税后利润	万元	4015.55	正常年
8	投资利润率	%	49.56	
9	投资利税率	%	49.14	
10	财务指标（所得税后）			
10.1	财务内部收益率	%	43.94	
10.2	税后财务净现值	万元	14356.12	
10.3	投资回收期（税后，动态）	年	4.4	含建设期
11	盈亏平衡点	%	14.45	

2.9　结论

本项目建成投产后可年处理青皮核桃 1000t，产品品种有核桃乳 10000t、核桃油 900t，可以实现年销售收入 20800 万元, 净利润 4015.55 万元, 上缴增值税、销售税金及所得税合计 3394.26 万元。项目财务内部收益率（所得税后）达到 43.94%, 投资回收期（税后动态）为 4.4 年。

综上所述, 本项目技术成熟, 经济合理, 属于经济效益较好的项目, 通过盈亏平衡分析和敏感性分析, 本项目有较强的抗风险能力, 还款及抗风险能力强, 项目在经济上可行。

参考文献

[1] 陈戈止. 技术经济学 [M]. 成都：西南财经大学出版社，2004.

[2] 陈立文，陈静武. 技术经济学概论 [M]. 北京：机械工业出版社，2005.

[3] 陈锦权，食品物流学. 北京：中国轻工业出版社，2013. 6（第1版，第5次印刷）.

[4] 董华. 项目评价. 北京：中国标准出版社，2008.

[5] 傅家骥，雷家骕，程源. 技术经济学前沿. 北京：经济科学出版社，2003.

[6] 傅家骥，仝允桓. 工业技术经济学. 北京：清华大学出版社，1996.

[7] 高鸿业. 经济学基础 [M]. 北京：中国人民大学出版社，2013.

[8] 光映霞，魏忠华. 农药残留于农产品安全. 昆明：云南大学出版社2014.

[9] 郭常莲，赵建生，农业投资项目后评价的理论与实践 [M]，中国科学技术出版社，2002.

[10] 郭元新. 价值工程在餐饮产品创新中的应用 [J]. 价值工程，2004（7）.

[11] 国家发改委，建设部.《建设项目经济评价方法与参数》[M]. 北京：中国计划出版社，2006.

[12] 胡月明. 农产品安全监控与预警系统. 北京：中国科学技术出版社，2007.

[13] 胡章喜. 项目立项与可行性研究. 上海：上海交通大学出版社，2010.

[14] 贾兆兵. 工程经济与项目管理 [M]. 北京：中国水利水电出版社，2007.

[15] 蒯治任，何璋，西方经济学第2版. 北京：北京师范大学出版社，2012.

[16] 黎旭东. 价值工程在食品工业中的应用 [J]. 食品科学，1989（11）.

[17] 李海涛. 投资项目可行性研究. 天津：天津大学出版社，2012.

[18] 李南. 工程经济学 [M]. 北京：科学出版社，2004.

[19] 李铜山. 食用农产品安全研究. 北京：社会科学文献出版社2009.

[20] 李延云. 农产品加工与食品安全风险防范. 北京：中国农业出版社2012.

[21] 林晓言，王红梅. 技术经济学教程 [M]. 北京：经济管理出版社，2005.

[22] 凌云，王立军. 技术创新的理论与实践 [M]. 北京：中国经济出版社，2004.

[23] 刘家顺，粟国敏. 技术经济学 [M]. 北京：机械工业出版社，2002.

[24] 刘晓君，杨建平，郭斌，兰峰. 技术经济学 [M]. 北京：科学出版社，2011.

[25] 刘亚臣，王静. 工程经济学 [M]. 大连：大连理工大学出版社，2013.

[26] 刘燕. 技术经济学 [M]. 成都：电子科技大学出版社，2013（18）.

[27] 刘颖春，刘立群. 技术经济学 [M]. 北京：化学工业出版社，2010.

[28] 陆宁，史玉芳，建设项目评价 [M]，北京：化学工业出版社，2009.

[29] 马立强，温国锋. 投资项目评价与决策. 成都：西南交通大学出版社，2014.

[30] 孟祥华，李英. 管理学. 北京：科学出版社，2010.

[31] 牟少飞. 我国农产品质量安全管理理论与实践. 北京：中国农业出版社，2012.

[32] 齐建国. 雾霾的技术经济学分析 [N]. 北京：中国社会科学报. 2013.

[33] 钱·S·帕克. 工程经济学 [M]. 北京：中国人民大学出版社，2012.

[34] 邵仲岩，董志刚. 技术经济学 [M]. 哈尔滨：哈尔滨工程大学出版社，2008.

[35] 石兴国，毛良虎，丁伟云编著. 技术经济学 [M]. 北京：中国电力出版社，2004.

[36] 苏津津. 技术经济学基础 [M]. 北京：中国水利水电出版社，2011.

[37] 苏敬勤，徐雨森主编. 技术经济学 [M]. 北京：科学出版社，2011.

[38] 苏益. 投资项目评估. 北京：清华大学出版社，2011.

[39] 孙陶生. 技术经济学 [M]. 河南：河南人民出版社，2006.

[40] 陶树人等. 技术经济学 [M]. 经济管理出版社，1999.

[41] 王柏轩主编. 技术经济学 [M]. 上海：复旦大学出版社，2007.

[42] 王可山，赵剑锋. 农产品质量安全保障机制研究. 北京：中国物资出版社 2010.

[43] 王克强，王洪卫，刘红梅. Excel 在工程技术经济学中的应用 [M]. 上海财经大学出版社，2005（6）.

[44] 王克强. 工程经济学 [M]. 上海：上海财经大学出版社，2004.

[45] 王勇. 项目可行性研究与评估. 北京：中国建筑工业出版社，2011.

[46] 吴林海，王建华，朱淀. 中国食品安全发展报告. 北京：北京大学出版社，2013.

[47] 吴添祖，虞晓芬，龚建立. 技术经济学概论（第三版）[M]. 高等教育出版社，2012.

[48] 夏恩君. 技术经济学 [M]. 中国人民大学出版社，2013.

[49] 夏淑清，张松嵩. 热源厂一期工程项目技术经济分析案例 [J]. 建筑管理现代化，2000（2）.

[50] 宪屏等. 宏观经济学 [M]. 北京：科学出版社，2012（195）.

[51] 肖跃军，周东明，赵利. 工程经济学 [M]. 北京：高等教育出版社，2004.

[52] 徐斌. 技术经济学理论发展问题研究 [D]. 北京交通大学，2007.

[53] 徐莉主编. 技术经济学 [M]. 武汉：武汉大学出版社，2008.

[54] 徐寿波. 技术经济学 [M]. 第 5 版. 北京：经济科学出版社，2012.

[55] 徐向阳. 实用技术经济学教程 [M]. 南京：东南大学出版社，2006.

[56] 许庆瑞主编. 研究、发展与技术创新管理 [M]. 北京：高等教育出版社，2004.

[57] 阎勇舟. 基于价值工程原理的食品包装卫生安全分析 [J]. 价值工程，2006（10）.

[58] 杨克磊，高喜珍. 项目可行性研究. 上海：复旦大学出版社，2012.

[59] 杨青，胡艳. 技术经济学 [M]. 武汉理工大学出版社，2003.

[60] 杨双全，工程经济学 [M]，武汉理工大学出版社，2009.

[61] 杨卫军，等. 西方经济学基础 [M]. 北京：北京理工大学出版社，2012：255-257.

[62] 姚丽娜，等. 新编现代企业管理 [M]. 北京：北京大学出版社，2012.

[63] 游达明，刘亚铮. 技术经济与项目经济评价. 北京：清华大学出版社，2009.

[64] 袁明鹏，胡艳，庄越. 新编技术经济学. 北京：清华大学出版社，2011.

[65] 张飞涟，铁路建设项目后评价理论与方法 [M]，中国铁道出版社，2006.

[66] 张建辉，郝艳芳. 技术创新、技术创新扩散、技术扩散和技术转移的关系分析 [J]. 太原：山西高等学校社会科学学报.

[67] 张武城著. 技术创新方法概论 [M]. 北京：科学出版社，2010.

[68] 张正华，杨先明. 工程经济学理论与实务 [M]. 北京：冶金工业出版社，2010.

[69] 赵国杰. 技术经济学 [M]. 北京：天津大学出版社，2006.

[70] 赵荣. 中国食用农产品质量安全追溯体系激励机制研究. 北京：中国农业出版社 2012.

[71] 周志新，赵阳，某粮食物流园区建设项目的财务评价 [J]，粮食流通技术，2010（3）：49-51.